气象观测质量管理体系建设丛书

气象观测质量管理体系
建设与实施指南

李　雁等　编著

气象出版社
China Meteorological Press

内容简介

本书总结了我国气象部门自 2017 年以来气象观测领域质量管理体系建设与实施部分成果,是一本介绍气象部门观测领域建立和实施质量管理体系的技术指导手册。全书共 10 章,分别介绍了气象观测质量管理体系建设的背景,气象观测背景下对 ISO 9001 标准条款的理解,气象观测质量管理体系的内涵、体系建设的指导思想、目标与原则,体系在筹备、实施、检查与评审、认证、保持与改进等阶段的具体操作方法,以及质量管理信息系统的构建与应用等。

本书不仅可以作为气象观测领域质量管理体系培训教材,还可为气象部门其他领域质量管理体系建设提供借鉴,同时也可作为相关领域质量管理体系建设的参考用书。

图书在版编目(CIP)数据

气象观测质量管理体系建设与实施指南/李雁等编著 . —北京:气象出版社,2020.8
ISBN 978-7-5029-7253-0

Ⅰ.①气… Ⅱ.①李… Ⅲ.①气象观测—质量管理体系—指南 Ⅳ.①P41-62

中国版本图书馆 CIP 数据核字(2020)第 155750 号

气象观测质量管理体系建设与实施指南
QIXIANG GUANCE ZHILIANG GUANLI TIXI JIANSHE YU SHISHI ZHINAN

李 雁 等 编著

出版发行:气象出版社			
地 址:北京市海淀区中关村南大街 46 号		邮政编码:100081	
电 话:010-68407112(总编室)	010-68408042(发行部)		
网 址:http://www.qxcbs.com	**E-mail**: qxcbs@cma.gov.cn		
责任编辑:蔺学东		终 审:吴晓鹏	
责任校对:张硕杰		责任技编:赵相宁	
封面设计:楠竹文化			
印 刷:北京中石油彩色印刷有限责任公司			
开 本:787 mm×1092 mm 1/16		印 张:17	
字 数:440 千字			
版 次:2020 年 8 月第 1 版		印 次:2020 年 8 月第 1 次印刷	
定 价:120.00 元			

《气象观测质量管理体系建设与实施指南》

编委会

主　　任：梁海河

编　　委：邵　楠　　方　翔　　李　湘　　丁若洋　　赵培涛
　　　　　施丽娟　　郭亚田　　孙兆滨　　贺晓雷　　李　云
　　　　　屈　鹏　　穆海振　　周　林　　侯　柳　　张晓春
　　　　　李斐斐　　曹婷婷　　王勤典　　尹春光　　卢　怡
　　　　　张雪芬　　郭建侠　　茆佳佳　　郭启云　　鄞　薇
　　　　　王　颖　　刘一鸣　　王丽霞　　李　杨　　荆俊山
　　　　　陈　曦　　高　杰　　白水成　　雷春丽　　许晓东
　　　　　林维夏　　张甲坤　　冯小虎　　唐世浩　　张效信
　　　　　郑旭东　　唐云秋　　张　宇　　张庆龄　　杨晓武
　　　　　刘世玺　　刘为一

编写组

主　　编：李　雁

参编人员：雷　勇　　冯冬霞　　姬　翔　　张建磊　　刘　钢
　　　　　王培勋　　石　涛　　李　明　　杨　艳　　张世昌
　　　　　武安邦　　孟　珍　　张　彬　　胡佳怡　　苏　静
　　　　　徐梦维　　顾　浩　　郭　伟　　张　鹏　　李　磊
　　　　　郭海平

序

  进入新时代,我国正处在由高速增长阶段转向高质量发展阶段。"实施质量强国战略"列入国家"十三五"规划纲要,"建设质量强国"写入政府工作报告,贯彻落实《中共中央国务院关于开展质量提升行动的指导意见》和《国务院关于加强质量认证体系建设促进全面质量管理的意见》,深入开展质量提升行动,促进各行业加强全面质量管理,是实施质量强国战略的必然要求。

  推进质量管理体系建设是中国气象局贯彻落实"质量强国"战略部署的重大举措,是推进我国气象观测业务改革发展的重要抓手,同时也是进一步增强我国气象部门在国际话语权的重要途径。中国气象局自 2017 年起率先在气象观测领域开展质量管理体系建设,经过试点、推广到全面建设三个阶段,到 2020 年底,完成全国气象部门国、省、地、县四级观测领域的质量管理体系建设,并实现了业务化运行。

  质量管理体系的建成使得我国气象部门各项观测工作基本达到了标准化管理要求,实现了"化业务为体系、以体系促业务"的局面。按照标准化管理要求,各级气象部门对各项观测业务进行了全流程梳理,强化了过程管理,建立及优化了四级业务接口,梳理完善了全国观测业务标准规范,使得观测业务"管理有目标、考核有指标、追责有对象",实现了"程序管事,制度管人",有效减少了同级和上下级单位之间沟通协调的时间成本和工作量,气象观测业务管理更加程序化,业务管理效率逐步提高;引入风险思维管理模式,识别业务流程中关键过程控制点和风险控制点,制定风险应对和预防措施,提前消除业务隐患,减少业务风险发生几率,并通过引入内审、管评及不定期监督检查机制,提升了观测业务运行稳定性;通过体系建设运行,增强了各级观测人员质量管理意识,逐步实现了从"要求我"向"我要求"转变,从"要我干"向"我要干"转变,从"口头上"到"行动上"转变,质量管理的理念已经深入各级气象观测人员,做到"入脑""入心"和"入手",质量管理人才队伍也实现了从无到有的飞跃;此外,观测业务严格按照 ISO 国际标准和 WMO 观测要求开展,并通过第三方机构的认证审核,符合国际质量管理通用规则,观测数据质量得到国际质量管理组织认可,具备了世界通用的质量"体检证""信用证"和"通行证",为推进气象观测数据全球共享,支撑"一带一路"气象服务和全球观测奠定技术和管理基础。

  气象观测质量管理体系建设与实施是我国气象事业以提高发展质量和效益为中心的重要变革,在气象观测方面的提质增效有力支撑了我国气象现代化的实现,同时加快了我国气象部门迈入世界先进行列的步伐。

  本书凝练了前期气象部门质量管理体系建设经验和方法,参编人员均是各级气象部门气象观测质量管理体系建设技术骨干,本书内容具有较强的理论性和实操性,期望本书为气象行业内外质量管理体系建设和实施提供参考。

2020 年 6 月 18 日

前　　言

为落实国家质量强国战略、对标世界气象组织（World Meteorological Organization，WMO）要求以及规范我国气象观测自身业务和管理工作，提高观测质量，实现气象探测强国，中国气象局自 2017 年起率先在气象观测领域引入国际标准化组织（International Organization for Standardization，ISO）的质量管理体系（Quality Management System，QMS），按照总体建设进度，到 2020 年底完成全国的国、省、地、县四级质量管理体系建设，并且业务化运行。

我国的气象业务工作自 20 世纪 50 年代开始，一直以来气象部门有一系列的制度、规范和标准等辅助开展气象工作，尤其观测业务中，管理相对最为规范化，尽管如此，仍然存在大量的问题需要改进，如制度规范的系统性不强、流程导向管理非主流、风险意识淡薄、过程绩效考核不明确与不系统、总体战略与过程目标脱节等现象；另外，国内个别气象部门前期也在部分领域开展质量管理体系建设工作，但也表现为局地性和系统性不强。为此，为做好全国范围内体系的建设工作，中国气象局在气象观测领域质量管理体系的建设工作采用先试点、后推广的模式，先期在中国气象局气象探测中心（国家气象信息中心的部分业务是作为国家级观测业务的一个环节）、国家卫星气象中心、上海物资管理处、上海市气象局和陕西省气象局共五家单位试点建设，后启动全国两批次的推广建设，分别为第一批次的 10 家单位和 19 家单位（每一家单位均含本级及辖属的所有观测业务相关的单位）。2018 年 9 月，前期五家试点建设单位完成了各自的体系建设，通过了 ISO 9001 质量管理体系认证；2019 年 2 月份启动了全国气象观测质量管理体系全面建设工作。中国气象局气象探测中心作为中国气象局直属国家级业务单位，在试点建设阶段和全国推广建设阶段分别牵头全国体系总体框架设计以及总体负责全国体系建设中的技术问题。

为便于开展全国体系建设工作，中国气象局综合观测司分别于 2017 年和 2019 年成立了气象观测质量管理体系试点建设专项设计团队和全国气象观测质量管理体系建设工作组与技术组，负责全国体系建设中的具体技术问题。本书中的所有参与编写人员均来自于全国气象观测质量管理体系建设的技术骨干，部分成员为体系建设专项设计团队与全国休系建设工作组和技术组成员。截至本书出版前，全国观测质量管理体系 35 个（含 4 个国家级单位）建设单位中有 16 个通过了 ISO 9001 质量管理体系认证，并且业务化运行。

本书编写的目的有三方面：第一方面，对前期建设与运行过程中碎片化的知识点进行系统性的梳理总结，固化前期的成果，也算是对前期为中国气象局气象观测质量管理体系建设工作具体技术层面各位同仁辛勤付出的一种肯定，气象观测质量管理体系建设的时间紧、任务重，所有参与建设的人员都是在工作之余加班加点完成，包括流程的梳理、流程图的绘制、体系文件的编写等，当前已经建成的和即将建成的气象观测质量管理体系之所以能发挥体系建设本应发挥的建设效益，是与各级人员的付出分不开的；第二方面，编写组期望本书能为气象系统内其他领域质量管理体系的建设提供参考，我国气象部门的业务领域有观测、预报预测、服务、气象信息、培训等，相互之间密切关联，而且有相通的地方；第三方面，如果有可能，本书还期望为气象部门外其他相关部门构建质量管理体系提供一定的借鉴。

全书的内容共 10 章：前 4 章主要为基础知识部分，包括质量、质量管理、气象观测质量管理体系、观测背景下对 ISO 9001 标准条款的解读、气象观测质量管理体系的建设指导思想、工作目标与建设原则等，第 5～8 章为气象观测质量管理体系从筹备、实施、检查与评审、体系认证阶段的介绍，第 9 章为体系在运行阶段如何有效保持与改进部分介绍，第 10 章为质量管理体系信息化系统建设及应用。其中第 5～8 章中个别步骤与实际开展不完全一致，如培训，培训工作其实贯穿在质量管理体系建设和与运行的始终，有对领导层的贯标培训、对核心成员的基础知识培训、体系梳理培训、流程图绘制培训、体系文件编写培训、体系文件宣贯培训、内审员的初次及持续培训等，但在本书中主要体现第 6 章，其余操作环节类似，所以需要读者在实际运用时灵活安排。

本书在编写过程中，参考了较多的资料和有关文献，在此对有关机构、作者表示衷心的感谢！本书编者力求从读者的角度出发，系统、全面地介绍气象观测质量管理体系建设与实施的相关内容，但鉴于编者水平有限，时间仓促，书中难免有疏漏及不当之处，敬请广大读者批评、指正！

编　者

2020 年 5 月

目　　录

第 4 章　气象观测质量管理体系
建设指导思想、工作目标及原则

第 5 章　气象观测质量管理体系建设筹备

第 6 章　气象观测质量管理体系建设实施

第7章　气象观测质量管理体系检查与评审

第8章　气象观测质量管理体系认证

第 9 章　气象观测质量管理体系保持与改进

第 10 章　气象观测质量管理体系信息系统

附　　录

第1章　背景与基础

1.1　质量管理体系基础与标准

1.1.1　质量的内涵

依照国际标准化组织(ISO)的定义,"质量"(Quality)是客体(事物)的固有属性满足要求的程度,在现实中,人们的工作和生活,组织(或一个单位)所生产的产品、所提供的服务,乃至组织(或一个单位)整体的运营都有其"质量"。

质量的定义中,有两个关键词,一个是"固有属性",另外一个是"要求"。"固有属性"是事物先天所具备的那些内在属性,比如一个玻璃杯,它的直径、高度、硬度、透明度等是其内在属性,这些属性满足相关要求的程度代表了这个玻璃杯的质量,而那些人为所赋予的属性,比如这个玻璃杯的品牌、价格等并不是这个玻璃杯的固有属性,因此不属于质量的范畴。从这个意义上说,很多奢侈品,如某些高端品牌的女士皮包,虽然比普通品牌的皮包在价格上要贵上很多甚至是若干倍,但在"质量"上可能彼此并没有显著区别,而购买奢侈品的消费群体,往往更为关注的是那些附着在产品上的其他一些人为所赋予的属性,例如,该产品可能是某种身份或者社会地位的象征,或者是数量稀少的限量版本等。

质量概念中的另外一个关键词是"要求","要求"是来自于特定相关方,如顾客(用户)、上级单位、政府主管部门、科研单位、社会公众等的明示或隐含的需求和期望。也就是说,要求可以是明示的,由顾客、上级部门等通过口头、文件、邮件、合同、订单等方式,明确提出的;要求也可以是"隐含"的,即某些要求可能是"不言而喻"的,例如,人们在打车的时候,不会对出租车司机说请安全地将我送达某某地方而是直接说要去的目的地,这其中,"安全地送达"就是隐含的要求,无须明言,是出租车服务所必须要做到的,所以没有明示,并不意味着一定没有要求。对于质量管理而言,如何确定和满足隐含的要求,是需要重点关注的方面之一。

对于气象观测业务而言,其核心是气象观测数据和实时观测产品的提供。从这一点出发,我们可以直接得到这样的推论,气象观测业务的质量,是其固有属性,即气象观测数据和产品的代表性、准确性、比较性、完整性、连续性以及提供的及时性等,以满足天气和气候预报、预测、专业服务、上级部门、科研单位以及社会公众等对数据要求的程度。

1.1.2　质量管理的发展历程

质量管理(Quality Management,QM)是在质量方面指挥和控制组织(或一个单位)的协调活动,如设定与产品和服务符合性相关的目标、赋予相关岗位与质量有关的职责和权限、设定符合性的评价标准等的一系列活动。通俗地理解为:质量管理是指为了实现质量目标而进行的所有管理性质的活动。质量管理的主要措施有质量策划、质量控制、质量保证和质量改进。质量管理涉及组织的生存与发展,是重要的管理领域。质量管理主要的目的是通过持续不断地识别和满足甚至是超越顾客(用户)等的相关要求,建立顾客的信心并提升顾客的满意程度。质量管理是各级管理者的职责,但必须由最高领导者来推动,实施中涉及单位的全体成员。

质量管理自身的发展历程,如果以特定时期主要的质量管理思想或模式来划分,总体上可分为五个阶段。

第一阶段:工匠与行会时代(1200—1799 年)。

在此阶段,由于制造技术的限制,产品多由手工艺者完成,产量较低。由于这时期的质量主要靠手工操作者本人依据自己的手艺和经验以及通过对产品全数、全过程的检验,确保产品的质量,因此,此阶段的质量管理又被称为"操作者的质量管理"。

第二阶段:产品检验时代(1800—1899 年)。

进入 19 世纪后,随着大型工业设备的出现,制造过程出现分工,手工作坊解体,每个工人只负责产品生产工序的一部分,由少数工人或工长负责产品质量的检查,工厂体制初步形成。在工厂进行的大批量生产,带来了许多新的技术问题,如部件的互换性、标准化和测量的精度等,这些问题的提出和解决,出现了专职检验人员和检验部门,进而催生了质量管理科学的诞生。20 世纪初,美国经济学家泰勒发起了"科学管理运动",提出计划与执行的分工、检验与生产的分工,建立了专职检验制度。

第三阶段:过程控制时代(1900—1945 年)。

1939 年,第二次世界大战爆发,单纯的质量检验手段已无法满足美国政府对军工产品的质量要求,部分数理统计专家尝试应用统计方法对生产过程进行工序控制,取得了显著效果,保证并改善了军工产品的质量。二战结束后,许多民用工业也纷纷采用这一方法,美国以外的许多国家也都陆续推行了统计质量管理,并取得了成效。期间具有代表性的是美国"统计质量控制(Statistical Quality Control,SQC)之父"沃特·阿曼德·休哈特(Walter A. Shewhart)所提出的控制和预防缺陷概念以及过程控制理论及控制图(Control Chart),这些活动将质量管理推进到了全新的阶段。

第四阶段:全面质量管理与标准化时代(1945—1990 年)。

二战后的一定时期内,质量的控制和管理只局限于制造和检验部门,忽视了其他部门的工作对质量的影响,无法充分发挥各个部门和广大员工的积极性,制约质量效益的进一步发挥。随着社会生产力的不断提升,企业面临如何确保产品能够满足日益个性化市场需求的问题,这将涉及从市场、设计、制造到物流等企业运营的环节,在此大背景下,美国的阿曼德·费根堡姆(Armand V. Feigenbaum)提出全面质量管理(Total Quality Management,TQM)的理念,强调组织全员的参与,依靠科学管理的理论、程序和方法,将企业努力的方向调整到满足市场需求的轨道上。

1946 年 10 月,25 个国家标准化机构的代表在伦敦召开大会,成立了一个新的国际标准化机构——ISO(国际标准化组织),该组织的成立也标志着质量管理标准化时代的到来。1979 年 ISO 单独建立质量管理和质量保证技术委员会(TC176),负责制定质量管理的国际标准,并于 1987 年 3 月正式发布 ISO 9000～9004 质量管理和质量保证系列标准,这些进一步促进了质量方面对国际标准化的需求。

第五阶段:"大质量"时代(1990 年之后)。

早在 1987 年 8 月 20 日,美国总统里根签署了 100～107 号公共法案——《马尔科姆·波多里奇国家质量改进法》,设置了美国国家质量奖。该奖项的评奖准则涵盖了对产品质量、制造、财务、市场、环境保护等诸多方面的考虑。而进入 20 世纪 90 年代以后，随着人类文明的进步和全球贸易的发展，企业逐渐明确意识到为获得可持续的发展，不能仅仅考虑产品层面和市场需求，还要全面综合考虑和满足有关相关方的需求和期望，如环境保护、员工权益保障等。这使得以波多里奇质量奖评奖准则为代表的"大质量观"得到了全社会的认同，质量管理逐渐进入以追求可持续发展为主要目的的大质量时代。

根据近年来我国学者专家对中国古代的质量管理研究，认为我国是世界上最早进行质量管理的国家。

远在石器时代，我们的祖先就有了朴素的质量管理思想和意识，石器按不同的功能和用途进行制作，而且对加工出来的石器产品还要进行简单的质量检验。在出土的 15 万多片殷商时代的甲骨文卜辞中，就有关于手工业生产及其管理情况的记载。《礼记》中记载了周朝对食品交易的规定："五谷不分，果实未熟，不粥于市"，意思是五谷与水果不成熟的时候是不允许贩卖的。秦汉时期最为著名的就是度量衡的统一，这反映出我国古代对产品质量所做的积极努力，另外，"书同文，车同轨"的思想沿用至今。《礼记》中有"物勒工名，以考其诚，工有不当，必行其罪，以究其情"的记载，其意思是在生产的产品上刻上工匠或工场的名字，并设置了政府中负责质量的官员职位"大工尹"，目的是为了考察质量；唐代王莽时期，第一次明确了三等价格制度和三贾均市制度，后者是指由市场官员按商品质量优劣，每十天对物价进行调研、评估，确定三等价格作为市场的指导价和官方买卖的物价依据；北宋时期专设了军器监以加强对兵器的统一管理，包括兵器制作的规格和标准、等级的划分、奖励制度等；南宋时期通过商人行会的形式来把控质量。

到了近现代，尤其在第一次世界大战以后，在军事工业中出现了质量检验机构和专职检验人员。中国也进入了质量管理的初级阶段，之后的一段时期内，中国的质量管理进入了相对缓慢发展期，直到 1978 年改革开放以来。1978 年，北京内燃机总厂与日本小松制作所交流，引进了全面质量管理，1979 年 8 月中国质量管理协会成立，同时颁布了《优质产品奖励条例》，从此中国走上了全面质量管理的重要历史时期。1989—1999 年是全面质量管理的普及和深化阶段，1992 年，我国开展了"中国质量万里行"活动。1993 年，全国人大通过了《中华人民共和国产品质量法》，标志着我国的质量管理工作进一步走上了法制化的道路。1996 年，国务院颁布了《质量振兴纲要》。1999 年，我国召开了全国推行全面质量管理 20 周年暨中国质协成立 20 周年总结大会，会后颁布了《国务院关于进一步加强产品质量工作若干问题的决定》。1999 年至今，我国的许多先进企业确立了质量在企业中的战略性地位，GB/T 19000 族等同采用 2000 版 ISO 9000 族标准，组建了国家质量监督检验检疫总局，成立了中国国家认证认可监督管理委员会和国家标准化管理委员会，发布了《卓越绩效评价准则》（GB/T 19580—2004）和《卓越绩效评价准则实施指南》（GB/T 19579—2004）两个国家标准，这个时期是我国质量管理全面发展和创新阶段。

进入新时代，我国正处在由高速增长阶段转向高质量发展阶段。2016 年的中央经济工作会议上，习近平总书记提出"要树立质量第一的强烈意识""加强全面质量管理、并且要求'一个一个行业抓'"；2017 年中共中央国务院发布《关于开展质量提升行动的指导意见》，提出"以提高发展质量和效益为中心，将质量强国战略放在更加突出的位置，开展质量提升行动，加强全面质量监管，全面提升质量水平"；2018 年国务院发布了《关于加强质量认证体系建设促进全面质量管理的意见》，明确"大力推广质量管理先进标准和方法""广泛开展质量管理体系升级"。"实施质量强国战略"列入国家"十三五"规划纲要，"建设质量强国"写入政府工作报告。

1.1.3 质量管理的原则

"原则"是对某一领域高度概括表达的基本要求与方向,在 ISO 质量管理体系标准中归纳了质量管理的 7 项原则。

(1)以顾客为关注焦点

质量管理的首要关注点是满足顾客要求并且努力超越顾客期望。一个组织只有能够赢得和保持顾客与其他有关相关方的信任才能获得持续成功。而与顾客相互作用的每个方面,都提供了为顾客创造更多价值的机会,理解顾客和其他相关方当前和未来的需求,有助于组织的持续成功。因此质量管理的首要关注点是努力满足顾客的要求并且努力超越顾客期望。组织需要透彻理解顾客的需求,把握机会,争取为顾客创造更多的价值。

(2)领导作用

各级领导建立统一的宗旨和方向,并创造全员积极参与实现组织的质量目标的条件。领导在质量管理方面应发挥的主要作用是建立统一的宗旨和方向,营造全员积极参与质量管理相关活动的氛围,这样能够使组织将战略、方针、过程和资源协调一致,有利于质量目标的实现。

(3)全员积极参与

整个组织内各级胜任、经授权并积极参与的人员,是提高组织创造和提供价值能力的必要条件。质量管理并非仅仅是某一个人、某一个部门的事情,为了有效和高效地管理组织,实现质量目标,除了各级领导要发挥作用之外,各级人员得到尊重并积极参与其中是极其重要的。组织一般可以通过表彰、授权和提高人员的能力来促进全员的积极参与。

(4)过程方法

将活动作为相互关联、功能连贯的过程组成的体系来理解和管理时,可更加有效和高效地得到一致的、可预知的结果。过程在很多组织被称为流程,其实质是工作,可能是某个岗位日常所从事的工作,也可能是由若干个岗位甚至部门通过有序地组织协作所完成的工作,这些工作运行的目的是为了实现某种结果,如设备采购过程,涉及技术、财务等部门,其预期结果是采购到的设备。而质量管理体系就是由这些相互关联的过程所组成的网络。对这个网络的理解,能够使组织尽可能地完善其体系并优化其绩效。

(5)改进

成功的组织持续关注改进。组织的运营犹如逆水行舟,不进则退,需要不断对其内外部条件的变化做出反应,解决所存在的问题,提升未达到预期的指标等,而这些都是改进。改进可以是通过日积月累地逐步提升和实现,也可以通过集中资源,在某一个特定时间段内实现。

(6)循证决策

基于数据和信息的分析和评价的决策,更有可能产生期望的结果。决策是一个复杂的过程,并且总会包含某些不确定性。相对通过主观臆断或直觉经验所进行的决策而言,基于对事实、证据和数据的分析所进行的决策更加客观、可信。

(7)关系管理

为了持续成功,组织需要管理与有关相关方(如供方)的关系。一个组织有诸多的相关方,如顾客、员工、上级部门等,他们都会影响组织的绩效,因此组织应管理好与这些相关方的关系,以尽可能有效地发挥这些相关方对组织绩效的作用。

1.1.4　质量管理的体系

体系,在很多文献资料中也被称为"系统",是由相互关联、相互作用的一组要素所构成的一个有机整体,体系通过各要素自身以及彼此关联关系的运转实现某个目标或功能。例如,人体就是一个体系(系统),人体的各个器官、血液等各司其职,同时也存在着彼此的联系,而一堆沙子,虽然也是一个"整体",但因其内在组成部分——沙砾彼此之间并不存在关联关系,因此并不是一个体系,换言之,当取走沙堆的一部分之后,所剩下的仍然还是一个沙堆,但对于系统而言,当去掉系统的某个要素之后,因为诸多关联关系丧失往往会导致该系统失去其原有的某些功能或无法实现原有的目标。

管理体系是设定目标并实现这些目标的体系。对于一个组织而言,有诸多领域的管理体系,如财务管理体系、环境管理体系、职业健康安全管理体系等,而质量管理体系,则是为实现质量方面目标的一系列相互关联的要素所构成的一个有机整体,这些相互关联的要素主要包括方针、目标、流程、制度、组织架构、人员、装备等。通过质量管理体系这个有机整体的实施,不断实现所设定的目标,不断改进质量。

1.1.5　国际标准化组织

质量管理体系的建立与实施需要有公认的依据——标准。对于世界各国气象水文领域而言,在 2005 年召开的 WMO 第 57 次执委会上,明确了质量管理体系的建设是 WMO 各技术委员会工作的基本组成部分,并达成以国际标准化组织(ISO)所制定的 ISO 9000 族系列标准指导 WMO 质量管理体系建设工作的共识。中国气象局观测质量管理体系的建立与实施也同样遵照 ISO 9000 系列标准的相关要求开展。

国际标准化组织是一个全球性的非政府组织,在国际标准化领域发挥着至关重要的作用,现由来自 163 个国家和地区的成员构成,我国是 ISO 的正式成员国之一。国际标准化组织的前身是国家标准化协会国际联合会和联合国标准协调委员会,1946 年 10 月,来自 25 个国家标准化机构的代表在伦敦召开大会,决定成立新的国际标准化机构,定名为 ISO。大会起草了 ISO 的第一个章程和议事规则,并认可通过了该章程草案,1947 年 2 月 23 日,国际标准化组织正式成立,其日常办事机构(中央秘书处)设在瑞士日内瓦。该组织的英文缩写是"ISO",这一缩写来源于希腊语"ISOS",即"EQUAL"——平等之意。

ISO 在国际标准化领域发挥着极为重要的作用,它的主要任务包括制定国际标准、协调世界范围内的标准化工作、与其他国际性组织合作研究有关标准化问题等。ISO 负责目前绝大部分领域(包括军工、石油、船舶等垄断行业)的标准化活动,目前已经发布了 17000 多份国际标准,如公制螺纹、A4 纸张尺寸、集装箱等产品和质量管理体系、环境管理体系等方面的标准。ISO 的最高权力机构是每年一次的"全体大会",其日常办事机构是设在瑞士日内瓦的中央秘书处。ISO 的宗旨是"在世界上促进标准化及其相关活动的发展,以便于商品和服务的国际交换,在智力、科学、技术和经济领域开展合作。"ISO 通过它的 2856 个技术结构开展技术活动,其中技术委员会(简称 SC)共 611 个,工作组(WG)2022 个,特别工作组 38 个。中国于 1978 年加入 ISO,在 2008 年 10 月的第 31 届国际化标准组织大会上,中国正式成为 ISO 的常任理事国。

1.1.6　ISO 9000 族标准

ISO 9000 族标准是国际标准化组织(ISO)的质量管理和质量保证委员会(ISO/TC176)所制定的一系列质量管理方面的国际标准。ISO 9000 族标准可以帮助组织建立、实施并有效运行质量管理体系,是质量管理体系通用的要求或指南,它不受具体行业的限制,可广泛用于各种类型和规模的组织,在国内和国际贸易中促进相互理解和信任。

ISO 9000 族标准采用了通用标准化格式结构,标准框架都包含如下 10 个部分:①范围;②规范性引用文件;③术语和定义;④组织环境;⑤领导作用;⑥策划;⑦支持;⑧运行;⑨绩效评价;⑩改进。

ISO 9000 族标准由一系列与质量管理相关的标准构成,这些标准的结构框架保持一致,另外,这些标准彼此存在一定的关联关系并共同构成了一个完整的质量管理标准体系。本书编写时的最新版本核心标准主要包括以下 5 个:

① ISO 9000:2015——《质量管理体系 基础和术语》;

② ISO 9001:2015——《质量管理体系 要求》;

③ ISO/TS 9002:2016——《质量管理体系 ISO 9001:2015 应用指南》;

④ ISO 9004:2018——《质量管理组织的质量实现持续成功指南》;

⑤ ISO 19011:2018——《管理体系审核指南》。

其中,":"后面的数字代表了该标准发布的年份,即该标准的版本。这五个标准各自的主要内容如下。

(1)ISO 9000:2015——《质量管理体系 基础和术语》。该标准是 ISO 9000 族标准中的基础性标准,该标准阐述了与质量管理体系相关的基本概念、质量管理的七项原则和相关术语。在基本概念方面,该标准简明扼要地说明了质量、质量管理体系、组织环境、相关方等重要概念的内涵,这些概念贯穿在整个质量管理体系的其他相关标准中。该标准从基本内涵(概述)、依据、主要益处、可开展的活动等角度,系统阐述了包括"以顾客为关注焦点""领导作用""全员积极参与"等七项质量管理原则,这些原则构成了 ISO 9001 族标准中内容的基础,是质量管理先进理念和经验的高度提炼和概括的表述,为组织实施质量管理指明了方向。此外,该标准还给出了质量管理体系中与人员、组织、活动、过程、体系等 13 个方面相关的共计 138 个术语的定义。这些术语基本上是 ISO 9000 族标准中时常出现的,需要得到统一和严谨定义的术语,以便实现对各标准理解的一致性。总之,该标准是质量管理体系工作者需要重点学习和研究的基础性标准。

(2)ISO 9001:2015——《质量管理体系 要求》。该标准是 ISO 9000 族标准中唯一提出要求的标准,也是唯一可以成为第三方机构进行质量管理体系认证依据的标准,在整个 ISO 9000 家族中的地位尤为重要。该标准共分为十个章节,其中,从第四章开始直至第十章,各章节中的内容对质量管理体系提出要求。ISO 9001 标准针对组织的质量管理而非产品或服务本身提出要求,标准中所提出的要求是普适的,无论组织的规模、所处的行业。这些要求实质上是组织构建持续提供满足顾客及适用法律法规要求的产品和服务能力所需的必要条件,从组织对内外部环境和相关方及其需求和期望的确定开始,围绕体系的范围、基于过程构建质量管理体系的相关要求、最高管理者应发挥的作用、方针与目标的设立、风险和机遇的应对、人力资源、基础设施、成文信息等支持条件的配置与管理,到对需求的确定、设计开发、产品和服务提供的控制,直至供应链管理、绩效评价与改进等诸多方面提出了系统性的要求。组织满足了这些要求,意味着在客观上具备持续提供满足顾客及适用法律法规要求的产品和服务的能力。

(3)ISO/TS 9002:2016——《质量管理体系 ISO 9001:2015 应用指南》。这个标准是 ISO 组织所发布的技术规范,是具有指南性质的标准。该标准的出台是 ISO 组织为满足世界各国对深入理解和应用 ISO 9001:2015 标准的强烈呼声所进行的一项举措。ISO/TS 9002 标准的章节结构与 ISO 9001 一致,该标准中的各章节是对 ISO 9001:2015 标准中的要求给出解释和实施上的指南,有助于组织依照 ISO 9001:2015 标准构建规范有效的质量管理体系。

(4)ISO 9004:2018——《质量管理组织的质量实现持续成功指南》。这个标准为组织的持续成功提供了指南,该标准所涵盖的范围比 ISO 9001:2015 标准更为广泛,除了顾客外,还系统考虑了股东、社会、员工、供方等不同相关方对组织的需求和期望,整个标准的基本逻辑是,若组织想实现持续成功(持续不断地实现目标),则需要综合考虑和满足各相关方的需求和期望。除标准正文所给出的指南内容外,该标准的附录也给出了可供组织使用的自评准则,通过该准则的应用,组织可以识别自身在实现持续成功方面的优势和所需重点考虑的改进方向。

(5)ISO 19011:2018——《管理体系审核指南》。该标准适用于质量、环境、职业健康安全等管理体系审核活动的指南性标准。管理体系审核是为判断体系运行的符合性、有效性而进行的系统性活动,分为第一方、第二方及第三方审核等不同类别。ISO 19011:2018 标准为审核的策划、实施和改进以及审核人员所需具备的能力等方面提供了指南,有助于组织以及认证机构提升审核活动的规范性和有效性。

截至 2018 年年底,我国已等同采用了 ISO 9000:2015、ISO 9001:2015、ISO/TS 9002:2016 三个标准,分别制定了所对应的国家标准,相信后续也会有等同采用 ISO 9004:2018 以及 ISO 19011:2018 标准的国家标准的出台。

1.2 国内外气象业务质量管理体系概述

1.2.1 国际气象业务质量管理体系现状

(1)WMO 对气象业务质量管理的推动

随着国际气象领域的合作和发展,世界气象组织认为需要建立和实施一个统一的标准和规范,以加强国际数据和产品交换与共享,通过长期的考察,WMO 认为 ISO 提供的标准比较符合国际气象业务的发展需求。

世界气象组织开始质量管理体系建设的讨论和尝试,最早源自 20 世纪 90 年代国际航空组织(ICAO)对航空气象服务的标准化需求。2003 年 5 月在第十四次世界气象大会上讨论了质量管理问题(WMO,2003)。大会通过了决议 27(Cg-14)——质量管理,并决定 WMO 应当致力于为国家气象水文部门建立一个质量管理框架。世界气象组织质量管理框架(WMO-QMF)于 2004 年 10 月由 WMO 在马来西亚举行的一次关于质量管理的讲习班上获得通过。WMO 在 2005 年召开的第 57 次执委会上,明确质量管理体系建设工作作为 WMO 各技术委员会工作的基本组成部分,并达成以 ISO 9000 族标准指导 WMO 质量管理体系建设工作的共识。2005 年 11 月,世界气象组织在中国香港举办了一个关于质量管理的研讨会,重点是为航空提供气象服务。航空气象服务质量管理体系的推进速度很快,截至 2017 年,超过 80% 的航空气象供应商已建立了基于 ISO 9001 标准的质量管理体系。

国际标准化组织认可的目的,是加强国际标准的发展,避免与气象、气候、水文、海洋及有关环境数据、产品及服务有关的标准工作重复。WMO 现在被 ISO 认可为一个国际标准化组织(ISO 理事会 2007 年 12 月批准的第 43/2007 号决议)。WMO 和 ISO 现在可以根据 WMO 的技术法规、手册和指南制定、批准和发布共同标准,以澄清 WMO 文件的权威性,并加强其国际承认和传播。

WMO 基于 ISO 9001 的质量管理框架,建立了一整套技术规则和指导文件,为各个国家气象水文部门建立质量管理框架奠定了坚实基础。2013 年,为进一步指导各成员国推进质量管理体系建设,在前期工作基础上,WMO 制定发布《国家气象和水文部门实施质量管理体系指南》(以下简称《指南》),《指南》基于 ISO 9001:2008 标准提出了国家气象水文部门建立和实施质量管理体系要遵循的 8 个原则、12 个步骤,并对 ISO 9001 标准的要求逐条做出解释性说明和分析;2017 年又基于 ISO 9001:2015 标准对《指南》进行更新,ISO 9001:2015 标准在 2018 年 9 月全面取代 ISO 9001:2008,新版《指南》指导成员国开发和实施质量管理体系,提供了从国际标准化组织的 ISO 9001:2008 标准过渡到 ISO 9001:2015 标准的步骤,并详细介绍获得 ISO 9001:2015 质量管理体系认证所需的 20 个步骤,对各国气象部门建立自己的质量管理体系具有非常实际的指导意义。

WMO 为了推动全球气象部门质量管理和质量保证工作,在 2004 年建立了质量管理框架委员会工作组(ICTT-QMF,WMO),2011 年成立了质量管理体系任务组(TT-QMS,WMO),并且在各技术委员会组建了质量管理专家小组(ET-TCs)。为更好地推进和支持 WMO 各成员国开展质量管理体系建设,WMO 质量管理体系工作组在 WMO 秘书处的带领下,联合来自澳大利亚、加拿大、奥地利、马来西亚、摩洛哥、法国、波兰、南非和坦桑尼亚等国家以及中国香港的技术专家起草发布了《质量管理体系技术规则》《质量管理建设实施指南》《质量管理体系框架》等一系列出版物;同时开发了 WMO 的质量管理体系网页。

(2)世界各国气象业务质量管理体系建立情况

在 WMO 的倡导下,各成员国相继开展了质量管理体系建设工作。在成员国中也有大量的推广案例,并被证明质量管理体系的建设和运行有力提升了相关成员国的气象业务质量和管理水平。据 WMO 秘书处统计,截至 2015 年,WMO 的 192 个成员国中有 117 个国家实施了质量管理体系建设工作,实施比例为 61%,其中欧洲成员国实施率最高,为 94%,亚洲成员国实施率为 50%。在 WMO 的各成员国中质量管理体系建设方面有典型性的两个国家是德国和澳大利亚。

德国气象局(Deutscher Wetterdi-enst,DWD)是在 WMO 的各成员国中最早建立质量管理体系(QMS)的国家之一。从 1997 年起,DWD 就开始在"气候和环境咨询"部门引入和实施 QMS 的试验性工作,经过 2 年的尝试,在服务质量、与私营公司的竞争、区域业务标准化、文档管理以及人员管理、成本效益等方面都取得较好的结果;2001 年 DWD 执行委员会决定在整个业务引进实施质量管理,成立了质量管理工作组,进行大量的外部咨询和内部培训,并于 2004 年进行第一次认证,但该次认证内容并没有涵盖 DWD 全部的业务领域;2005—2006 年,DWD 逐渐完善审查员(内审员)制度,逐渐将 QMS 按 DWD 的业务要求进行调整,并不断完善 QMS 各文档间的缺陷。通过调整业务、优化业务流程、改进质量管理指标、完善组织结构、补充资源等措施更好地理解了 QMS 的理念和含义,并建立了较完整的 QMS 组织架构;2007—2008 年 DWD 对其建立的 QMS 进行了进一步的巩固和强化,2009 年开始正式在 DWD 实行。此后,每年按照 ISO 9001 的标准要求,不断完善改进,并组织三年一次周期性的第三方认证。DWD 的 QMS 覆盖了数据、观测、预报、服务、国际合作等整个气象业务方面,包括组织架构、质量政策与目标、QMS 文档、质量的不断改进、QMS 中各种过程的控制管理等。在观测数据质量控制方面,DWD 按照 QMS 建立了一套完备的四级数据质量控制流程。为保证 QMS 的顺利实施,DWD 还建立了一个强有力的 QMS 执行机构。DWD 的执行委员会作为质量管理的最高管理和决策机构,其下设质量管理办公室,包括了各业务管理部门的负责人,并任命质量管理经理,负责组织 QMS 的实施。质量管理经理直接向执行委员会汇报有关 QMS 的任何问题,确保体系在各个部门有效运行。

澳大利亚气象局(Bureau of Meteorology,BoM)自 2007 年起引入质量管理体系,最初首先在四个领域建立,分别是航空气象服务、海洋气象服务、农业和公众天气服务以及商业气象服务,而且先在国家级部门建立,后在区域管理部门建立,最后在区域预报中心建立。BoM 是世界气象组织质量管理体系任务组的重要承担国之一,牵头制定了 WMO 质量管理体系建设实施指南,成为 WMO 各成员国建立质量管理体系的重要参考依据,此外,牵头开发了 WMO 质量管理体系的专门网站(http://www.bom.gov.au/wmo/quality_management.shtml)。该网站作为 WMO 质量管理体系的官方网站,挂靠在 BoM 的主页上,包含技术论坛、文档管理、人员管理等功能,供 WMO 各成员国中需要建立质量管理体系的工作人员交流使用。

除德国气象局和澳大利亚气象局外,WMO 的各成员国中质量管理体系开展较早、效果比较好的还有新西兰、新加坡、马来西亚、奥地利、加拿大、瑞典、法国、日本、匈牙利、坦桑尼亚等,还包括中国香港,此外,近年来非洲各国质量管理体系建设速度也较快。

1.2.2 我国气象业务质量管理体系发展及现状

(1)我国气象部门自 20 世纪 50 年代在中央气象局名义下开展天气和气候预报服务以来,一直采用我国政府的职能式管理形式,再加上我国气象行政管理采用垂直管理模式,行政公文和制度规范是我国气象业务管理的主要载体,尤其在 90 年代之前气象业务基本以人工为主的时候;90 年代之后,在国家一系列重大工程项目的支持下,伴随我国气象业务的信息化手段明显增强,气象业务管理的信息化成分也明显增强,但仍然以政府职能式管理形式为主;21 世纪初,随着全球信息化突飞猛进,更主要的是中国政府明确提出加强质量管理、质量监管等一系列质量战略,广泛应用于工业领域的质量管理体系管理模式也逐渐被引入我国气象部门,例如,2015 年上海市气象局一体化气象业务平台通过 ISO 9001 认证,2016 年陕西省气象局气象技术保障服务工作通过 ISO 9001 认证。

伴随中国气象工作在 WMO 活动的频繁,同时为了更好推进中国气象工作的规范化、科学化和标准化进程,继上海和陕西之后,基于国际先进理念的气象质量管理体系建设工作在我国得到了进一步加强。2016 年,中国气象局前往 WMO 和德国等机构进行气象业务质量和质量管理体系等方面的专题调研;2017 年,中国气象局研究决定在我国气象领域尝试导入基于国际标准化组织的 ISO 9001 质量管理体系,并决定从 2017 年开始在全国气象部门综合观测领域,按照国际标准化组织和世界气象组织的有关要求,分阶段开展 ISO 9001 质量管理体系建设。体系建设工作采取先试点、后推广的模式,前期先在中国气象局气象探测中心、国家卫星气象中心、国家气象信息中心和上海市气象局、陕西省气象局以及上海物管处开展试点建设,探索中国气象观测领域质量管理体系框架及建设模式,后期在试点建设基础上,根据体系运行效果评估情况,适时在全国气象观测领域进行推广。试点建设阶段中国气象局气象探测中心牵头负责质量管理体系建设实施工作,中国气象局综合观测司组织协调、监督和指导质量管理体系建设,组织做好体系试点建成后的效果评估工作,并根据评估结果,开展后期推广安排工作。

推进质量管理体系建设是中国气象局贯彻十九大精神,加强科学管理的一项战略决策,是实现气象观测质量强国、提高观测质量管理水平、落实气象观测发展规划的重大举措。中国气象局要求各级气象部门用改革创新的思路开展体系建设工作,实施过程中要做好与实际需求、气象观测现代化、业务体制改革、世界气象组织最新指导文件以及外部专业咨询认证要求等五方面的结合,为中国气象局的整体质量管理提供经验。

气象观测质量管理体系的建设,对于气象观测主要存在的以下五方面问题达成共识。

① 缺乏过程管理方法的有效支撑。中国的气象观测领域管理虽有制度、规范和标准可查,但缺乏质量管理体系指引下的系统性和环环相扣的过程管理意识,部分规章制度文件已经不能适应当前发展需要,且规章制度文件与现有业务流程不配套、部分业务流程缺乏明确的任务来源等诸多问题。

② 缺乏对业务全流程的质量检验。目前的气象观测产品质量检验未形成系统标准的质量检验体系,需要建立较完善的质量检验基础框架,规范和指导具体的质量检验业务工作。

③ 用户反馈未能有效促进业务改进。缺乏系统化的用户反馈和改进机制,对用户需求的调研和分析不够深入;缺乏数据产品对用户需求满足程度的量化指标,缺乏对用户提出的数据异常信息的处理流程,导致对气象观测系统的持续改进优化能力有所欠缺。

④ 业务过程缺乏记录管理。气象观测业务启动、中间过程、风险处置等记录不完整,尤其是部分过程缺乏业务任务下达和业务明确要求,缺乏对风险的识别、处置等环节,导致业务改进的效益评价难以量化。

⑤ 全员质量管理意识有待提升。气象部门各级人员质量管理意识欠缺,存在重业务、轻质量管理的倾向,对风险的防范和把控意识需要进一步加强。

(2)如何将标准化的质量管理理念、思维与气象观测工作有机融合,解决存在的问题,是广大气象工作者研究的课题。

① 构建覆盖综合气象观测全领域、全流程、全生命周期,涵盖国、省、地市、县各级气象机构的气象观测质量管理体系,确保综合气象观测业务及时、准确、可靠、高效运行。

我国气象观测领域涉及国家级、省级、地市级和县级四个行政层级的业务和管理机构,每个机构涉及多个部门,观测业务全领域、全流程的体系建设和运行是一个复杂的系统工程,气象观测作为气象工作的源头和基础,更有其独特性:人员队伍庞大且知识结构层次参差不齐;观测领域广,装备和设备多,型号杂,且人工与自动相结合;观测数据实时性、准确性和完整性强;观测和数据处理方法各设备、各层级间差异性大,观测标准规范多,制度规章属地化特点明显;观测环境大多在野外,条件艰苦;观测结果要求高代表性和可比较性,观测计量检定和定标等专业性强等。

气象观测的根本是观测数据,高质量的观测资料必须符合各种标准和规范的要求。质量管理的目的是在一个可实施的最低成本水平上确保提供应用的资料符合各种要求(包括不确定度、分辨率、连续性、均一性、代表性、时限、格式等)。好的资料无须特别出色,重要的是其质量应是已知的和可证实的,提供高质量的气象资料不是一件简单的事情,没有一套完善的质量管理体系而想提供高质量的气象资料是不可能的,最好的质量管理体系应在整个气象观测系统的各个方面连续运作,从站网规划和培训,通过设备安装和气象站操作到资料传输和归档,还包括基于不同时间尺度对观测资料的质量控制和对仪器设备运行状况、运行环境等的检查等,在外场服役的仪器使用期限包括不同阶段,如按用户要求制定计划、设备的选择和安装、操作、校准、维护和培训等活动。为了获取满足要求或规定质量的资料,在上述每一阶段都必须采取恰当的措施。

② 为中国政府部门质量管理体系建设和认证探索新模式。

ISO 9001 质量管理体系在我国政府部门的建立、运行和认证体量相比较于企业而言,不及其一二,究其根本,笔者认为质量管理体系作为一种国际公认的科学管理方法,与中国政府部门、事业单位的工作习惯和模式上有较大差异,但其精髓,如 PDCA 循环管理方法,在政府部门和事业单位的日常工作中已有所体现,只是不够全面和系统。如何将部门、行业的工作与ISO 9001 质量管理思维有机融合,是一个值得研究的课题。在获得国家主管部门批准的前提下,中国气象局将探索与第三方认证机构建立联合认证模式,共同构建中国特色的气象质量管理品牌,其中可能包括气象行业质量管理体系内审员资质联合认证、气象行业 ISO 9001 质量管理体系认证。截至 2019 年年底,气象部门职工获得全国质量管理体系审核员(CCAA)资质8 人,将为第三方认证审核提供气象专业支持,同时培养气象行业内的持证内审员近 3000 名,基本覆盖气象观测各层级、各机构及各业务和管理类别,能够在人员方面支撑中国气象观测领域质量管理体系内审工作的开展。

1.2.3 我国建立气象观测质量管理体系的意义和作用

ISO 9001 质量管理体系最初源于制造业,由于在提高组织效率和改进产品质量方面的巨大推动作用,进而扩展到服务业和公共部门;越来越多的政府部门采用质量管理体系认证等国际先进理念来强化行政管理,对于政府工作职能转变意义重大。建立一整套职责清晰、相互衔接的气象观测业务运行管理规范,既符合现代管理思想和质量管理体系的基本要求,又能够与构建管理规范、运行高效、清正廉洁、有效履职的政府机构要求相结合。

进入新时代,我国正处在由高速增长阶段转向高质量发展阶段的新起点,气象工作也进入高质量发展阶段,尤其在气象观测方面的提质增效将有力支撑气象现代化的实现。中共中央和国务院自 2017 年以来先后出台《关于开展质量提升行动的指导意见》《关于加强质量认证体系建设促进全面质量管理的意见》等一系列指导性文件,明确提出要"大力推广质量管理先进标准和方法""推进全面质量管理""加强全面质量监督""着力打造中国质量品牌""实施质量强国战略"等一系列战略举措。在高质量发展的要求下,中国气象局全面落实中央精神,努力打造中国特色的气象观测质量管理体系,实现气象观测业务高质量发展,同时为气象部门预报、服务行政管理、教育培训等领域开展质量管理体系建设,进行了卓有成效的探索。

对接世界气象组织(WMO)质量管理工作,增强在 WMO 气象观测服务中的话语权。截至 2015 年,WMO 的 192 个成员国中有 117 个国家引入 ISO 质量管理体系,中国气象局尽管有多名技术带头人参与 WMO 的 CIMO、CBS、JCOMM、CAS 等多个委员会,但 WMO 明确质量管理体系建设将作为 WMO 各技术委员会工作的基本组成部分,由于中国气象局前期未开展 ISO 9001 标准国际认证,造成 CaGM、CaEM 等委员会以及 WMO 的多项科学计划仍无人参与。2018 年中国气象局完成前期 5 个试点单位的观测领域质量管理体系建设后,在世界气象组织仪器和观测方法委员会(CIMO)第 17 次界会及在 2019 年的世界气象组织综合观测系统(WIGOS)国际研讨会上,中国气象局做了题为"Meteorological Observation Quality Management System in CMA"的主题报告,详细阐述了中国气象观测领域 ISO 9001 质量管理体系的架构设计、体系建设进展及后续对接 WMO-QMF 的相关计划,得到 WMO 成员国和秘书处的认可,进而增强了中国气象工作在 WMO 的话语权;同时,也为我国气象部门加强与澳大利亚、德国、加拿大等先行开展质量管理体系建设的国家进行交流与合作提供可能。

中国气象局在气象观测领域推进质量管理体系建设,旨在全面提升气象观测的管理水平、技术水平、服务水平和工作效率,完善业务流程、技术规范和标准,加强监督管理,提高观测系统持续改进优化能力,推动管理系统科学化、国际化、现代化,从而保障并逐渐提高观测数据质量,最终增强对气象预报预警和气候变化研究的基础性支撑。具体发挥以下几个方面的作用。

(1)实现观测领域全过程管理。通过导入国际先进的 ISO 9001 标准化管理模式,完成国、省、地市、县各级气象观测工作全流程梳理,建立基于过程管理的质量工作方法,打破部门壁垒和条块分割,打通跨部门横向流程,实现跨组织、跨部门、跨岗位业务高效流转,在一定程度上优化和减少业务流转环节,提高工作效率。围绕气象装备质量管理和数据质量管理两大核心业务进行流程梳理优化(包括新增、修改、删减等)。例如,在 2017—2018 年先期开展的试点建设中对中国气象局层面参与试点的 3 个直属单位的工作流程优化率为 57.8%;对省、地市、县模式的试点单位工作流程优化率为 12%,对地市、县模式的试点单位工作流程优化率为32.1%。同一领域,跨层级的工作流程梳理优化,效益是显而易见的。

(2)引入 PDCA 循环管理模式,完善现有管理体制。根据 ISO 9001 质量管理体系要求,在工作中形成 PDCA(即计划 Plan、执行 Do、检查 Check、处置 Act)监督改进机制,建立不断发现问题、解决问题的机制并循环运行,实现多维度自主管理和持续改进,形成整体工作螺旋式上升的良好趋势。

(3)探索基于风险思维的管理新模式。对观测工作及相关管理活动从多维度进行全面评估,重点关注职责分工、流程接口、全面性、适用性、可操作性、规范性等维度,梳理可能出现的风险点(或称为风险工作项),逐一分析,提出并审定切实可行的解决方案,进而有序加以改进,达到防患于未然的目的。同时,共同讨论、分析观测业务中存在的优势,并加以利用。识别、分析、制定措施、有效实施、实施效果分析、对实施效果加以评价并制定进一步改进措施,如此循环往复,将 PDCA 管理理念渗入其中,探索建立符合 ISO 9001:2015 标准要求的有责(职责)、有序(秩序)、高效(效率)的标准化管理新模式。

(4)积极引入第三方监督机制,使管理层获得更加客观的运行评价成为可能,进而为管理者的决策提供更加客观的依据。通过行政强制要求,在先期开展的体系建设中,要求建设单位引入具有资质的第三方认证机构进行认证审核,使得建设效果更有保证,同时获得更加客观的运行评价和更加科学的改进建议。在运行阶段按照 ISO 9001 证书的认证认可制度接受第三方专业机构的定期监督检查。

第 2 章　ISO 9001 标准条款的理解

2.1　概述

ISO 9001 标准是 ISO 9000 族标准中唯一可用于内部和外部评价组织满足顾客(用户)、法律法规和组织自身要求的标准。气象观测质量管理体系的建设、审核等工作在 ISO 9001 标准的总体框架下,结合我国气象部门的运行和管理要求进行。

ISO 9001 质量管理体系的核心 PDCA 循环,也叫质量环,最早由美国的统计学家沃特·阿曼德·休哈特(Walter A. Shewhart)博士于 1930 年提出,后被世界著名的质量管理专家威廉·爱德华兹·戴明(William Edwards Deming)加以广泛应用,所以 PDCA 循环又称戴明环。PDCA 循环的含义是将质量管理分为四个阶段,即计划(或策划)(Plan)、执行(或实施)(Do)、检查(Check)、处置(或执行)(Act),是四个英文单词的首字母。质量管理体系采用过程方法,通过持续的 PDCA 循环(计划—执行—检查—处置),推动质量管理水平不断提升。

计划(Plan):根据顾客的要求和组织的方针,建立体系的目标及其过程,确定实现结果所需的资源,并识别和应对风险的机遇。

执行(Do):实施所策划的内容。

检查(Check):据方针、目标、要求和所策划的活动,对过程以及形成的产品和服务进行监视和测量(适用时),并报告结果。

处置(Act):必要时,采取措施提高绩效。

PDCA 循环能够应用于所有过程以及整个质量管理体系,通过不停顿地、周而复始台阶式上升提高整体绩效(图 2.1)。

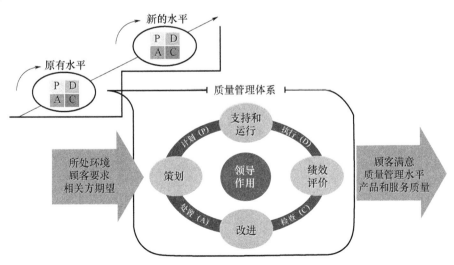

图 2.1　ISO 9001 质量管理体系 PDCA 循环示意图

按照 ISO 9000 标准族的框架,ISO 9001 标准整体结构包含如下 10 个方面:①范围;②规范性引用文件;③术语和定义;④组织环境;⑤领导作用;⑥策划;⑦支持;⑧运行;⑨绩效评价;⑩改进。ISO 9001 质量管理体系的核心理念是 PDCA 循环,ISO 9001 标准的章节也按照 PDCA 理念设计(图 2.2)。

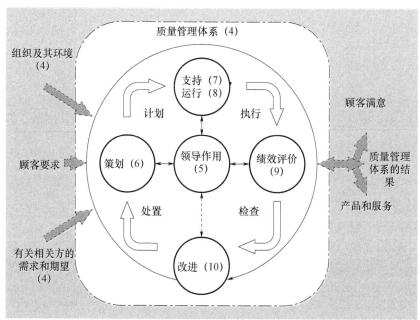

注:括号中的数字表示本标准的相应章节。

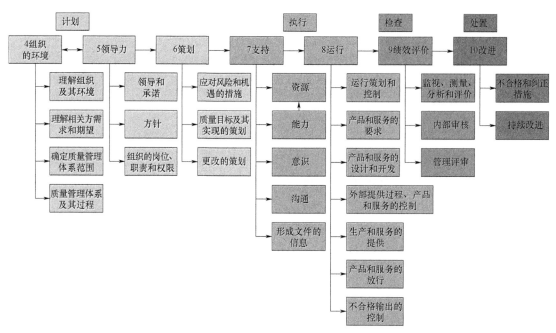

图 2.2 ISO 9001 标准的结构在 PDCA 循环中的展示

ISO 9001:2015 标准章节结构及其要求对气象观测质量管理体系的主要含义如表 2.1 所示。其中,除去前 3 章,第 4～6 章属于计划过程(P),第 7～8 章属于执行过程(D),第 9 章和第 10 章分别为检查过程(C)和处置过程(A)。

表 2.1　ISO 9001:2015 标准的结构及对气象观测质量管理体系的概要含义

标准条款	标准要求对气象观测质量管理体系的概要含义
1　范围	说明标准的适用范围,证实各级气象部门所具备的能力以及增强顾客满意
2　规范性引用文件	标准所引用的其他标准
3　术语和定义	标准所涉及的术语和定义的出处
4　组织环境	
4.1　理解组织及其环境	确定会影响气象观测质量管理体系的内外部环境,并对环境的变化加以把握
4.2　理解相关方的需求和期望	确定与气象观测质量管理体系有关的相关方,包括他们的需求和期望,并对相关方及其需求和期望的变化加以把握
4.3　确定质量管理体系的范围	确定气象观测质量管理体系所涵盖的范围,一般是综合气象观测或地基、天基、空基气象观测,范围还包括标准条款的适用性,即哪些条款不适用
4.4　质量管理体系及其过程	基于过程构建质量管理体系,包括流程、相关的准则、资源、职责权限等体系要素的确定与配置
5　领导作用	
5.1　领导作用和承诺	
5.1.1　总则	各级气象局领导班子对质量管理体系的建立与实施等方面应发挥作用
5.1.2　以顾客为关注焦点	各级气象局领导班子在顾客与市场方面应发挥作用
5.2　方针	
5.2.1　制定质量方针	各级气象局领导班子要制定质量方针
5.2.2　沟通质量方针	质量方针应该得到沟通和理解
5.3　组织的岗位、职责和权限	应明确组织内的岗位及其职责和权限
6　策划	
6.1　应对风险和机遇的措施	应根据内外部环境变化等因素确定要应对的风险和机遇制定应对措施,这些措施应该具体得到落实,措施的效果要得到评价
6.2　质量目标及其实现的策划	在相关部门、业务流程上建立质量目标,并要策划这些目标该如何实现
6.3　变更的策划	当需要对体系进行变化时,如改变体系的范围,要先进行策划再实施
7　支持	
7.1　资源	
7.1.1　总则	要确定和提供体系建立、实施、保持和持续改进所需的各种资源
7.1.2　人员	确定和配备所需人员,数量上应充分满足体系运行需求
7.1.3　基础设施	确定、提供和维护为进行气象观测所需的各类装备、设施
7.1.4　过程运行环境	确定、提供和维护所需的工作环境
7.1.5　监视和测量资源	监视和测量资源应得到保护和维护,包括所需的校准和检定,以确保观测数据的可靠
7.1.6　组织的知识	确定、获取和更新所需的知识

标准条款	标准要求对气象观测质量管理体系的概要含义
7.2 能力	人员能力应胜任
7.3 意识	人员应具备四个方面的意识
7.4 沟通	内外部沟通要确定沟通对象、内容、方式等五方面要素
7.5 成文信息	
7.5.1 总则	规定了体系文件所应涵盖的两个主要类别
7.5.2 创新和更新	规定了文件编制、发布与更新方面的要求
7.5.3 成文信息的控制	文件和记录应受控
8 运行	
8.1 运行的策划和控制	对气象观测过程进行控制的总体要求
8.2 产品和服务的要求	
8.2.1 顾客沟通	规定了与顾客沟通的五个方面的内容
8.2.2 产品和服务要求的确定	要确定与观测数据及其提供相关的要求,包括法律法规以及其他相关的要求
8.2.3 产品和服务要求的评审	向顾客做出承诺前,应对要求进行评审,确保有能力满足要求
8.2.4 产品和服务要求的更改	若对观测数据及其提供的要求发生变更,相关人员应知晓这些变更,相关文件得到修改
8.3 产品和服务的设计和开发	
8.3.1 总则	设计和开发过程应得到建立
8.3.2 设计和开发策划	设计和开发应进行系统的策划
8.3.3 设计和开发输入	设计和开发的输入应充分
8.3.4 设计和开发控制	对设计和开发各阶段要进行控制,包括评审、验证和确认等
8.3.5 设计和开发输出	设计和开发的输出应充分适宜
8.3.6 设计和开发更改	设计和开发的更改要得到控制
8.4 外部提供的过程、产品和服务的控制	
8.4.1 总则	采购的产品和服务、外包的过程,如气象装备应满足要求
8.4.2 控制类型和程度	不同类型的供应商,应采取不同的控制方式
8.4.3 提供给外部供方的信息	要向供应商提供充分的信息
8.5 生产和服务提供	
8.5.1 生产和服务提供的控制	气象观测活动应受控,包括人、机、料、法、环、测等方面的要素应满足要求
8.5.2 标识和可追溯性	检验状态应有标识,需要时,不同类型观测数据应有标识
8.5.3 顾客或外部供方的财产	属于顾客或供应商的财产要得到爱护
8.5.4 防护	观测数据的安全性应得到保护
8.5.5 交付后活动	根据五个方面的因素确定售后服务的范围和程度
8.5.6 更改控制	气象观测活动的变更要得到控制
8.6 产品和服务的放行	检验完成后才可以传输相关的观测数据
8.7 不合格输出的控制	不合格的观测数据应得到控制以避免误用
9 绩效评价	

标准条款	标准要求对气象观测质量管理体系的概要含义
9.1 监视、测量、分析和评价	
9.1.1 总则	要对各类检验、检查等方面的工作进行策划
9.1.2 顾客满意	要监视顾客的满意程度
9.1.3 分析和评价	要对相关数据和信息进行分析,以确定改进方向
9.2 内部审核	要对体系运行情况,包括符合性和有效性进行系统检查
9.3 管理评审	
9.3.1 总则	各级气象部门领导班子应定期对体系的运行情况进行回顾,确定所需的改进
9.3.2 管理评审输入	管理评审的内容
9.3.3 管理评审输出	管理评审的决定
10 改进	
10.1 总则	要进行改进,改进有不同的类型
10.2 不合格和纠正措施	要对不合格原因采取措施,要举一反三
10.3 持续改进	要对质量管理体系持续进行改进

注:本书中的 ISO 9001 标准为 2015 版,我国的国家标准等同采用为 GB/T 19001—2016 版。

2.2 ISO 9001 标准条款理解

2.2.1 组织环境

标准条款

4.1 理解组织及其环境

组织应确定与其宗旨和战略方向相关并影响其实现质量管理体系预期结果的能力的各种外部和内部因素。

组织应对这些外部和内部因素的相关信息进行监视和评审。

注 1:这些因素可能包括需要考虑的正面和负面要素或条件。

注 2:考虑来自国际、国内、地区和当地的各种法律法规、技术、竞争、市场、文化、社会和经济环境的因素,有助于理解外部环境。

注 3:考虑与组织的价值观、文化、知识和绩效等有关的因素,有助于理解内部环境。

◎ **理解要点**

4.1 条款中的"环境"是指气象观测的业务环境,即气象部门观测业务所处的各种内外部客观因素,如与气象观测相关的政策法规、装备、观测技术发展情况等。

对内外部业务环境的分析以及对相关方及其需求和期望的确定(见 GB/T 19001—2016 中的 4.2 条款)通常是气象部门观测业务发展规划、战略制定过程中的核心环节之一,只有透彻了解气象观测业务的内外部环境以及相关方的需求和期望,才能够有效制定观测业务发展规划、战略以及相关的方针和目标,因此,在 ISO 9001:2015 标准要求部分的开篇,首先提出了有关环境和相关方的要求,这是非常必要的,后续质量管理体系范围的确定、质量方针的制定以及风险和机遇的确定与应对措施等都与这两个条款紧密相关,这是质量管理体系的大前提。可以说,气象观测质量管理体系的改进提升,主要是由内外部环境和相关方及其变化来驱动的,因为环境和相关方的需求和期望总是不断变化的,气象观测质量管理体系要能够有效适应这些变化。

本条款主要提出了两个方面的要求。

(1)气象部门要确定与其宗旨和战略方向相关并影响其实现气象观测质量管理体系预期结果的能力的外部和内部因素,也就是内外部的业务环境。这里的"内外部",指的不是气象部门物理或地理意义上的内部和外部,而是指这些因素(即环境)是否能够被气象部门所改变或影响。能够被改变或影响的因素,比如气象观测方面的绩效、气象部门自身的价值观等,属于内部因素或者叫内部环境;而气象部门自身无法改变的因素,比如经济形势、相关法律法规要求等,属于外部因素或者叫作外部环境。

需要注意的是,这些因素,有些可能对气象观测业务的运行是有利的,会带来机遇,有些对气象观测业务是不利的,会带来风险。

(2)因为这些因素不是一成不变的,可能会发生变化,比如法律法规可能会变化、气象观测台站所处的地方经济建设形势可能会变化,为了能够把握住变化,及时做出相应调整,组织要对有关内外部业务因素的信息进行监视和评审,监视是为了掌握变化动态,而评审是为了确定这些信息是否准确,充分和适宜,而且有关环境变化的信息也将成为管理评审输入的一部分(具体见 GB/T 19001—2016 中的 9.3 条款)。

4.1 条款所提出的一系列要求,其主要的目的在于,气象部门的业务环境及其变化可能会给气象观测质量管理体系带来风险,也有可能带来机遇,因此有必要理解气象部门的气象观测业务环境,并对环境的变化进行监视和评审。

对内外部环境的确定、监视、评审等,都是气象部门制定观测业务发展规划、相关战略中的活动,气象部门可以通过各种信息渠道,比如上级部门的通知通告、行业分析报告、相关新闻媒体、专业的网站、会议、论坛等,获取有关外部环境的信息,一般可与管理评审活动相结合开展相关的分析活动。

气象观测业务的外部环境因素,典型的包括以下方面:

① 国际、国内以及当地的各种相关法律法规;

② 世界气象组织及各国气象组织对气象观测部门的影响;

③ 国家以及上级主管部门的相关政策;

④ 相关信息技术的发展;

⑤ 相关标准规范的制定/修订;

⑥ 气象观测业务开展所在区域的地理、人文特点和条件、社会和经济环境等。

气象观测业务的内部环境因素,典型的包括以下方面:

① 气象部门的文化与价值观;

② 气象部门人员的质量意识、业务能力;

③ 气象部门组织架构与业务分工;

④ 仪器装备、数据处理、业务系统等方面的技术水平;

⑤ 气象观测业务水平。

4.2　理解相关方的需求和期望

由于相关方对组织稳定提供符合顾客要求及适用法律法规要求的产品和服务的能力具有影响或潜在影响,因此,组织应确定:

a)与质量管理体系有关的相关方;

b)与质量管理有关的相关方的要求。

组织应监视和评审这些相关方的信息及其相关要求。

◎　理解要点

依照 ISO 9000:2015 标准 3.2.3 条款中的定义,对于气象部门而言,其相关方是如下三类个人或团体:

① 受气象部门的决策或活动影响的个人或组织,比如气象部门的职工、用户等;

② 会影响气象部门的决策或活动的个人或组织,比如相关政府部门、上级部门;

③ 自认为会受到气象部门的决策和活动影响的个人或组织。

第三种情况相对特殊,其特殊之处在于这种情况是指气象部门对其的影响并不一定真实发生,但这些个人或组织自己认为受到了影响。

需要注意的是,某相关方可能既受组织的决策或活动影响,同时也会影响组织的决策或活动,如员工、顾客、供应商等。

本条款主要提出了三个方面的要求:

① 气象部门要确定与其气象观测质量管理体系有关的相关方;

② 气象部门要确定这些相关方对自身的要求;

③ 由于与气象观测质量管理体系有关的相关方以及他们的要求也不是一成不变的,因此,气象部门要能够掌握他们的变化动态,也就是需要监视相关方的信息及其相关要求,并对这些信息进行评审,以确保信息的适宜、准确。

气象观测质量管理体系有关的相关方一般包括但不限于以下方面:

① 上、下级气象部门;

② 用户;

③ 内部职工;

④ 装备制造商、维保单位;

⑤ 外部计量校准单位;

⑥ 地方政府;

⑦ 科研以及标准化部门;

⑧ 开展数据共享的合作伙伴。

4.3　确定质量管理体系的范围

组织应确定质量管理体系的边界和适用性,以确定其范围。

在确定范围时,组织应考虑:

a)4.1 条款中提及的各种外部和内部因素;

b)4.2 条款中提及的相关方的要求;

c)组织的产品和服务。

如果本标准的全部要求适用于组织确定的质量管理体系范围,组织应实施本标准的全部要求。

组织的质量管理体系范围应作为成文信息,可获得并得到保持。该范围应描述所覆盖的产品和服务类型,如果组织确定本标准的某些要求不适用于其质量管理体系范围,应说明理由。

只有当所确定的不适用的要求不影响组织确保其产品和服务合格的能力或责任,对增强顾客满意也不会产生影响时,方可声称符合本标准要求。

◎ **理解要点**

范围,意指边界和适用性,气象部门应确定其气象观测质量管理体系的边界和适用性,以确定其范围。

在确定范围时,气象部门应考虑:

① 4.1条款中提及的各种内外部业务环境因素;

② 4.2条款中提及的相关方的要求,特别是上级部门的要求;

③ 气象部门的气象观测产品和服务,包括所开展的气象观测业务类型。

气象部门需要把所确定的范围形成文件,该文件主要包括以下两个方面的内容:

① 所覆盖的气象观测产品和服务类型以及所涉及的地理区域、所属或派出单位、气象部门内部的职能和业务部门等;

② GB/T 19001—2016标准中明确的不适用的情况。

若气象部门确定GB/T 19001—2016标准的某些要求不适用于其气象观测质量管理体系的范围,需要在质量手册中说明理由。对标准要求不适用情况的判断应谨慎,因为只有当所确定的所有不适用的要求不会影响到气象部门确保其气象观测产品和服务合格的能力或责任,而且对增强用户满意也不会产生不利影响时,气象部门方可声称满足GB/T 19001—2016标准的要求。

对体系范围进行描述的文件一般可以体现在质量手册之中,当范围发生变化,如新增观测类型时,应对该文件进行更新。

标准条款

4.4 质量管理体系及其过程

4.4.1 组织应按照本标准的要求,建立、实施、保持和持续改进质量管理体系,包括所需过程及其相互作用。

组织应确定质量管理体系所需的过程及其在整个组织中的应用,且应:

a)确定这些过程所需的输入和期望的输出;

b)确定这些过程的顺序和相互作用;

c)确定和应用所需的准则和方法(包括监视、测量和相关绩效指标),以确保这些过程的有效运行和控制;

d)确定这些过程所需的资源并确保其可获得;

e)分配这些过程的职责和权限;

f)按照6.1条款的要求应对风险和机遇;

g)评价这些过程,实施所需的变更,以确保实现这些过程的预期结果;

h)改进过程和质量管理体系。

4.4.2 在必要的范围和程度上,组织应:

a)保持成文信息以支持过程运行;

b)保留成文信息以确信其过程按策划进行。

◎　**理解要点**

该条款首先提出的要求是气象部门应按照本标准的要求,建立、实施、保持和持续改进气象观测质量管理体系,包括所需过程及其相互作用。

气象部门需要对气象观测质量管理体系的框架进行设计,依照业务、支撑和管理三个类别确定各自所涉及的过程及其在整个气象部门中的应用。

在进行体系框架设计时,气象部门需要考虑:

① 自身气象观测业务特点、预期目标和实际需要;

② 气象观测质量管理体系的范围;

③ 上级部门对气象观测质量管理体系建设的相关要求。

气象部门应根据所设计的体系框架和过程类别:

① 确定气象观测质量管理体系过程的层级,一般为三个层级;

② 确定每个层级中的过程;

③ 确定这些过程所需的输入和期望的输出;

④ 确定这些过程的顺序和相互作用;

⑤ 确定和应用所需的制度规范等准则及方法(包括评价方法和相关绩效指标),以确保这些过程得到有效实施和控制;

⑥ 确定这些过程所需的资源并确保其可获得;

⑦ 为这些过程分配职责和权限,包括主要职责部门和相关部门;

⑧ 按照 6.1 条款的要求应对风险和机遇;

⑨ 对这些过程进行评价,实施所需的变更,以确保这些过程实现预期结果;

⑩ 改进过程和气象观测质量管理体系。

气象部门应形成气象观测质量管理体系过程相关信息的文件并及时更新,文件应包括有关过程的类别、名称、层级、职责以及所涉及的本标准条款和目标以及绩效指标等方面的信息。

气象部门应以泳道图的方式将气象观测质量管理体系过程及其之间的顺序和相互作用关系形成文件,以表达过程内各活动及其与相关职能部门和层次之间的联系。

气象部门应根据自身情况和实际需要:

① 制定相关制度、规范、程序、作业指导书等文件,以支持各过程的有效实施和控制;

② 对相关过程的实施保留记录,以证实各过程已按设计得到实施。

2.2.2　领导作用

╱╱ 标准条款 ╱╱

5.1　领导作用与承诺

5.1.1　总则

最高管理者应通过以下方面,证实其对质量管理体系的领导作用和承诺:

a)对质量管理体系的有效性负责;

b)确保制定质量管理体系的质量方针和质量目标,并与组织环境相适应,且与战略方向相一致;

c)确保质量管理体系要求融入组织的业务过程;

d) 促进使用过程方法和基于风险的思维;

e) 确保质量管理体系所需的资源是可获得的;

f) 沟通有效的质量管理和符合质量管理体系要求的重要性;

g) 确保质量管理体系实现其预期结果;

h) 促使人员积极参与,指导和支持他们为质量管理体系的有效性做出贡献;

i) 推动改进;

j) 支持其他相关管理者在其职责范围内发挥领导作用。

注:本标准使用的"业务"一词可广义地理解为涉及组织存在目的的核心活动,无论是公有、私有、营利或非营利组织。

5.1.2 以顾客为关注焦点

最高管理者应通过确保以下方面,证实其以顾客为关注焦点的领导作用和承诺:

a) 确定、理解并持续地满足顾客要求以及适用的法律法规要求;

b) 确定和应对风险和机遇,这些风险和机遇可能影响产品和服务的合格以及增强顾客满意的能力;

c) 始终致力于增强顾客满意。

◎ 理解要点

本条款提出了对气象观测质量管理体系最高管理者的相关要求。气象观测质量管理体系的最高管理者需要通过以下方面的实际作为,证实其对气象观测质量管理体系所发挥的领导作用和承诺:

① 对气象观测质量管理体系的有效性负责,有效性主要包括质量目标的实现程度及用户满意度的提升;

② 确保质量方针和质量目标得到制定,并与其内外部业务环境相适应,与业务发展规划、战略发展方向相一致;

③ 确保能够将气象观测质量管理体系的要求落实到气象观测质量管理体系的各相关过程中;

④ 促进在气象部门中应用过程方法和基于风险的思维;

⑤ 确保气象观测质量管理体系所需的资源是可获得的,如人力资源、相关的装备、探测环境等;

⑥ 对内宣传有效的气象观测质量管理体系理念和符合气象观测质量管理体系要求的重要性;

⑦ 确保气象观测质量管理体系实现其预期效果;

⑧ 促使各层级人员的积极参与、指导和支持他们为气象观测质量管理体系的有效性做出贡献;

⑨ 采取措施,推动改进;

⑩ 支持其他相关管理者在其职责范围内发挥领导作用。

最高管理者应通过确保气象部门对以下方面的实现,证实其以用户为关注焦点的领导作用和承诺:

① 确定、理解并持续地满足用户以及适用的标准规范要求;

② 确定和应对可能影响到气象观测产品和服务的符合性以及增强用户满意能力方面的风险和机遇;

③ 始终致力于增强用户满意。

5.2　方针

5.2.1　制定质量方针

最高管理者应制定、实施和保持质量方针,质量方针应:

a)适应组织的宗旨和环境并支持其战略方向;

b)为建立质量目标提供框架;

c)包括满足适用要求的承诺;

d)包括持续改进质量管理体系的承诺。

5.2.2　沟通质量方针

质量方针应:

a)可获取并保持成文信息;

b)在组织内得到沟通、理解和应用;

c)适宜时,可为有关相关方所获取。

◎　**理解要点**

质量方针是气象部门关于气象观测质量管理总体方向的阐述,可能是简单的一句话或几句话。

本条款主要围绕质量方针的制定和沟通提出要求。

在质量方针的制定方面,归纳起来,标准有如下几个方面的要求:

① 质量方针要由最高管理者进行制定、实施和保持,因为最高管理者是在组织的最高层指挥和控制组织,因此能够站在组织整体的高度上考虑质量方针。保持,指的是在特定情况下,要对其进行更新的意思,以保持它的适宜性。

② 在质量方针的内容方面,标准提出了如下几个方面的要求:

a)质量方针的内容要考虑到实际,也就是说要与气象部门气象观测业务的宗旨和所处的内外部观测业务环境相适应,并且应能够支持气象部门有关气象观测业务的发展规划和战略方向;

b)质量方针要能够给质量目标的制定提供框架,也就是说,围绕着质量方针所阐明的方向,气象部门还要设置具体的质量目标。这个要求也很实际,如果没有随后设置的质量目标,质量方针很容易沦为空洞的口号,有关质量目标的相关内容详见有关 6.2 条款的说明;

c)质量方针的内容上还要包括满足用户以及适用的法律法规要求的承诺,也要包括对持续改进质量管理体系的承诺。

关于质量方针的沟通,本条款主要围绕三个方面提出了要求:

① 质量方针要形成文件,不能仅仅停留在口头上,否则有可能会导致信息传递和理解上的错误;

② 要通过各种方式在气象部门内对质量方针进行宣传,使上上下下都能够明白组织质量方针的含义,能够在实际工作中遵循质量方针;

③ 虽然并不要求气象部门主动向其相关方宣传自己的质量方针,但是如果有关相关方有这方面的正当需要,气象部门应该向其提供。

5.3　组织的岗位、职责和权限

最高管理者应确保组织内相关岗位的职责、权限得到分配、沟通和理解。

最高管理者应分配职责和权限，以：

a)确保质量管理体系符合本标准的要求；

b)确保各过程获得其预期输出；

c)报告质量管理体系的绩效以及改进机会(见10.1条款)，特别是向最高管理者报告；

d)确保在整个组织推动以顾客为关注焦点；

e)确保在策划和实施质量管理体系变更时保持其完整性。

◎ **理解要点**

本条款要求气象观测质量管理体系的最高管理者要能够确保气象部门内相关岗位的职责、权限得到分配、沟通和理解。

最高管理者要为以下方面目的的实现分配职责和权限：

① 确保气象观测质量管理体系符合本标准的要求；

② 确保各过程获得其预期输出；

③ 确保在设计和实施气象观测质量管理体系变更时保持其完整性。

最高管理者也可以在其管理层中指定一名成员，即管理者代表，无论该成员其他方面的职责如何，使其具有以下方面的职责和权限：

① 确保气象观测质量管理体系所需的过程得到建立、实施和保持；

② 报告质量管理体系的绩效以及改进机会(见10.1条款)，特别是向最高管理者报告；

③ 确保在体系范围内的各气象单位(部门)中推动满足标准规范要求和提高满足用户要求的意识。

注1：管理者代表的职责可包括就气象观测质量管理体系的有关事宜与外部方进行联络。

注2：各省(区、市)气象局可任命各省(区、市)的管理者代表，负责本省(区、市)的质量管理体系事宜。

体系负责人应具有以下方面的职责和权限：

① 推动本单位(部门)气象观测质量管理体系的建立、实施和保持；

② 向管理者代表或最高管理者报告体系的绩效和体系改进需求；

③ 推动构建良好质量文化。

注：体系负责人为本单位(部门、机构)观测质量管理体系中对应过程的执行、检查、改进等负总责。

2.2.3　策划

6.1　应对风险和机遇的措施

6.1.1　在策划质量管理体系时，组织应考虑到4.1条款所提及的因素和4.2条款所提及的要求，并确定需要应对的风险和机遇，以：

a)确保质量管理体系能够实现其预期结果；

b)增强有利影响；

c)预防或减少不利影响；

d)实现改进。

6.1.2　组织应策划：

a)应对这些风险和机遇的措施；

b)如何：

· 在质量管理体系过程中整合并实施这些措施(见 4.4 条款)；

· 评价这些措施的有效性。

应对措施应与风险和机遇对产品和服务符合性的潜在影响相适应。

注 1：应对风险可选择规避风险，为寻求机遇承担风险，消除风险源，改变风险的可能性或后果，分担风险，或通过信息充分的决策而保留风险。

注 2：机遇可能导致采用新实践，推出新产品，开辟新市场，赢得新顾客，建立合作伙伴关系，利用新技术以及其他可行之处，以应对组织或其顾客的需求。

◎ 理解要点

6.1.1 条款的目的是确保在策划气象观测质量管理体系时，气象部门应确定其整体和每个过程的风险和机遇，并策划措施加以应对。其目的在于降低风险，预防或减少不合格的服务，并确定能增强用户满意或有利于实现气象部门质量目标的机遇。

在确定质量管理体系的风险和机遇时，外部和内部的观测业务环境因素(见 GB/T 19001—2016 第 4.1 条款)以及有关相关方的要求(见 GB/T 19001—2016 第 4.2 条款)应予以考虑。质量管理体系不能实现其目标的风险的示例包括：过程、产品和服务未能满足对它们的要求、气象部门未实现顾客满意。机遇是指那些可能导致采用新实践、新装备、推出新产品、开辟新业务、赢得新用户、建立合作伙伴关系、利用新技术和其他可行之处的机会，以应对气象部门自身或用户的需求。

在研究机遇时，气象部门应首先确定和评估与机遇相关的、带给质量管理体系的潜在风险。应将评估的结果用于是否把握这些机遇的决策制定。

对于 GB/T 19001—2016 标准 6.1.1 条款中 a)~d)条，在确定其风险和机遇时，气象部门应关注：

① 为质量管理体系能够实现其预期结果提供信心；

② 增强有利影响，并创造新的可能性(通过改进其活动的有效性、开发或应用新的技术等)；

③ 预防或减少不利影响(通过风险降低措施或预防措施)；

④ 实现改进以确保产品和服务的符合性并增强用户满意度。

这就是一种采用基于风险的思维方法，组织应考虑将这种方法应用于质量管理体系所需的过程之中。

ISO 9001:2015 没有要求采用正式的风险管理来确定和应对风险和机遇。气象部门可以选择适合自身需求的方法。

确定风险和机遇时，气象部门可以考虑使用如 SWOT 或 PESTLE 等技术，其他方法可以包括：失效模式和后果分析(FMEA)、危害分析和关键控制点(HACCP)等，简单的方法包括头脑风暴、结构化假设分析(SWIFT)以及后果/概率矩阵等技术，使用何种方法或工具由组织来决定。

基于风险的思维应用同样能够帮助气象部门营造积极主动和预防性的文化，该文化通常关注如何将事情做得更好以及在通常情况下对工作完成方式的改进，如每年在汛期前对观测设备进行维护和检查。

在很多场合,对风险和机遇应加以考虑,如战略会议、管理评审、内部审核、有关质量的各种类型的会议、包括设立质量目标的会议、在新观测产品和服务的设计和开发策划阶段,以及观测过程的策划阶段。

6.1.2 条款的目的是确保组织策划措施以应对所确定的风险和机遇(见 GB/T 19001—2016 第 6.1.1 条款)、实施措施、分析和评价所采取措施的有效性。这些措施应基于风险和机遇对产品和服务的符合性以及顾客满意的潜在影响,并需要融入气象部门的质量管理体系及其过程中,使措施得到落地执行。例如,对于某种关键的观测装备,如果气象部门只有单一的供应商,那么气象部门就应考虑如何开发一个新的供应商。

气象部门可采取的应对风险的措施,取决于风险的性质。例如,

① 规避风险,通过停止实施可能会遭遇风险的过程;

② 消除风险,如通过使用程序文件来帮助单位内缺乏经验的人员;

③ 为寻求机遇承担风险;

④ 分担风险,如与进行数据分享的合作伙伴共担相关的风险;

⑤ 不采取任何措施,基于风险潜在的影响或采取措施需要花费的成本,气象部门接受风险;

⑥ 制定应急准备和响应的程序文件,根据风险的程度,确定和实施应急准备和响应活动。

气象部门可考虑质量管理体系及其过程的风险和机遇对文件和记录的需求(见 GB/T 19001—2016 第 4.4.1 条款)。

标准条款

6.2 质量目标及其实现的策划

6.2.1 组织应针对相关职能、层次和质量管理体系所需的过程建立质量目标。

质量目标应:

a)与质量方针保持一致;

b)可测量;

c)考虑适用的要求;

d)与产品和服务合格以及增强顾客满意相关;

e)予以监视;

f)予以沟通;

g)适时更新。

组织应保持有关质量目标的成文信息。

6.2.2 策划如何实现质量目标时,组织应确定:

a)要做什么;

b)需要什么资源;

c)由谁负责;

d)何时完成;

e)如何评价结果。

◎ **理解要点**

本条款主要围绕质量目标的设定与实现的策划展开要求。主要分为两个部分:一个是质量目标在哪里设置以及质量目标的内容,另外一个关于是质量目标的实现。质量目标是质量

方面拟实现的状态,目标可以是定量的,如产品合格率大于 95％,也可以是定性的,如确保在某个时间段内没有顾客投诉的发生。

(1)关于 6.2.1 条款的相关要求,说明如下。

气象部门应在以下方面建立质量目标:

① 相关职能,包括气象部门整体以及与气象观测业务相关的所属单位、派出单位,如观测网络处、探测中心、数据室等;

② 相关层次,如气象部门的局长、处长、科长等;

③ 气象观测质量管理体系所需的过程,如数据获取过程、装备维护过程等;

在质量目标的内容方面,质量目标应该:

① 与质量方针协调一致,也就是质量方针所提及的内容,在质量目标中应有所体现;

② 质量目标,无论是定量的还是定性的,都应该科学合理、彼此协调,而且应是可衡量的,即实现的程度如何应该能够清楚地被衡量和表达出来,而不应该是模糊不清的;

③ 质量目标是质量方面的目标,所以目标的设置上要考虑适用的要求,如用户的要求、法律法规要求;

④ 质量目标应该与产品和服务合格以及增强用户满意度相关;

⑤ 对质量目标要进行监视,了解质量目标实现的程度和变化的情况;

⑥ 质量目标应该得到沟通,相关人员应该知晓本部门、相关过程的质量目标的内容;

⑦ 质量目标不是定下来就一成不变,在环境、相关的要求发生变化时,应该能够得到调整;

⑧ 质量目标应该形成文件。

(2)关于 6.2.2 条款的相关要求,说明如下。

6.2.2 条款围绕着质量目标实现的一些必要要素提出要求,如果仅仅提出目标,但不对目标的实现进行策划,往往会导致目标会被"架空",无法实现预期的效果,因此 GB/T 19001—2016 标准在如何实现质量目标方面也提出了相应的要求。

针对所制定的质量目标,组织要确定:

① 如何实现这个质量目标,实现的方法、路径是什么;

② 为了实现这个质量目标,都需要什么样的资源,比如人员、设备、信息等;

③ 这个质量目标的实现,是由谁来负责进行,即主要的责任人是谁;

④ 质量目标打算在什么时候实现;

⑤ 如何评价质量目标的实现程度。

很多气象部门围绕质量目标的实现会制定一份方案,在这个方案中有上述五个方面信息的描述。

标准条款

6.3　变更的策划

当组织确定需要对质量管理体系进行变更时,变更应按所策划的方式实施(见 4.4 条款)。

组织应考虑:

a)变更目的及其潜在后果;

b)质量管理体系的完整性;

c)资源的可获得性;

d)职责和权限的分配或再分配。

◎ **理解要点**

本条款主要对气象观测质量管理体系变更的策划和管理提出了相关的要求。气象观测质量质量管理体系的变更,主要指气象观测质量管理体系中的相关要素的变化,如体系的范围、组织架构、所提供的观测产品和服务或者是观测方式、流程发生了变化。因为"变更"往往是风险比较大的情况,因此,有必要对变更进行有效的控制。

当气象部门确定需要对气象质量管理体系进行变更时,应事先进行周密的策划,一般此类策划的输出是相关的计划,并按所策划的方式实施变更(见 4.4 条款)。

在进行变更的策划时,气象部门应考虑以下因素:

① 变更目的是什么,这种或这些变更会产生什么样的后果,包括正面的和负面的;

② 如何在进行变更时,仍然能够保持气象观测质量管理体系的完整性,不至于因为处于变更的状态而导致相关工作无法继续;

③ 进行变更所需的资源是否充分或者是可获得的,如相关的气象观测装备、人员等;

④ 实施变更会涉及对哪些部门、岗位的职责和权限的分配或再分配。

2.2.4 支持

标准条款

7.1 资源

7.1.1 总则

组织应确定并提供所需的资源以建立、实施、保持和持续改进质量管理体系。

组织应考虑:

a)现有内部资源的能力和局限;

b)需要从外部供方获得的资源。

◎ **理解要点**

本条款是对气象观测质量管理体系所需资源及其管理的总体要求,气象部门需要确定并提供为建立、实施、保持和持续改进气象观测质量管理体系所需的资源,资源主要包括人员、装备、环境等方面,气象部门利用这些资源实现观测数据的获取、传输以及向用户提供相关的产品和服务。

气象部门需要考虑到:

① 现有内部资源的能力和局限性;

② 需要从外部供方获得哪些方面的资源。

标准条款

7.1.2 人员

组织应确定并配备所需的人员,以有效实施质量管理体系,并运行和控制其过程。

◎ **理解要点**

本条款主要就气象观测质量管理体系的有效运行所需配置的人员提出了要求,具体是指气象部门应确定并配备为气象观测质量管理体系的有效实施以及其过程的有效实施和控制所需的人员,主要涉及人员在数量上的配置。

标准条款

7.1.3　基础设施

组织应确定、提供并维护所需的基础设施,以运行过程,并获得合格产品和服务。

注:基础设施可包括:

a)建筑物和相关设施;

b)设备,包括硬件和软件;

c)运输资源;

d)信息和通信技术。

◎ **理解要点**

本条款对气象观测质量管理体系中的基础设施提出了相关要求,是气象观测质量管理体系中非常重要的一个方面。气象观测质量管理体系的基础设施通常包括但不限于以下方面:

① 气象探测设施,如观测站网;

② 气象信息专用传输、存储与发布设施;

③ 大型气象专用技术装备;

④ 气象计量器具;

⑤ 业务软件系统;

⑥ 运输资源,如车辆;

⑦ 信息和通信技术;

⑧ 无线电频段等。

气象部门应确定、提供并维护所需的基础设施,以实施过程并获得合格的气象观测产品和服务。适宜时,应采用新技术、新设备,以持续提升气象观测装备能力。

在观测站网管理方面,气象部门应根据实际业务需求,确保:

① 在充分论证的基础上,开展气象部门观测站网的规划;

② 在完成所需的审批和论证后,进行观测站网的建立、搬迁和撤并等工作。

气象部门应确保观测站网的适宜维护,以保持可靠的持续运行。

气象部门应确保新址观测站满足气象探测环境保护要求,且在验收合格后方可投入使用。迁移和撤销的站点须开展规定时限的比对观测,以确保观测数据的连续性和可比性。

在观测装备与设备保障方面,气象部门应确定观测装备与设备保障管理的相关职责和权限,并应:

① 制定观测装备与设备等物资的维护和维修的控制程序;

② 根据观测装备与设备的类型和使用情况确定维护计划和维修级别;

③ 确保在规定的时限内完成所需的维护与维修;

④ 制定物资存储供应程序,确保物资的有效管理;

⑤ 优化备件的存储与供应管理,确保供应及时并满足要求。

在业务软件和系统平台管理方面,气象部门应确定业务软件和系统平台使用与维护的职责和权限,有效开展业务软件系统的变更、配置、发布、可用性和连续性、软件与数据备份和巡检等方面的管理活动,应明确规定合理的中断恢复时限。

气象部门应制定与信息安全和业务连续性相关的管理制度和应急预案,并定期组织演练。

当业务软件系统的维护由外部方提供时,应明确对外部方及其所提供服务的相关要求,以确保业务软件系统的平稳运行。

▶ 标准条款 ◀

7.1.4 过程运行环境

组织应确定、提供并维护所需的环境,以运行过程,并获得合格产品和服务。

注:适宜的过程运行环境可能是人为因素与物理因素的结合,例如,

a)社会因素(如非歧视、安定、非对抗);

b)心理因素(如减压、预防过度疲劳、稳定情绪);

c)物理因素(如温度、热量、湿度、照明、空气流通、卫生、噪声等)。

由于所提供的产品和服务不同,这些因素可能存在显著差异。

◎ 理解要点

本条款就气象观测质量管理体系的相关工作环境提出了要求,重点在有关气象观测环境的管理方面,也是确保观测数据满足要求的重点之一。

气象观测质量管理体系相关的工作环境包括但不限于以下方面:

① 社会因素(如台站所在区域经济发展建设的情况);

② 心理因素(如相关工作人员的心理情况,特别是在应急情况下的心理状态);

③ 物理因素(如探测设施周边的建筑物、道路、河流、电磁环境等)。由于所应用的气象观测装备类型的不同,这些因素可能存在显著差异。

气象部门应确定、提供并维护所需的工作环境,以实施过程,并获得合格气象观测产品和服务。

气象部门应明确职责和权限,根据气象观测装备类型的需要确定探测环境的评估准则并对环境变化进行监视。适宜时,与地方政府保持积极沟通,确保探测环境不受地方发展建设的影响。

气象部门应定期进行探测环境变化报告的编制与上报,对所发现的干扰,应及时采取必要的措施以确保观测设施能够准确获得信息或观测数据的准确性。

▶ 标准条款 ◀

7.1.5 监视和测量资源

7.1.5.1 总则

当利用监视或测量来验证产品和服务符合要求时,组织应确定并提供所需的资源,以确保结果有效和可靠。

组织应确保所提供的资源:

a)适合所开展的监视和测量活动的特定类型;

b)得到维护,以确保持续适合其用途。

组织应保留适当的成文信息,作为监视和测量资源适合其用途的证据。

7.1.5.2 测量溯源

当要求测量溯源时,或组织认为测量溯源是信任测量结果有效的基础时,测量设备应:

a)对照能溯源到国际或国家标准的测量标准,按照规定的时间间隔或在使用前进行校准和(或)检定,当不存在上述标准时,应保留作为校准或检定依据的成文信息;

b)予以识别,以确定其状态;

c)予以保护,防止由于调整、损坏或衰减所导致的校准状态和随后的测量结果的失效。

当发现测量设备不符合预期用途时,组织应确定以往测量结果的有效性是否受到不利影响,必要时应采取适当的措施。

◎　理解要点

本条款主要针对当利用监视或测量来验证气象观测装备以及气象观测产品和服务是否符合相关要求的情况下,气象部门对所确定并提供资源的管理提出要求,包括内部或外部的计量校准资源、相关的计量检定装置等,以确保气象观测数据的有效和可靠。

气象部门应确保所提供的资源:

① 适合所开展的气象观测业务工作,包括相关的精度、误差等;

② 得到维护、升级,以确保持续适合其用途。

气象部门应保留相关的记录,作为监视和测量资源适合其用途的证据。

为确保气象观测数据的准确性和可靠性,气象部门应确保对所使用的各气象观测设备进行以下相关的计量检定、定标等活动:

① 对照能溯源到国际或国家标准的测量标准,确定气象观测设备的校准和(或)检定的周期计划;

② 规定相关观测设备定标数据的技术审查职责并确定相应的准则;

③ 按照规定的时间间隔或在使用前进行校准和(或)检定、定标,并进行记录;

④ 当不存在校准和(或)检定(验证)、定标标准时,应保留作为校准、检定或定标依据的记录;

⑤ 对观测设备施加标识,以确定其校准和(或)检定、定标状态;

⑥ 予以保护,防止由于过度调整、损坏或衰减所导致的校准状态和随后的测量结果的失效。

当发现气象观测设备不符合预期用途时,如出现失效、故障或未在校准检定状态等,气象部门应确定以往观测结果的有效性是否受到不利影响,必要时应采取适当的措施。

气象部门内部的计量机构应具备明确的业务范围和从事相应校准或检定的能力和资质。内部计量机构应确保:

① 按照国家相关法律法规要求,建立计量标准;

② 相关技术、管理要求与制度的适宜性和充分性;

③ 专业计量检定设备设施的适宜性和充分性;

④ 专业技术人员配置与能力的充分性;

⑤ 具备可溯源到相关标准,正确实施校准、检定等活动的能力。

适用时,气象部门应确保所采用的第三方外部计量机构具备与所需的计量检定需求相适应的能力和资质。

数据质控算法是气象观测重要的监视和测量资源,气象部门应建立观测数据诊断勘误的准则算法,应定期进行自动质控和人工检验结果间一致性的比对分析,并持续优化相关的准则算法以确保数据的可靠性。

标准条款

7.1.6　组织的知识

组织应确定所需的知识,以运行过程,并获得合格产品和服务。

这些知识应予以保持,并能在所需的范围内得到。

为应对不断变化的需求和发展趋势,组织应审视现有的知识,确定如何获取或接触更多必要的知识和知识更新。

注1:组织的知识是组织特有的知识,通常从其经验中获得,是为实现组织目标所使用和共享的信息。

注2:组织的知识可基于:

a)内部来源(例如,知识产权,从经验获得的知识,从失败和成功项目汲取的经验和教训,获取和分享未形成文件的知识和经验,过程、产品和服务的改进结果);

b)外部来源(如标准、学术交流、专业会议、从顾客或外部供方收集的知识)。

◎ 理解要点

本条款主要针对气象部门对气象观测相关业务知识的管理提出要求。气象部门的知识是气象部门特有的知识,通常从其研究、学习、实践和经验中获得,是为实现其目标所使用和共享的信息。其来源一般有以下两个方面:

① 内部来源(例如,知识产权,业务与科研项目研究成果,从经验获得的知识,从失败和成功项目汲取的经验和教训、获取和分享未成文的知识和经验,以及过程、气象观测产品和服务的改进结果);

② 外部来源(如标准、学术交流、专业会议、从用户或外部供方收集的知识、战略情报的收集等)。

气象部门应确定为有效实施和控制各过程并获得合格气象观测产品和服务所必要的知识,包括与专业技术和管理相关的知识。

气象部门应建立对现有知识进行收集、存储、更新、检索和保护机制,适宜时将其转化为标准规范,并确保这些知识能在需要的范围内可以得到。

因为气象观测事业处于高速高质量发展的阶段,为应对不断变化的需求和发展趋势,包括新的观测领域、技术装备、观测技术和观测方式等,气象部门应评审现有知识的充分性,并确定获取所需新知识或进行知识更新的渠道和方式。

气象部门应建立适宜、合规的机制以收集以下方面的知识并将其转化为自身的知识:

① 以往在气象观测领域的成功或失败经验;

② 国内外同行的先进做法;

③ 国内外相关专业机构、学术机构等方面的相关知识。

气象部门应确保所开展的科研活动,其成果的有效转化和对技术档案的妥善管理,包括实施必要的知识产权管理活动。

标准条款

7.2 能力

组织应:

a)确定在其控制下工作的人员所需具备的能力,这些人员从事的工作影响质量管理体系绩效和有效性;

b)基于适当的教育、培训或经验,确保这些人员是胜任的;

c)适用时,采取措施以获得所需的能力,并评价措施的有效性;

d)保留适当的成文信息,作为人员能力的证据。

注:采取的适当措施可包括对在职人员进行培训、辅导或重新分配工作,或者聘用、外包胜任的人员。

◎ 理解要点

本条款针对气象观测质量管理体系相关人员所应具备的能力以及能力的建设提出了相关

要求,这些能力既包括了技术层面的,也包括了有关管理方面的能力,以确保体系的有效运行。

气象部门应:

① 确定在其控制下所从事的工作会影响气象观测质量管理体系绩效和有效性的人员所需具备的能力,这些人员主要指从事气象观测业务活动、装备、技术发展、计量检定等方面的工作人员;

② 确保这些人员基于适当的教育、培训、经验和(或)职业资格、技术职称等方面是胜任的,即能力可以从这些方面获得或证实;

③ 适用时,采取措施,如引进人才、培训或转岗等方式,以获得所需的能力,并评价措施的有效性;

④ 保留适当的记录或其他凭证,如培训证书、学历证书等,以作为人员能力满足要求的证据。

标准条款

7.3　意识

组织应确保在其控制下工作的人员知晓:

a)质量方针;

b)相关的质量目标;

c)他们对质量管理体系有效性的贡献,包括改进绩效的益处;

d)不符合质量管理体系要求的后果。

◎ **理解要点**

意识是人们对特定事物的理解和认知,本条款主要对气象观测质量管理体系中的相关人员所应具备的意识提出要求,具体体现在以下五个方面:

① 气象部门的质量方针;

② 气象部门以及与自身工作相关的质量目标;

③ 他们的工作与其他过程、职能之间的联系及所产生的影响;

④ 他们对气象观测质量管理体系有效性的贡献,包括改进绩效的益处;

⑤ 不符合气象观测质量管理体系要求所导致的后果。

标准条款

7.4　沟通

组织应确定与质量管理体系相关的内部和外部沟通,包括:

a)沟通什么;

b)何时沟通;

c)与谁沟通;

d)如何沟通;

e)谁来沟通。

◎ **理解要点**

沟通是信息的交流,本条款对气象部门就气象观测质量管理体系相关的内外部沟通事宜提出要求,具体指气象部门应确定与气象观测质量管理体系相关的与内部和外部进行沟通的机制,包括:

① 沟通的内容,包括沟通的事项、领域等;

② 沟通的时机,包括定期沟通、临时沟通等;

③ 沟通的对象;

④ 沟通的方式,如网络、线下等不同方式;

⑤ 沟通的主体。

在确定沟通与协调机制时,气象部门需要确保为以下方面规定出明确的接口安排:

① 在内部不同层级间,就特定事项的沟通,如国、省、地市、县级之间就观测数据质量控制方法和结果的沟通;

② 与当地政府或上级部门之间就特定事项的沟通,如探测环境保护;

③ 相关紧急事件,包括应急观测、信息安全事件等方面的沟通。

标准条款

7.5 成文信息

7.5.1 总则

组织的质量管理体系应包括:

a)本标准要求的成文信息;

b)组织确定的,为确保质量管理体系有效性所需的成文信息;

注:对于不同组织,质量管理体系成文信息的多少与详略程度可以不同,取决于:

· 组织的规模,以及活动、过程、产品和服务的类型;

· 过程及其相互作用的复杂程度;

· 人员的能力。

◎ 理解要点

本条款中的"成文信息"是指气象观测质量管理体系中形成文件的各类规章、制度、记录等,气象观测质量管理体系文件一般应包括:

① 质量方针、质量目标和质量管理体系的范围;

② 质量手册;

③ 本标准所要求的形成文件的程序、作业指导书等文件和记录;

④ 由气象部门自身所确定的,为确保气象观测质量管理体系的有效性所需的文件和记录,包括相关标准规范以及制度和规章;

⑤ 气象部门内部制定和上级部门下发的与气象观测质量管理体系相关的公文。

对于不同的气象部门,气象观测质量管理体系文件的多少与详略程度可以不同,取决于:

a)气象部门的规模,以及活动、过程、气象观测产品和服务的类型;

b)过程及其相互作用的复杂程度;

c)人员的能力;

d)自动化、信息化的程度。

标准条款

7.5.2 创建和更新

在创建和更新成文信息时,组织应确保适当的:

a)标识和说明(如标题、日期、作者、索引编号);

b)形式(如语言、软件版本、图表)和载体(如纸质、电子);

c)评审和批准,以保持适宜性和充分性。

◎　理解要点

本条款主要对气象观测质量管理体系的文件和记录的创建与更新管理提出要求,文件的创建主要指对文件的编制和发布,而更新指对已发布的相关文件和记录的内容进行修订。相关要求主要包括:在创建和更新文件时,气象部门应确保适当的:

①　标识和说明(如标题、日期、作者、索引编号、发文编号等);
②　形式(如语言、软件版本、图表)和载体(如纸质、电子);
③　评审和批准,以确保文件内容的适宜性和充分性。

标准条款

7.5.3　成文信息的控制

7.5.3.1　应控制质量管理体系和本标准所要求的成文信息,以确保:

a)在需要的场合和时机,均可获得并适用;

b)予以妥善保护(如防止泄密、不当使用或缺失)。

7.5.3.2　为控制成文信息,适用时,组织应进行下列活动:

a)分发、访问、检索和使用;

b)存储和防护,包括保持可读性;

c)更改控制(如版本控制);

d)保留和处置。

对于组织确定的、策划和运行质量管理体系所必需的来自外部的成文信息,组织应进行适当识别,并予以控制。

对所保留的、作为符合性证据的成文信息应予以保护,防止非预期的更改。

注:对成文信息的"访问"可能意味着仅允许查阅,或者意味着允许查阅并授权修改。

◎　理解要点

本条款主要对气象观测质量管理体系的文件和记录相关的控制活动提出要求,主要包括气象部门应控制气象观测质量管理体系和标准所要求的文件和记录,以确保:

①　在需要的场合和时机,均可获得并适用;
②　予以妥善保护(如防止泄密、不当使用或缺失)。

为控制文件和记录,适用时,气象部门应进行下列控制活动:

①　文件的分发、访问(即查阅或授权修改)、检索和使用;
②　存储和防护,包括保持可读性;
③　更改控制(如版本控制);
④　保留和处置。

对于气象部门确定的策划和运行气象观测质量管理体系所必需的来自外部的文件,气象部门应予以适当的标识并进行控制。

对所保留的、作为符合性证据的记录应予以保护,并防止非预期的更改。

此外,气象部门有关文件和记录的控制,其重点之一还涉及对标准与规范的管理,即由上级部门、专业机构等组织所制定的国家、行业、地方标准或其他规范性文件,这主要涉及气象部门应确定与气象观测有关的标准和规范的识别、收集、分发及转化的职责与方式,应建立标准规范清单,并及时进行更新。在运用新的观测技术、装备以及进行观测产品和服务变更时,应确定所涉及的标准和规范的更新或替换。

适用时,气象部门应依照国家和气象主管机构与标准化相关的规定,建立并实施气象观测相关标准的编制管理过程,所编制的标准在发布后,成为气象观测质量管理体系文件中的组成部分。

气象部门应确定与气象观测有关的制度和规章的建立、批准、实施及更新的职责与方式,气象部门应建立本部门的规章制度清单并及时更新。在运用新的观测技术、装备以及进行观测产品和服务变更时,如来自于上级部门新的相关要求,应确定所涉及的制度与规章的更新或建立。

2.2.5 运行

标准条款

8.1 运行策划和控制

为满足产品和服务提供的要求,并实施第6章所确定的措施,组织应通过以下措施对所需的过程(见4.4条款)进行策划、实施和控制:

a)确定产品和服务的要求;

b)建立下列内容的准则:

· 过程;

· 产品和服务的接收。

c)确定所需的资源,以使产品和服务符合要求;

d)按照准则实施过程控制;

e)在必要的范围和程度上,确定并保持、保留成文信息,以:

· 确信过程已经按策划进行;

· 证实产品和服务符合要求。

策划的输出应适合组织的运行。

组织应控制策划的变更,评审非预期变更的后果,必要时,采取措施以减轻不利影响。

组织应确保外包过程受控(见8.4条款)。

◎ **理解要点**

本条款对气象观测产品和服务的提供提出总体的要求,主要包括为满足气象观测产品和服务提供的相关要求,并实施第6章所确定的措施,气象部门应通过以下措施对所需的过程(见4.4条款)进行策划、实施和控制:

① 确定气象观测产品和服务的要求;

② 建立下列方面的准则,即相关作业指导文件或其他规章制度:

a)各业务过程的实施;

b)业务的准入和退出;

c)气象观测数据、产品和服务的接收。

③ 确定所需的资源以使气象观测产品和服务符合要求;

④ 按照准则实施相关过程的控制;

⑤ 在必要的范围和程度上,确定并保持、保留文件和记录,以:

a)确信相关过程已经按设计实施;

b)证实气象观测产品和服务符合要求。

策划的输出应适合气象部门的运行。

气象部门应控制策划的变更,评审非预期变更的后果,必要时,采取措施以减轻不利影响。

气象部门应确保外包过程受控(见 8.4 条款)。

标准条款

8.2　产品和服务的要求

8.2.1　顾客沟通

与顾客沟通的内容应包括:

a)提供有关产品和服务的信息;

b)处理问询、合同或订单,包括变更;

c)获取有关产品和服务的顾客反馈,包括顾客投诉;

d)处置或控制顾客财产;

e)关系重大时,制定应急措施的特定要求。

◎　理解要点

本条款对气象部门与用户之间的沟通提出了要求,主要包括气象部门应针对不同类型的用户建立适宜的沟通渠道与机制。

气象部门与用户之间沟通的内容应包括:

① 提供有关气象观测产品和服务的信息,如相关的频次和其他指标方面的信息;

② 处理相关指令、问询、合同或订单,包括更改;

③ 获取有关气象观测产品和服务的用户反馈,包括用户的投诉;

④ 处置或控制属于用户的财产,如相关的观测数据;

⑤ 事关重大时,制定应急措施的特定要求,如有关应急观测方面的要求。

标准条款

8.2.2　产品和服务要求的确定

在确定向顾客提供的产品和服务的要求时,组织应确保:

a)产品和服务的要求得到规定,包括:

• 适用的法律法规要求;

• 组织认为的必要要求。

b)所提供的产品和服务,能够满足所声明的要求。

◎　理解要点

在确定向用户提供的气象观测产品和服务的要求时,气象部门应确保:

① 气象观测产品和服务的要求得到规定,包括:

a)适用的标准与规范要求;

b)用户的要求;

c)适用时,上级部门的相关要求;

d)气象部门自身所认为的必要要求。

② 提供的气象观测产品和服务能够满足所声明的要求。

8.2.3　产品和服务要求的评审

8.2.3.1　组织应确保有能力向顾客提供满足要求的产品和服务。在承诺向顾客提供产品和服务之前，组织应对如下各项要求进行评审：

a)顾客规定的要求,包括对交付及交付后活动的要求；

b)顾客虽然没有明示,但规定的用途或已知的预期用途所必需的要求；

c)组织规定的要求；

d)适用于产品和服务的法律法规要求；

e)与以前表述不一致的合同或订单要求。

组织应确保与以前规定不一致的合同或订单要求已得到解决。

若顾客没有提供形成文件的要求,组织在接受顾客要求前应对顾客要求进行确认。

注:在某些情况下,如网上销售,对每一个订单进行正式的评审可能是不切实际的,作为替代方法,可评审有关的产品信息,如产品目录。

8.2.3.2　适用时,组织应保留与下列方面有关的成文信息：

a)评审结果；

b)产品和服务的新要求。

◎　理解要点

　　本条款对用户要求的评审活动提出要求,在现实中,有些要求是默认的,即根据气象部门自身观测数据的情况提供的,有些情况是用户的一些特定要求,在这种情况下,气象部门应确保自身有能力向用户提供满足其要求的气象观测产品和服务。在承诺向用户提供气象观测产品和服务之前,应对如下各项要求进行评审：

　　①　用户明确规定的要求,如对数据的传输和发布以及传输和发布后活动的要求；

　　②　用户虽然没有明示,但规定的用途或已知的预期用途所必需的要求,如观测数据默认的加密格式或传输方式等；

　　③　来自于气象部门或上级部门规定的要求；

　　④　适用于气象观测产品和服务的标准规范的要求；

　　⑤　与以前表述不一致的要求。

　　气象部门应确保与以前规定不一致的要求已得到解决。

　　若用户没有提供书面的要求,气象部门在接受用户要求前应对用户要求进行确认。

　　适用时,气象部门应保留与下列方面有关的记录：

　　①　评审结果；

　　②　气象观测产品和服务的新要求。

8.2.4　产品和服务要求的更改

若产品和服务要求发生更改,组织应确保相关的成文信息得到修改,并确保相关人员知道已更改的要求。

◎　理解要点

　　本条款对与气象观测产品和服务要求的更改控制提出了要求,在体系运行过程中,若用户对气象观测产品和服务的要求发生变更,如对观测频次、数据的格式和内容等,气象部门应确保有关更改的要求得到及时准确的传递,相关的文件和记录得到修改,相关的人员知道已更改的要求,并采取适宜的措施加以应对,以满足用户已变更的要求。

标准条款

8.3　产品和服务的设计和开发

8.3.1　总则

组织应建立、实施和保持适当的设计和开发过程,以确保后续的产品和服务的提供。

◎ **理解要点**

气象观测产品和服务的设计与开发,包括相关观测方式、装备的研发等技术发展活动,是气象观测质量管理体系的重要内容之一,本条款对此类的活动提出了总体的要求。

气象部门应建立、实施和保持适当的管理过程,以确保以下方面的研发活动受控并实现预期成果:

① 气象观测产品和服务;

② 气象观测装备、保障和观测技术等。

气象部门应建立形成文件的程序,以规定上述方面的控制要求。

标准条款

8.3.2　设计与开发策划

在确定设计和开发的各个阶段和控制时,组织应考虑:

a) 设计和开发活动的性质、持续时间和复杂程度;

b) 所需的过程阶段,包括适用的设计和开发评审;

c) 所需的设计和开发验证、确认活动;

d) 设计和开发过程涉及的职责和权限;

e) 产品和服务的设计及开发所需的内部、外部资源;

f) 设计和开发过程参与人员之间接口的控制需求;

g) 顾客和使用者参与设计和开发过程的需求;

h) 对后续产品和服务提供的要求;

i) 顾客和其他有关相关方所期望的设计和开发过程的控制水平;

j) 证实已经满足设计和开发要求所需的成文信息。

◎ **理解要点**

气象观测质量管理体系中,有关产品和服务设计和开发的策划活动,主要包括最初的研发立项管理以及对整个研发活动的策划。本条款对上述方面提出了要求,主要包括:

在立项管理方面,气象部门应确保:

① 建立研发项目立项管理机制;

② 对申报的研发项目进行充分的需求和可行性分析;

③ 确定研发项目申报流程和审批职责,并建立明确的研发项目立项评价准则。

在整个研发活动的策划方面,气象部门应制定研发项目实施计划,在进行研发项目各阶段及其控制的设计时,应考虑以下方面的适用内容,并体现在相关计划、报告或其他文件中:

① 研发项目的性质、持续时间和复杂程度;

② 所需的研发阶段,包括各阶段适用的评审活动;

③ 所需的测试试验、项目验收、试运行等活动；

④ 研发项目涉及的职责和权限；

⑤ 研发项目所需的各类内部、外部资源；

⑥ 研发项目团队的人员构成；

⑦ 研发项目团队与相关部门和层级之间接口的控制要求；

⑧ 用户及使用者或其他有关相关方参与研发项目的需求；

⑨ 对后续气象观测活动的实施以及产品加工制作和服务提供的要求；

⑩ 用户和其他有关相关方所期望的研发项目控制水平；

⑪ 为证实已经满足研发项目管理相关要求所需的相关报告与记录。

标 准 条 款

8.3.3 设计与开发输入

组织应针对所设计和开发的具体类型的产品和服务，确定必需的要求。组织应考虑：

a）功能和性能要求；

b）来源于以前类似设计和开发活动的信息；

c）法律法规要求；

d）组织承诺实施的标准或行业规范；

e）由产品和服务性质所导致的潜在的失效后果。

针对设计和开发的目的，输入应是充分和适宜的，且应完整、清楚。

相互矛盾的设计和开发输入应得到解决。

组织应保留有关设计和开发输入的成文信息。

◎ **理解要点**

研发项目的输入是每个研发项目实施前的条件、要求和基础，本条款对研发项目的输入提出了相关的要求，主要包括气象部门应针对拟研发的气象观测产品和服务以及气象观测技术、装备、作业方式等，确定所必需的要求。

气象部门应考虑以下方面的适用内容并体现在相关报告、方案等文件中：

① 相关技术指标的要求，如数据的误差、观测频次等方面的要求；

② 来源于以前类似研发项目的信息；

③ 来自于有关相关方，如上级部门的要求；

④ 适用的法律法规要求，包括环境保护、安全性等方面；

⑤ 气象部门承诺实施的标准或规范；

⑥ 由新的气象观测产品和服务、观测技术或作业方式的性质所导致的潜在失效后果。

针对项目研发的目的，这些输入应是充分和适宜的，且应完整、清楚，那些互相矛盾的研发输入应得到解决。气象部门应保留有关研发输入的记录。

标 准 条 款

8.3.4 设计与开发控制

组织应对设计和开发过程进行控制，以确保：

a）规定拟获得的结果；

b）实施评审活动，以评价设计和开发的结果满足要求的能力；

c）实施验证活动，以确保设计和开发输出满足输入的要求；

d)实施确认活动,以确保形成的产品和服务能够满足规定的使用要求或预期用途;

e)针对评审、验证和确认过程中确定的问题采取必要措施;

f)保留这些活动的成文信息。

注:设计和开发的评审、验证和确认具有不同目的。根据组织的产品和服务的具体情况,可单独或以任意组合的方式进行。

◎ **理解要点**

研发项目进程中的有效控制是确保研发实现预期结果的重要环节,相关的控制活动包括阶段性的评审、对项目输出是否满足输入的要求进行验证,以及后期的以试运行为主的确认活动。这些评审、验证和确认具有不同目的,根据气象部门的气象观测产品和服务的具体情况,可以单独或以任意组合的方式进行。本条款对相关的控制活动提出了要求,主要包括气象部门应对研发项目的实施进行控制,以确保:

① 规定拟获得的结果;

② 在研发项目的相关阶段,实施评审活动,包括不同层级的评审,以评价研发项目相关阶段的结果满足要求的能力;

③ 实施验证,包括相关测试、试验等活动,以确保研发的输出满足输入的要求;

④ 实施确认活动,包括试运行,以确保形成的气象观测产品和服务能够满足规定的使用要求或预期用途;

⑤ 针对评审、验证和确认过程中确定的问题采取必要措施;

⑥ 保留这些活动的记录。

此外,在研发的控制活动中,需要格外得到重视的是中试活动。

标准条款

8.3.5　设计与开发输出

组织应确保设计和开发输出:

a)满足输入的要求;

b)满足后续产品和服务提供过程的需要;

c)包括或引用监视和测量的要求,适当时,包括接收准则;

d)规定产品和服务特性,这些特性对于预期目的、安全和正常提供是必需的。

组织应保留有关设计和开发输出的成文信息。

◎ **理解要点**

设计和开发的输出是研发活动的结果,可能是图纸、样机、算法、新的观测方式方法、要素等,本条款对研发的输出提出了相关的要求,主要包括气象部门应确保研发输出满足以下方面的适用要求:

① 满足输入的要求;

② 满足后续气象观测产品加工及制作和服务提供过程的需求;

③ 给出相关技术装备、相关物资采购技术要求、工程施工安装等适当信息;

④ 给出观测业务数据信息的采集、质控的要求及方法;

⑤ 给出观测人员业务操作的要求和指导信息;

⑥ 规定新气象观测产品和服务以及新气象观测技术、作业方式等的相关特性,这些特性

对于预期目的、安全防护、环境保护以及气象观测产品和服务的正常提供是必需的；

⑦ 对成果转化进行设计和管理。

气象部门应保留有关研发输出的记录。

此外，气象部门还应关注研发输出后的相关业务准入的管理，主要包括气象部门应建立明确和适宜的业务准入准则和审批职责，对试运行后的新气象观测装备、新观测与保障技术和新方法进行准入审批。

标准条款

8.3.6 设计与开发更改

组织应对产品和服务在设计和开发期间以及后续所做的更改进行适当的识别、评审和控制，以确保这些更改对满足要求不会产生不利影响。

组织应保留下列方面的成文信息：

a）设计和开发更改；

b）评审的结果；

c）更改的授权；

d）为防止不利影响而采取的措施。

◎ **理解要点**

设计和开发更改是指研发期间和后续对研发的阶段性输出以及结果所进行的更改，本条款重点对更改的控制提出了相关的要求，主要包括气象部门应对研发期间以及后续所做的变更进行适当的识别、评审和控制，以确保这些变更对满足要求不会产生不利影响。

气象部门应保留下列有关方面的记录：

① 所进行的变更；

② 对变更进行评审的结果；

③ 变更的授权；

④ 为防止不利影响而采取的措施。

标准条款

8.4 外部提供的过程、产品和服务的控制

8.4.1 总则

组织应确保外部提供的过程、产品和服务符合要求。

在下列情况下，组织应确定对外部提供的过程、产品和服务实施的控制：

a）外部供方的产品和服务将构成组织自身的产品和服务的一部分；

b）外部供方代表组织直接将产品和服务提供给顾客；

c）组织决定由外部供方提供过程或部分过程。

组织应基于外部供方按照要求提供过程、产品和服务的能力，确定并实施对外部供方的评价、选择、绩效监视以及再评价的准则。对于这些活动和由评价引发的任何必要的措施，组织应保留成文信息。

◎ **理解要点**

"外部提供的过程、产品和服务"主要指气象部门在日常开展气象观测业务活动所涉及的采购、外包和协作、合作等活动的结果，例如，对相关装备物资的采购、装备维护的外包，与农业、交通等部门开展合作，双方共享观测数据等。本条款对这些方面的控制活动提出了总体的要求,主要包括气象部门应确保所采购的产品和服务以及所外包的过程符合要求,并确保与外部相关单位和部门所开展的气象观测业务协作规范有效。

在下列情况下,气象部门应确定对所采购的产品以及所外包过程的控制:

① 外部供方的产品和服务将构成气象部门自身的气象观测产品和服务的一部分,如由外部单位提供的观测数据;

② 外部供方的产品和服务用于气象部门自身的气象观测业务运行,如相关装备、物资等;

③ 外部供方代表气象部门直接将气象观测产品和服务提供给用户;

④ 气象部门决定由外部供方提供过程或部分过程,如观测装备的维护、维修,气象观测的值班等。

气象部门应基于国家相关政策法规及外部供方按照要求提供过程、产品或服务的能力,确定并实施对外部供方的评价、选择、绩效监视以及再评价的准则,包括对相关装备、物资的准入要求。对于这些活动和由评价引发的任何必要的措施,气象部门应保留相关的记录。

注:气象部门所采购的产品和服务以及外包的过程主要包括以下几种类型:

① 气象观测装备、物资;

② 软硬件系统及其建设;

③ 工程建设;

④ 观测设备的计量检定;

⑤ 气象观测装备的维护;

⑥ 气象观测日常业务值班;

⑦ 气象专业化实验室分析;

⑧ 办公场所的物业服务及会务等。

标准条款

8.4.2　控制类型和程度

组织应确保外部提供的过程、产品和服务不会对组织稳定地向顾客交付合格产品和服务的能力产生不利影响。

组织应:

a)确保外部提供的过程保持在其质量管理体系的控制之中;

b)规定对外部供方的控制及其输出结果的控制;

c)考虑:

· 外部提供的过程、产品和服务对组织持续地满足顾客要求和适用的法律法规所要求能力的潜在影响;

· 由外部供方实施控制的有效性;

d)确定必要的验证或其他活动,以确保外部提供的过程、产品和服务满足要求。

◎ **理解要点**

气象部门需要确保所采购的产品、服务及外包的过程不会对气象部门稳定地向用户交付合格气象观测产品和服务的能力产生不利影响。因此,气象部门应:

① 确保所外包的过程保持在其质量管理体系的控制之中;

② 规定对外部供方的控制及其输出结果的控制;

③ 考虑:

· 采购的产品和服务、外包的过程对气象部门稳定地满足用户要求和适用的标准规范所要求能力的潜在影响；

·由外部供方实施控制的有效性；

④ 确定必要的验证、验收、现场踏勘或其他活动，以确保采购的产品和服务、外包的过程满足要求。

8.4.3 提供给外部供方的信息

组织应确保在与外部供方沟通之前所确定的要求是充分和适宜的。

组织应与外部供方沟通以下要求：

a)需要提供的过程、产品和服务；

b)对下列内容的批准：

·产品和服务；

·方法、过程和设备；

·产品和服务的放行；

c)能力,包括所要求的人员资格；

d)外部供方与组织的互动；

e)组织使用的对外部供方绩效的控制和监视；

f)组织或其顾客拟在外部供方现场实施的验证或确认活动。

◎ 理解要点

基于质量管理的关系管理原则,气象部门应与外部供方建立和保持互利共赢的关系,因此,气象部门需要确保在与外部供方沟通之前所确定的要求是充分和适宜的。

气象部门应与外部供方沟通以下方面：

① 对所需外部供方提供的过程、产品和服务的要求；

② 对下列内容的批准或准入要求：

·产品和服务；

·方法、过程和设备；

·产品和服务的放行。

③ 能力,包括所要求的人员资格；

④ 外部供方与气象部门的接口与互动；

⑤ 气象部门使用的对外部供方绩效的控制和监视；

⑥ 气象部门或其用户拟在外部供方现场实施的验证、验收或确认活动。

8.5 生产和服务提供

8.5.1 生产和服务提供的控制

组织应在受控条件下进行生产和服务提供。

适用时,受控条件应包括：

a)可获得成文信息,以规定以下内容：

·拟生产的产品、提供的服务或进行的活动特性；

·拟获得的结果。

b)可获得和使用适宜的监视和测量资源；

c) 在适当阶段实施监视和测量活动,以验证是否符合过程或输出的控制准则以及产品和服务的接收准则;

d) 为过程的运行使用适宜的基础设施,并保持适宜的环境;

e) 配备胜任的人员,包括所要求的资格;

f) 若输出结果不能由后续的监视或测量加以验证,应对生产和服务提供过程实现策划结果的能力进行确认,并定期再确认;

g) 采取措施防止人为错误;

h) 实施放行、交付和交付后活动。

◎ 理解要点

"生产和服务提供"主要是指气象观测数据的获取、传输以及相关的产品制作和服务提供的相关活动,本条款对这些活动的控制提出了明确的要求,是气象观测质量管理体系中非常重要的要求。

首先气象部门应在受控条件下开展气象观测活动。所谓"受控条件"主要是指以下方面的适用条件:

① 气象观测活动具备规定有以下内容的作业指导书或其他操作规范文件:

·拟采集的数据或进行活动的特性,如观测设备种类与型号、观测频次、数据传输方式、设备故障维修保障模式等;

·拟获得的结果,包括观测数据质量、观测产品制作、观测设备运行状况、设备故障维修能力、仓储供应保障能力等。

② 可获得和使用适宜的观测设备现场校准资源;

③ 对相关环节实施现场检查和定期监督检查,以验证观测活动是否符合相关操作规范、观测装备的完备状态以及气象观测产品和服务符合相关接收准则;

④ 为观测活动的实施使用适宜的基础设施,并保持适宜的探测环境;

⑤ 配备胜任的人员,包括所要求的资格;

⑥ 若输出结果不能由后续的监视或测量加以验证,应对气象观测活动、产品加工和服务提供过程实现预期结果的能力进行确认,并定期再确认;

⑦ 采取措施防止人为的错误,如数据录入错误或对相关装备设施的操作错误;

⑧ 实施观测数据储存备份、传输和观测产品和服务交付后活动;

⑨ 对应急观测的实施进行策划。

标准条款

8.5.2　标识和可追溯性

需要时,组织应采用适当的方法识别输出,以确保产品和服务合格。

组织应在生产和服务提供的整个过程中按照监视和测量要求识别输出状态。

当有可追溯要求时,组织应控制输出的唯一性标识,并应保留所需的成文信息以实现可追溯。

◎ 理解要点

本条款对产品和服务自身的标识以及检验状态标识的管理提出了相关的要求,对于气象观测业务而言,主要指的是对观测数据的标识和可追溯性管理的要求,具体包括:

① 气象部门应采用适当的方法标识观测数据,如以特定的数据格式、元数据等方式,以确

保气象观测产品和服务合格；

② 气象部门应在观测、传输、质控、诊断勘误、储存、产品制作、服务分发等整个业务过程中按照气象观测业务要求标识数据状态；

③ 气象部门应控制气象观测数据的唯一性标识，且应保留所需的记录以实现可追溯。

标准条款

8.5.3 顾客或外部供方的财产

组织应爱护在组织控制下或组织使用的顾客或外部供方的财产。

对组织使用的或构成产品和服务一部分的顾客和外部供方财产，组织应予以识别、验证、保护和防护。

若顾客或外部供方的财产发生丢失、损坏或发现不适用情况，组织应向顾客或外部供方报告，并保留所发生情况的成文信息。

注：顾客或外部方的财产可能包括材料、零部件、工具和设备及场所、知识产权和个人资料。

◎ **理解要点**

"顾客或外部供方的财产"主要指属于气象观测数据用户或外部供方的财产，如气象观测设备整机或部件、装备保障车辆和工具、相关仪器仪表及场所、知识产权、数据和个人资料、计算机网络信息等，本条款对此方面的管理提出了要求，包括气象部门应爱护在其控制下或供其使用的用户或外部供方的财产。

对气象部门所使用的或构成气象观测产品和服务一部分的用户及外部供方财产，如来自于农业、交通等部门所共享的数据，气象部门应予以识别、验证、保护和防护。

若用户或外部供方的财产发生丢失、损坏或发现不适用情况，气象部门应向用户或外部供方报告，并保留有关所发生情况的记录信息。

标准条款

8.5.4 防护

组织应在生产和服务提供期间对输出进行必要的防护，以确保符合要求。

注：防护可包括标识、处置、污染控制、包装、储存、传输或运输以及保护。

◎ **理解要点**

防护主要指对观测数据和产品的保护，包括标识、处置、保密、备份以及保护等。本条款对此提出了相关的要求，主要包括气象部门应在实施观测、数据传输、观测产品制作以及观测服务提供期间，对气象观测产品和服务进行必要的防护，包括采取必要的信息安全措施，以确保符合要求。

标准条款

8.5.5 交付后活动

组织应满足与产品和服务相关的交付后活动的要求。

在确定所要求的交付后活动的覆盖范围和程度时，组织应考虑：

a) 法律法规要求；

b) 与产品和服务相关的潜在不良的后果；

c) 产品和服务的性质、使用和预期寿命；

d) 顾客要求；

e)顾客反馈。

注:交付后活动可包括保证条款所规定的措施、合同义务(如维护服务等)、附加服务(如回收或最终处置等)。

◎ **理解要点**

交付指服务的提供、产品发布、数据传输等活动,交付后活动可包括相关主管部门所规定的措施、合同条款要求和附加服务,以及上级单位所要求进行的数据复查等活动。本条款对此方面提出了要求,主要包括气象部门应满足与气象观测产品和服务相关的交付后活动的要求。在确定所要求的交付后活动的覆盖范围和程度时,气象部门应考虑:

① 适用的标准规范要求;

② 适用时,上级部门的要求;

③ 适用时,与气象观测产品和服务相关的潜在的负面后果;

④ 气象观测产品和服务的性质、用途和使用时效;

⑤ 用户要求和反馈。

标准条款

8.5.6　更改控制

组织应对生产或服务提供的更改进行必要的评审和控制,以确保持续地符合要求。

组织应保留成文信息,包括有关更改评审的结果、授权进行更改的人员以及根据评审所采取的必要措施。

◎ **理解要点**

本条款中的更改控制,主要指气象观测产品和服务的更改,典型的包括以下几种情况:

① 观测产品的内容;

② 产品发布频次、方式等方面的更改;

③ 数据格式的更改;

④ 加密观测情况下观测频次的更改等。

本条款对更改的控制提出了相关的要求,包括气象部门应对气象观测产品和服务提供的更改进行必要的评审和控制,以确保持续地符合要求。

气象部门应保留记录,包括有关更改评审结果、授权进行更改的人员以及根据评审所采取的必要措施。

标准条款

8.6　产品和服务的放行

组织应在适当阶段实施策划的安排,以验证产品和服务的要求已得到满足。

除非得到有关授权人员的批准,适用时得到顾客的批准,否则在策划的安排已圆满完成之前,不应向顾客放行产品和交付服务。

组织应保留有关产品和服务放行的成文信息。成文信息应包括:

a)符合接收准则的证据;

b)可追溯到授权放行人员的信息。

◎ **理解要点**

"产品和服务的放行"是指气象观测数据的质控、勘误和放行相关的活动,本条款对此提出了相关的要求,主要包括在数据质控方面,气象部门应确保应用适宜的质控算法,在气象观测的适当环节实施数据检验和质控活动,以验证气象观测产品和服务的要求已得到满足。应确保及时对所存在的疑误数据按职责分工进行核实和确认。

除非得到有关授权人员的批准,以及适用时得到用户的批准,否则在所策划的数据检验和质控已圆满完成之前,不应向用户传输观测数据以及交付气象观测产品和服务。

在诊断勘误方面,气象部门应确保定期进行观测数据的再分析,并确保及时对疑误数据进行检查和确认。

气象部门应保留有关气象观测产品和服务放行的记录。记录应包括:

① 符合接收准则的证据;

② 可追溯到授权放行人员的信息。

标准条款

8.7 不合格输出的控制

8.7.1 组织应确保对不符合要求的输出进行识别和控制,以防止非预期的使用或交付。

组织应根据不合格的性质及其对产品和服务符合性的影响采取适当措施。这也适用于在产品交付之后,以及在服务提供期间或之后发现的不合格产品和服务。

组织应通过下列一种或几种途径处置不合格输出:

a)纠正;

b)隔离、限制、退货或暂停对产品和服务的提供;

c)告知顾客;

d)获得让步接收的授权。

对不合格输出进行纠正之后应验证其是否符合要求。

8.7.2 组织应保留下列成文信息,以:

a)描述不合格;

b)描述所采取的措施;

c)描述获得的让步;

d)识别处置不合格的授权。

◎ **理解要点**

不合格输出的控制,主要指对不符合要求的气象观测数据所进行的订正、撤回等相关活动的控制。本条款对此方面提出了相关要求,主要包括气象部门应确保对不符合要求的观测数据、气象观测产品和服务进行识别和控制,以防止非预期的使用或传输与发布。

气象部门应根据不合格的性质及其对气象观测产品和服务符合性的影响采取适当措施,这也适用于在气象观测数据、产品传输之后,以及在服务提供期间或之后发现的不合格气象观测产品和服务。

气象部门应通过下列一种或几种途径处置不合格的气象观测数据:

① 对观测数据或产品进行订正;

② 隔离、限制、撤回或暂停对气象观测数据的传输、气象观测产品和服务的提供;

③ 将相关情况告知用户;

④ 获得用户对观测数据让步接收的授权。

对不合格观测数据进行订正之后应验证其是否符合要求。

气象部门还应保留包含下列内容的记录:

① 描述不合格；

② 描述所采取的措施；

③ 描述获得的让步；

④ 识别处置不合格的授权。

2.2.6　绩效评价

標准条款

9.1　监视、测量、分析和评价

9.1.1　总则

组织应确定：

a) 需要监视和测量什么；

b) 需要用什么方法进行监视、测量、分析和评价，以确保结果有效；

c) 何时实施监视和测量；

d) 何时对监视和测量的结果进行分析和评价。

组织应评价质量管理体系的绩效和有效性。

组织应保留适当的成文信息，以作为结果的证据。

◎ **理解要点**

"监视、测量、分析和评价"主要指气象部门所开展的与气象观测有关的监督、考核、检查以及对结果进行分析等一系列活动。本条款主要对这方面的工作提出了总体的要求。

气象部门应确定监督和考核的职责与层级，并确定各层级：

① 监督和考核的对象；

② 监督、考核、分析和评价的方法，以确保结果有效；

③ 进行监督和考核的频次与时机；

④ 对监督和考核结果进行分析和评价的时机。

气象部门应评价质量管理体系的绩效和有效性。

气象部门应保留适当的记录，以作为结果的证据。

標准条款

9.1.2　顾客满意

组织应监视顾客对其需求和期望已得到满足的程度的感受。组织应确定获取、监视和评审该信息的方法。

注：监视顾客感受的例子可包括顾客调查、顾客对交付产品或服务的反馈、顾客座谈、市场占有率分析、顾客赞扬、担保索赔和经销商报告。

◎ **理解要点**

用户满意是衡量气象观测质量管理体系绩效的主要指标之一，气象部门应引用包括用户满意度调查问卷、收集用户对所交付的气象观测产品或服务的反馈、进行用户访谈等方面的活动获取相关的信息。本条款对此提出了相关要求，主要包括气象部门应监视用户对其需求和期望已得到满足的程度的感受。气象部门应确定获取、监视和评审该信息的方法，包括并不仅限于以下方面的活动：

① 建立适宜的用户满意程度模型；
② 确定获取和应用用户满意度相关信息的职责和方法；
③ 定期编制并发布用户满意度报告。

标准条款

9.1.3 分析与评价

组织应分析和评价通过监视和测量获得的适当的数据和信息。

应利用分析结果评价：

a) 产品和服务的符合性；

b) 顾客满意程度；

c) 质量管理体系的绩效和有效性；

d) 策划是否得到有效实施；

e) 应对风险和机遇所采取措施的有效性；

f) 外部供方的绩效；

g) 质量管理体系改进的需求。

注：数据分析方法可包括统计技术。

◎ **理解要点**

分析与评价是指对来自于监督、考核、检查等活动所获得的数据和信息进行分析，包括利用特定的统计方法进行分析，分析的结果可以用于改进。本条款对此方面提出了相关要求，主要包括气象部门应分析和评价通过监督和考核所获得的适当的数据和信息。气象部门应利用分析结果评价以下方面的内容：

① 气象观测产品和服务的符合性，包括观测数据评估；
② 用户满意度；
③ 气象观测质量管理体系的绩效和有效性；
④ 相关的策划是否得到有效实施；
⑤ 应对风险和机遇所采取措施的有效性；
⑥ 外部供方的绩效；
⑦ 气象观测质量管理体系改进的需求。

标准条款

9.2 内部审核

9.2.1 组织应按照策划的时间间隔进行内部审核，以提供有关质量管理体系的下列信息：

a) 是否符合：

· 组织自身的质量管理体系要求；

· 本标准的要求；

b) 是否得到有效的实施和保持。

9.2.2 组织应：

a) 依据有关过程的重要性、对组织产生影响的变化和以往的审核结果，策划、制定、实施和保持审核方案，审核方案包括频次、方法、职责、策划要求和报告；

b) 规定每次审核的准则和范围；

c) 选择审核员并实施审核，以确保审核过程客观、公正；

d) 确保将审核结果报告给相关管理者；

e)及时采取适当的纠正和纠正措施；

f)保留成文信息,作为实施审核方案以及审核结果的证据。

注:相关指南参见 GB/T 19011—2016。

◎　**理解要点**

内部审核是依照特定的准则对气象观测质量管理体系的符合性、适宜性和有效性进行独立的、系统性的检查活动,本条款对此提出了相关的要求,主要包括:气象部门应按照审核方案中事先计划好的时间间隔进行内部审核,以确定有关气象观测质量管理体系的下列信息:

① 是否符合:

·气象部门自身的气象观测质量管理体系的要求;

·GB/T 19001—2016 标准的要求;

② 是否得到有效的实施和保持。

气象部门应规定对以下方面的具体控制要求:

① 依据有关过程的重要性、对气象部门的气象观测业务产生影响的变化和以往的审核结果,设计、制定、实施和保持审核方案,审核方案包括频次、方法、职责、设计要求和报告;

② 规定每次审核的审核准则和范围;

③ 培养数量充分的审核员;

④ 选择适宜的审核员并实施审核,以确保审核过程客观公正;

⑤ 确保将审核结果报告给相关管理者;

⑥ 及时采取适当的纠正和纠正措施;

⑦ 保留记录,作为实施审核方案以及审核结果的证据。

从标准要求可以看出,内部审核可以帮助组织获得质量管理体系绩效和有效性的信息,可以用于确定质量管理体系是否满足标准要求和组织自身的要求。组织实施内部审核时,应策划内部审核的安排,并确保策划的安排得到完成以及质量管理体系得到有效的实施和保持。内部审核的实施是通过审核方案的策划实施来实现的,审核方案是特定时间段内的一组(一次或多次)审核策划安排,应直接针对质量管理体系的绩效和有效性。

当内部审核完成之后,应对发现的问题采取措施予以纠正,并对措施实施情况进行验证,内部审核的结果应向相关管理者报告,内部审核的结果是管理评审的输入之一。

组织需要保留成文信息,为审核方案的实施和审核结果提供证据。审核方案的内容通常包括:

① 审核目标;

② 审核准则;

③ 审核的范围和日程安排;

④ 审核方法;

⑤ 审核组的选择;

⑥ 所需的资源等。

策划内部审核时,所需要考虑的输入包括:

① 过程的重要性;

② 管理上的优先级;

③ 过程的绩效;

④ 影响组织的变化；

⑤ 以往审核的结果（如以往发现的问题）；

⑥ 顾客抱怨的趋势；

⑦ 法律法规的问题。

为了确保审核的公正性，审核员应交叉审核。

内部审核的输出可能包括：内审报告、不符合项报告、其他审核记录。

标准条款

9.3 管理评审

9.3.1 总则

最高管理者应按照策划的时间间隔对组织的质量管理体系进行评审，以确保其持续的适宜性、充分性和有效性，并与组织的战略方向保持一致。

9.3.2 管理评审输入

策划和实施管理评审时应考虑下列内容：

a)以往管理评审所采取措施的情况；

b)与质量管理体系相关的内外部因素的变化；

c)下列有关质量管理体系绩效和有效性的信息，包括其趋势：

· 顾客满意和有关相关方的反馈；

· 质量目标的实现程度；

· 过程绩效以及产品和服务的合格情况；

· 不合格及纠正措施；

· 监视和测量结果；

· 审核结果；

· 外部供方的绩效。

d)资源的充分性；

e)应对风险和机遇所采取措施的有效性（见 6.1 条款）；

f)改进的机会。

9.3.3 管理评审输出

管理评审的输出应包括与下列事项相关的决定和措施：

a)改进的机会；

b)质量管理体系所需的变更；

c)资源需求。

组织应保留成文信息，作为管理评审结果的证据。

◎ 理解要点

(1)管理评审是最高管理者按照策划的时间间隔所组织实施的一个过程，其目的是对气象观测质量管理体系绩效的有关信息进行评审，以确定体系是否持续：

① 适宜——仍然适合其目的吗？

② 充分——仍然是够用的吗？

③ 有效——仍然能实现预期结果吗？

管理评审更为重要的目的是确保所建立的质量管理体系能够与气象部门有关气象观测的发展规划和战略方向保持一致，即能够支撑气象部门战略目标的实现。

管理评审应按照策划的时间间隔进行，实施的具体时机可以根据气象部门的实际情况确定,可以每月、每季度、每半年或每年进行一次;管理评审中的部分活动可由气象部门中不同层级的人员完成,只须将获得的结果提供给最高管理者。每次评审的输入并不需要一次满足标准中所有关于输入的要求,可以在一个时间段内所进行的一系列管理评审活动中满足所有输入要求。

管理评审可以单独实施,为使管理评审增值并避免多次重复召开会议,管理评审的时间可与其他业务活动安排(如战略策划、业务会议、年度会议等)保持一致。例如,某气象局决定将管理评审与其年底总结会议结合在一起实施。

(2)管理评审的输入与其他条款的要求紧密相关,如分析和评价方面的要求。输入应包含相关数据的趋势,利于做出采取气象观测质量管理体系相关的决策和措施。管理评审输入的条款要求旨在确定气象部门在评价质量管理体系的绩效和有效性时所需要考虑的各项输入。

依照标准要求,管理评审的输入主要包括以下几个方面。

① 以往管理评审所采取措施的情况。

说明:每次管理评审都有输出,即有关改进的相关决议,因此每一次管理评审都应对上一次管理评审的相关决议的落实情况进行评审,以确定是否需要进一步的措施或对措施进行调整。

② 与质量管理体系相关的内外部环境因素的变化。

说明:定期的管理评审是一个很好的对内外部环境因素变化情况进行系统识别的机制,因此每次管理评审的输入应包括内外部环境因素的变化情况。

③ 下列有关质量管理体系绩效和有效性的信息,包括其趋势。

说明:在 GB/T 19001—2016 标准中,共列明了与质量管理体系的绩效和有效性相关的七个方面的信息,管理评审应对这七个方面的信息进行评审,与此同时,需要注意的是,管理评审要进行评审的不仅仅是这个七个方面在当前管理评审周期内的信息,还要包括这些信息的趋势,如近三年的用户满意度,对趋势的评审更能有效识别相关的问题和改进的方向。

•顾客满意和来自有关相关方的反馈

说明:此项输入一般是指近几年的用户满意度以及来自诸如上级部门、职工等相关方对质量管理体系的反馈意见,可包括正面和负面的信息。

•质量目标的实现程度

说明:此项输入指气象部门整体和各层级、部门以及相关业务流程的质量目标实现的情况。

•过程绩效与产品和服务的符合性

说明:此项输入指各业务流程绩效指标的情况以及所提供的气象观测产品和服务的合格率等方面的信息。

•不合格和纠正措施

说明:此项输入指气象观测产品和服务以及过程中所出现的不合格的情况以及所采取的纠正措施的情况,包括纠正措施的有效性。

•监视和测量结果

说明:此项输入指日常所进行的对气象观测产品和服务提供等方面进行的检查结果。

•审核结果

说明:此项输入指各类的审核结果,如内部审核、外部审核以及专项审核(若有)。

•外部供方的绩效

说明:此项输入指外部供应商、分包方的质量、交付、售后服务等方面的情况。

④ 资源的充分性。

说明:指人员、设备设施、工作环境等方面的资源是否充分,是否能够有效支撑质量目标的实现。

⑤ 应对风险和机遇所采取措施的有效性(见 GB/T 19001—2016 标准第 6.1 条款)。

说明:指针对风险和机遇所采取的措施是否有效降低了风险,以及是否有效把握住了机遇。

⑥ 改进的机会。

说明:来自于内外部所收集或识别的可以进行改进领域的信息或改进建议。

气象部门可以在管理评审上增加其他的输入信息,如新的观测业务的介绍、国家或国际相关政策的介绍,或从使用气象观测产品和服务的现场所获得的有关问题或机会的信息,以确定气象部门是否能够在当前和未来持续实现其预期结果。管理评审也可扩大到覆盖 GB/T 19001—2016 中有关监视和评审信息的其他要求(如 GB/T 19001—2016 标准第 4.1 和 4.2 条款)。

(3)管理评审的输出。其核心是一系列决议,应包括与改进机会相关的决定和措施(GB/T 19001—2016 标准第 10.1 条款)、气象观测质量管理体系所需的变更(GB/T 19001—2016 标准第 6.3 条款)以及对资源的需求(GB/T 19001—2016 标准第 7.1 条款)。某次管理评审中所识别措施的实施状况应成为下次管理评审活动的输入之一。监视可有助于确保措施及时得到实施。气象部门应保留作为管理评审结果证据的记录,一般是以管理评审报告作为载体,在报告中包含有关输入和输出的相关信息。

2.2.7 改进

10.1 总则

组织应确定和选择改进机会,并采取必要措施,以满足顾客要求和增强顾客满意度。

这应包括:

a)改进产品和服务,以满足要求并应对未来的需求和期望;

b)纠正、预防或减少不利影响;

c)改进质量管理体系的绩效和有效性。

注:改进的例子可包括纠正、纠正措施、持续改进、突破性变革、创新和重组。

◎ **理解要点**

改进是提升绩效的活动,可以帮助气象部门通过改进其产品和服务持续满足顾客需求和期望,纠正或预防不利影响并改进质量管理体系的绩效和有效性。本条款提出了此方面的相关要求,主要包括气象部门应主动确定并选择改进机会,通过必要措施的实施,满足用户要求和增强用户满意。

改进的对象包括产品、服务、过程乃至整个质量管理体系。

气象部门实施改进的方法主要包括:

① 针对不合格采取纠正和纠正措施;

② 在现有过程、产品和服务范围内,开展小规模、渐进式的持续改进活动,如质量控制小组活动是此类改进的典型方式;

③ 针对气象观测产品、服务以及相关业务流程,以项目攻关的方式实施突破式改进,六西格玛是此类改进的典型方式;

④ 通过合并、简化等方式进行业务流程的优化,以提升有效性和效率;

⑤ 启动可引起现有过程发生重大更改的项目,实施新过程、生产新产品或提供新服务,引入颠覆性的新技术或新变革;

⑥ 进行业务流程的重新设计,也就是很多组织谈及的流程再造。

标准条款

10.2　不合格和纠正措施

10.2.1　当出现不合格时,包括来自投诉的不合格,组织应:

a)对不合格做出应对,并在适用时:

• 采取措施以控制和纠正不合格;

• 处置后果。

b)通过下列活动,评价是否需要采取措施,以消除产生不合格的原因,避免其再次发生或者在其他场合发生:

• 评审和分析不合格;

• 确定不合格的原因;

• 确定是否存在或可能发生类似的不合格。

c)实施所需的措施;

d)评审所采取的纠正措施有效性;

e)需要时,更新策划期间确定的风险和机遇;

f)需要时,变更质量管理体系。

纠正措施应与不合格所产生的影响相适应。

10.2.2　组织应保留成文信息,作为下列事项的证据:

a)不合格的性质以及随后所采取的措施;

b)纠正措施的结果。

◎ **理解要点**

本条款的目的是确保气象部门管理不合格时并适当地实施纠正措施。当出现不合格时,气象部门应采取措施调查出了什么问题,尽可能对其进行纠正,并采取措施避免将来出现类似的问题。

气象部门应首先对不合格进行控制和纠正以降低不利影响,对不合格所造成的后果进行处置;其次是对不合格进行评审,分析确定原因并制定措施、实施措施,最后对措施的有效性进行评审。措施的实施可能会带来变更,需要时更新风险和机遇、变更质量管理体系。纠正措施应考虑不合格的影响程度。有关不合格及相关措施、纠正措施实施结果的证据应保留。

不合格的典型潜在来源和类型包括以下方面:

① 内部或外部审核发现,如不符合项报告、改进事项清单;

② 监视和测量结果,如观测数据不合格、观测数据获取过程的不合格;

③ 不合格输出,如未满足预期结果的工作;

④ 用户投诉;

⑤ 不符合法律法规要求;

⑥ 外部供方的问题,如未准时交付、进料检验不合格;

⑦ 员工识别的问题,如通过意见箱获取的问题;

⑧ 来自上级或责任人或过程巡查的观察结果,如巡检或者专项检查报告或记录;

⑨ 索赔。

气象部门可以借助下列方法对不合格的原因进行分析并确定所须采取的措施:

① 根本原因分析;

② "8D"问题解决法;

③ "5 个为什么"方法;

④ FMEA(失效模式与后果分析);

⑤ 因果分析图。

对措施实施以后的效果验证可以采用:

① 评审书面资料;

② 现场观察;

③ 测量结果;

④ 试用或者试运行;

⑤ 综合评价。

标 准 条 款

10.3　持续改进

组织应持续改进质量管理体系的适宜性、充分性和有效性。

组织应考虑分析和评价的结果以及管理评审的输出,确定是否存在需求或机遇,这些需求或机遇应作为持续改进的一部分加以应对。

◎ **理解要点**

持续改进应该作为气象部门的一项长期活动得到坚持实施。本条款对此方面提出了相关的要求,主要包括气象部门应考虑来自于分析和评价(GB/T 19001—2016 标准第 9.1.3 条款)及管理评审(GB/T 19001—2016 标准第 9.3 条款)的结果,以确定是否需要持续改进的措施。组织应考虑改进质量管理体系的适宜性、充分性和有效性的必要措施。

气象部门可考虑多种方法和工具来实施持续改进活动,如六西格玛、精益管理、约束理论、标杆管理和对自我评估模型的使用等。

第3章 气象观测质量管理体系内涵

3.1 气象观测质量

根据 GB/T 19000—2016 标准中的定义,"质量"是客体的一组固有特性满足要求的程度。因为气象观测业务的主要产品是气象观测数据,因此,气象观测的质量是气象观测数据的质量,具体而言是气象观测数据的固有特性满足要求的程度。这其中,"要求"主要来自于观测数据的用户、上级部门等相关方,而气象观测数据的固有特性,主要包括以下方面:

① 代表性:指客观反映某个区域,而非仅观测点的气象要素情况。

② 准确性:指精确反映大气环境各气象要素的真实情况。

③ 比较性:也称可比较性,是指不同站点同一时间,或同一站点不同时间的气象要素值应可比较。

④ 完整性:主要指一次采样周期中数据缺测率低。

⑤ 连续性:指多次采样周期内同一观测要素时间序列完整、相邻空间同一观测要素连续、同一天气(气候)过程气象(气候)要素连续。

⑥ 及时性:表明气象观测数据和产品能够被用户、相关人员及时获取到。

气象观测全寿命周期中的主要业务过程包括装备业务、数据采集和传输业务、数据处理和服务业务、计量检定业务、技术保障业务等,以及观测的规划设计、标准规范等。在此过程中,装备业务对应于"准确性""比较性""及时性",探测环境对应于"代表性"和"比较性",观测程序、流程、气象设备标准器的一致性对应于"比较性",气象观测数据传输对应于"及时性"等。

3.2 气象观测质量管理

ISO 9001 标准中定义的管理为"指挥和控制组织的协调活动","管理可包括制定方针和目标,以及实现这些目标的过程";质量管理,顾名思义就是针对质量的管理,是指确定质量方针、目标和职责,并通过质量策划、控制、保证和改进来使其实现的全部活动。Juran(1987)对质量管理的基本定义:质量就是适用性的管理、市场化的管理;Feigenbaum(1991)将质量管理定义为"为了能够在最经济的水平上并考虑到充分满足顾客要求的条件下进行市场研究、设计、制造和售后服务,把企业内各部门的研制质量、维持质量和提高质量的活动构成为一体的一种有效的体系",并提出了全面质量管理(Total Quality Management,TQM)的思想。

气象观测质量管理有狭义和广义之分。狭义的定义指气象部门传统的观测业务职能式管理模式,载体为管理规章、标准规范和行政指令,管理效果的衡量指标不同的子业务类别不尽相同:针对装备保障业务有观测设备的业务可用性、平均故障持续时间、平均故障次数等;针对数据传输业务有数据传输及时率、逾限率和缺报率等;针对数据质控业务有数据可用率;针对计量检定业务有检定覆盖率、超检率等指标。广义的气象观测质量管理是气象部门基于 ISO 9001 标准质量管理理念开展的围绕气象观测数据的代表性、准确性、比较性、完整性、连续性和及时性等固有特性,为满足气象(气候)预报(预测)部门、服务部门、科研机构、政府和社会公众等要求,通过采取制定质量方针和质量目标,以及通过质量策划、质量保证、质量控制和质量改进等活动,实现所制定质量目标的一系列过程。

气象观测质量管理的目标是提供持续性满足各级用户需求的观测产品,尤其为天气、气候预报预测服务提供高质量观测数据。

3.3 气象观测质量管理体系

"体系"是相互关联或相互作用的一组要素。气象观测质量管理体系是气象部门为确保气象观测数据的代表性、准确性、比较性、完整性、连续性和及时性等固有特性持续满足相关要求,实现所设定的质量目标,由所策划和确定的工作流程、组织架构、职责权限、制度规范、资源等一系列相互关联、相互作用的要素所构成的有机整体。气象部门通过对气象观测质量管理体系的有效管理,包括对相互作用过程的策划以及所需资源的配置,向有关相关方提供价值并实现其预期结果。

气象观测质量管理体系的建设和运行,关乎气象观测的管理水平、技术水平、服务水平和工作效率的全面提升,关乎我国提升在国际气象领域合作和发展中的影响力和认可度。

气象部门建立和实施观测质量管理体系的过程,结合国、省、地市、县四级现有气象观测工作管理模式,以各级单位和部门所承担的观测技术装备、观测数据获取、观测数据处理和观测运行保障等管理职责为前提,基于现代质量管理的原理和基本原则,运用过程方法、基于风险的思维和PDCA循环理念,实现观测各项工作的全流程管理,达到科学、高效运行的目的。

气象观测质量管理原则由《质量管理体系 基础和术语》(GB/T 19000—2016)中的七项原则和我国气象部门建立质量管理体系特有的原则组成。对于各级气象部门的气象观测业务而言,质量管理的相关活动是在上述原则的指导下,重点围绕确保持续实现高质量的气象数据提供而展开,这涉及气象装备的质量管理、观测技术的发展、数据的质量管理、相关业务流程与规范标准的设计与应用等诸多方面的内容。

气象观测质量管理的这些原则及其基本内涵如下。

3.3.1 须遵循的ISO质量管理的原则

3.3.1.1 以顾客(用户)为关注焦点

各级气象部门依存于他们的用户需求,因而应理解用户当前和未来的需求,满足用户需求并争取超过用户的期望是气象部门质量管理体系的首要关注点。

(1)内涵

气象部门与用户相互作用的每个方面,都提供了为用户创造更多价值的机会,赢得和保持用户和其他有关相关方的信任,理解用户和其他相关方当前和未来的需求,有助于气象部门获得持续的成功。因此,质量管理的首要关注点是努力满足用户的要求并且努力超越用户期望。组织需要透彻理解用户的需求,把握机会,争取为用户创造更多的价值。

(2)对气象观测可能的益处

① 提升用户服务价值;

② 增强用户对气象观测服务的满意程度;

③ 增进用户对气象观测服务的忠诚度;

④ 增加重复性的气象观测业务；

⑤ 提高气象部门的声誉；

⑥ 扩展用户群和气象观测产品的应用范围；

⑦ 提升气象观测服务的社会效益。

（3）气象部门体现该原则的典型活动

① 识别从气象部门获得价值的直接用户和间接用户；

② 理解用户现在和未来的需求和期望；

③ 将气象部门的目标与用户的需求和期望联系起来；

④ 在整个气象部门内沟通用户的需求和期望；

⑤ 为满足用户的需求和期望，对气象观测产品和服务进行策划、研发、制作、提供和支持；

⑥ 测量和监视用户满意程度，并采取适当的措施；

⑦ 在有可能影响到用户满意的有关相关方的需求和适宜的期望方面，确定并采取措施；

⑧ 拜访用户或建立有效联络机制；

⑨ 主动管理与用户的关系，以实现持续成功。

3.3.1.2　领导作用

气象部门各级领导应建立统一的宗旨、方向和内部环境，并创造条件，使全员积极参与到气象部门质量目标的实现。

（1）内涵

领导在质量管理方面应发挥的主要作用是建立统一的宗旨和方向，营造全员积极参与质量管理相关活动的氛围，这样能够使组织将战略、方针、过程和资源协调一致，有利于质量管理目标的实现。

（2）对气象观测可能的益处

① 提高实现气象部门质量目标的有效性和效率；

② 使气象部门的观测过程更加协调；

③ 改善气象部门各层级、各职能间的沟通；

④ 开发和提高气象部门及其人员的能力，以获得期望的结果；

⑤ 促进相应政府部门和气象部门的发展规划保持一致。

（3）气象部门体现该原则的典型活动

① 在整个气象部门内，就其使命、愿景、战略、方针和过程进行沟通；

② 在气象部门的所有层级创建并保持共同的价值观，以及公平和道德的行为模式；

③ 培育诚信和正直的文化；

④ 鼓励在整个气象部门观测领域内履行对质量的承诺；

⑤ 确保各级领导者成为相应气象部门中的榜样；

⑥ 为员工提供履行职责所需的资源、培训和权限；

⑦ 激发、鼓励和表彰员工的贡献；

⑧ 宣传相应政府部门和气象局的相关政策。

3.3.1.3　全员积极参与

整个气象部门内，各级能够胜任工作、经授权并积极参与的人员，是提高气象部门创造和提供价值能力的必要条件。

(1)内涵

质量管理并非仅仅是某一个人,或者某一个部门的事情,为了有效和高效地管理各级气象部门,实现质量管理目标,除了各级领导要发挥作用之外,各级人员得到尊重并积极参与其中是极其重要的。组织一般可以通过表彰、授权和提高人员的能力来促进全员的积极参与。

(2)对气象观测的益处

① 气象部门内人员更深入地理解质量管理目标,以及拥有更强的实现质量管理目标的动力;

② 在气象观测业务的改进活动中,提高各级人员的参与程度;

③ 促进个人发展、主动性和创造力;

④ 提高人员的满意程度;

⑤ 增强整个气象部门内的相互信任和协作;

⑥ 促进整个气象部门对共同价值观和文化的关注。

(3)气象部门体现该原则的典型活动

① 与员工沟通,以增强他们对个人贡献的重要性的认识;

② 促进全国气象部门整体以及各级气象部门内部的协作;

③ 提倡公开讨论,分享知识和工作经验;

④ 让员工确定影响执行力的制约因素,并且毫无顾虑地主动积极参与;

⑤ 单位、部门对员工的贡献、学识和进步进行表扬和表彰;

⑥ 针对个人目标进行自我评价;

⑦ 采用调查的方式评估人员的满意程度,沟通评估结果并采取适当的措施。

3.3.1.4 过程方法

一组相互关联、功能连贯的工作活动可以作为一个过程,这些过程之间也存在着关联,共同组成了体系。这样理解和管理各项工作活动,可以更加有效和高效地获得各级气象部门目标的一致性,并更利于达到可预知的工作结果。

(1)内涵

过程,在很多组织被称为流程,其实质是工作,可能是某个岗位日常所从事的工作,也可能是由若干个岗位甚至部门通过有序地组织协作所完成的工作。这些工作运行的目的是为了实现某种结果,例如,设备采购过程涉及技术、财务等部门,其预期结果是采购到的设备。而气象观测质量管理体系就是由这些相互关联的过程所组成的网络,这个网络能够使气象部门尽可能地完善其体系并优化其绩效。

(2)对气象观测的益处

① 提高气象部门关注关键过程的结果和改进机会的能力;

② 通过由协调一致的过程所构成的体系,可以得到一致的、可预知的结果;

③ 通过过程的有效管理,有助于资源的高效利用及减少跨职能壁垒,尽可能提升其绩效;

④ 使气象部门能够向相关方提供关于其一致性、有效性和效率方面的信任;

⑤ 可以更加全面且有针对性地为用户满意提供机制;

⑥ 在整个气象观测系统内采用过程方法,提升气象观测业务的整体绩效。

(3)气象部门体现该原则的典型活动

① 确定气象观测质量体系的目标和实现这些目标所需的过程;

② 为管理过程确定职责、权限和义务;

③ 了解气象部门的能力,预先确定资源约束条件;

④ 确定过程相互依赖的关系,分析个别过程的变更对整个气象观测质量管理体系的影响;

⑤ 将整个气象观测系统内过程及其相互关系作为一个体系进行管理,以有效和高效地实现气象观测的质量目标;

⑥ 确保获得必要的信息,以运行和改进过程并监视、分析和评价整个体系的绩效;

⑦ 管理可能影响过程输出和气象观测质量管理体系整体结果的风险。

3.3.1.5　改进

一个成功的组织,必然持续关注改进。气象部门实现并提高绩效,不断实施改进是基础。

(1)内涵

组织的运营犹如逆水行舟,不进则退,需要不断对其内外部条件的变化做出反应、解决所存在的问题、提升未达到预期的指标等,这些都是改进。改进可以是通过日积月累的逐步提升实现,也可以通过集中资源,在某一个特定时间段内实现。改进对于气象部门保持当前的绩效水平,对其内、外部条件的变化做出反应,并创造新的机会,是非常必要的。

(2)对气象观测的益处

① 提高气象部门过程绩效、组织能力和用户满意度;

② 增强对调查和确定根本原因及后续的预防和纠正措施的关注;

③ 提高对内外部风险和机遇的预测和应变能力;

④ 增加对渐进性和突破性改进的考虑;

⑤ 更好地利用学习来改进;

⑥ 增强创新的动力;

⑦ 提升气象观测业务能力。

(3)气象部门体现该原则的典型活动

① 促进在气象部门的所有层级建立改进目标;

② 对各层级人员进行教育和培训,使其懂得如何应用基本工具、技能和方法实现改进目标;

③ 确保员工有能力成功地促进和完成改进项目;

④ 开发和展开过程,以便在整个气象部门内部实施改进项目;

⑤ 跟踪、评审和审核改进项目的策划、实施、完成和结果;

⑥ 将改进与新的或变更的产品、服务和过程的开发结合在一起予以考虑;

⑦ 赞赏和表彰改进。

3.3.1.6　基于证据的决策方法

也称为循证决策。气象部门基于对观测数据和相关信息的分析和评价进行决策,这样更有可能产生期望的结果。

(1)内涵

决策是一个复杂的过程,并且总是包含某些不确定性。决策的输入信息是多方面、多种类型的,包含不同的主观理解,这些会对决策的正确性、准确性产生影响,可能使决策偏离期望的结果。对事实、证据和数据的分析可导致决策更加客观、可信。

(2)对气象观测的益处

① 改进气象观测决策过程;

② 改进对过程绩效和实现目标的能力的评估；

③ 改进气象观测质量管理体系运行的有效性和效率；

④ 提高评审、挑战和改变观点和决策的能力；

⑤ 提高证实以往决策有效性的能力。

(3)气象部门体现该原则的典型活动

① 确定、测量和监视气象观测业务关键指标，以证实气象部门的绩效；

② 使参与决策的人员能够获得所需的全部数据；

③ 确保所获取的数据和信息足够准确、可靠和安全；

④ 使用适宜的方法对数据和信息进行分析和评价；

⑤ 确保人员有能力分析和评价所需的数据；

⑥ 综合考虑经验和直觉，基于证据进行决策并采取措施。

3.3.1.7 关系管理

为了持续成功，气象部门需要管理与有关相关方(如用户、供应商、合作伙伴、上级部门、政府部门、员工或整个社会)的关系。

(1)内涵

有关相关方会对气象部门的绩效产生有利或不利的影响，气象部门只有妥善管理与有关相关方的关系，特别是与用户之间的关系，使其尽可能在气象部门的绩效方面充分发挥积极作用，持续成功才更有可能实现。

(2)对气象观测的益处

① 通过响应每一个与相关方有关的机会和限制，提高气象部门及其有关相关方的绩效；

② 对目标和价值观，与相关方有共同的理解，行动上一致；

③ 通过共享资源和人员能力，以及管理与质量有关的风险，增强双方创造价值的能力；

④ 具有管理良好、可稳定提供质量可靠产品和服务的供应链。

(3)气象部门体现该原则的典型活动

① 确定有关相关方及其与气象部门的关系；

② 确定并根据关系的紧密程度对需要管理的相关方排序；

③ 建立平衡短期利益与长期目标的关系；

④ 与有关相关方共同收集和共享信息、专业知识和资源；

⑤ 适时测量绩效并向相关方报告，以增加改进的主动性；

⑥ 与供方、合作伙伴及其他相关方合作开展开发和改进活动；

⑦ 鼓励和表彰供方及合作伙伴的改进和成绩。

3.3.2 须遵循的气象部门相关原则

气象观测质量管理体系的建设除遵循上述 ISO 质量管理的七项原则之外，结合气象部门的实际，还须满足如下三方面原则。

3.3.2.1 服务气象发展战略

气象观测各项工作应以提供高质量观测数据和产品为出发点和最终目标。

(1)内涵

发展战略是气象观测各相关工作的努力方向。气象观测工作的最终使命是建设气象探测强国,衡量标准是观测各环节的高质量发展,包括高质量的气象仪器装备、系统化的标准规范体系、科学的量值溯源体系、满足要求的观测环境、高水平的人才队伍、完备的科技支撑体系以及科学化的管理体系等,最终提供高质量观测数据和产品。气象观测质量管理体系是气象探测强国发展战略的软性支撑。

(2)对气象观测的益处

① 指导建立观测业务科学、合理的发展战略理论框架;

② 有助于优先协调资源配置;

③ 在总体目标框架下分解与细化阶段和过程目标;

④ 实现观测业务快速、健康、持续发展。

(3)气象部门体现该原则的典型活动

① 建立观测业务发展愿景;

② 制定观测业务发展质量目标、发展速度和质量;

③ 制定与发展方向相匹配的发展点,如多大范围、形成什么样的高质量产品以及如何发展;

④ 建立与发展点相匹配的支撑体系,如人才、财务、技术研发、政策支持等;

⑤ 制定总体质量考核指标与阶段性、过程性绩效指标;

⑥ 赞赏和表彰先进。

3.3.2.2　致力于提供高质量观测产品和服务

通过观测设备研发、观测站网布设、装备保障、数据采集传输及处理、观测产品加工等各环节的质量保证,产生高质量观测数据和产品,为天气(气候)预报(预测)和管理决策提供服务和支撑。

(1)内涵

气象观测工作处于气象业务各链条的前端。观测数据是气象观测各项工作的主线,气象观测工作的根本是提供高质量观测数据和产品。

(2)对气象观测的益处

① 引导气象观测新装备研发;

② 改进已有气象观测装备性能、观测频次、分辨力等;

③ 优化观测站网布局;

④ 引导观测数据质量保证机制的完善;

⑤ 引导新观测产品的研发、数据处理技术和装备保障技术的更新;

⑥ 增强观测环节与预报、服务环节的互动;

⑦ 增强观测工作在整个气象业务中的贡献和知名度,形成良性循环。

(3)气象部门体现该原则的典型活动

① 构建数据质量控制体系;

② 分级开展质量控制和质量保证;

③ 建立质量控制技术和方法业务准入机制;

④ 开展观测数据和产品质量的定期评估;

⑤ 开展高质量观测产品研发;

⑥ 研制质量控制和产品业务系统;

⑦ 建立观测数据和产品的分类、分级机制;

⑧ 建立观测与预报、服务、科学研究等环节之间的互动机制；

⑨ 鼓励和表彰高质量观测产品和保障服务。

3.3.2.3 共性与个性化相结合

各质量管理体系建设单位的体系框架在观测质量管理体系总体架构下进行设计，均包含业务、支撑和管理三大类别，但每个类别中的具体过程及对应的工作事项依据各自实际情况存在差异。

（1）内涵

气象观测质量管理体系建设满足《质量管理体系 要求》（GB/T 19001—2016）标准要求，同时在世界气象组织（WMO）的质量管理框架（quality management framework，QMF）以及中国气象局质量管理体系总体框架（QMS-O-CMA）要求下进行设计和建设，但各质量管理体系建设单位的发展战略、人才队伍构成、业务技术和管理模式、观测业务组成、职责定位与岗位划分等不尽相同，其体系建设框架和建设模式存在差异性。

（2）对气象观测的益处

① 便于气象观测业务主管部门统筹管理；

② 体系设计与建设适应各单位实际情况，增强各自主观能动性；

③ 通过与关键环节业务接口相关联，有利于促进全国气象观测质量管理体系一体化的实现；

④ 通过共性和个性工作的梳理，便于进一步厘清全国观测业务，便于后续统筹规划；

⑤ 有利于更好发挥全国气象观测质量管理体系建设整体绩效。

（3）气象部门体现该原则的典型活动

① 梳理各类别中的过程、工作事项；

② 建立各级业务接口；

③ 建立全国观测核心业务过程中工作事项和管理事项索引；

④ 建立全国观测质量管理体系绩效评价框架，并开展体系建设效益定期评估。

第4章 气象观测质量管理体系
建设指导思想、工作目标及原则

中国气象观测质量管理体系总体设计是按照 ISO 9001 国际质量管理体系标准和 WMO 《国家气象水文部门和其他相关服务提供方质量管理体系实施指南》的基本要求,以用户需求为导向,以过程方法为抓手,结合国内实际和气象观测工作特点,最终构建起持续改进、自我完善、科学卓越的中国气象观测质量管理体系。

4.1 指导思想

以习近平新时代中国特色社会主义思想为指导,运用质量管理体系标准,全面加强气象观测管理,支撑气象现代化,全面提升气象观测的管理水平、技术水平、服务水平和工作效率,促进各项工作的科学化、制度化和规范化,带动全国气象观测系统的规范化管理,促进气象观测事业科学发展,为国民经济发展发挥更大作用,在满足国内外用户日益增长需求的同时,也为国际气象事业质量发展提供"中国方案"。

4.2 工作目标

气象观测质量管理体系建设是按照国际标准化组织(ISO)和世界气象组织(WMO)基本要求,结合国内现有国、省、地市、县四级观测业务及管理架构现状和气象观测工作特点,运用 PDCA 的方法构建符合我国实际、涵盖国、省、地市、县四级的气象观测质量管理体系,进一步推进气象观测标准化、规范化、制度化,有效解决标准缺失、质量不高、应用不好的问题,着力推进以提供高质量气象数据为主线的气象观测基本业务,提高观测数据在预报服务和数值模式中的可用性。具体工作目标如下。

（1）建立标准化管理模式

通过导入国际先进的标准化管理模式,从战略高度对气象观测领域管理体系进行全面梳理优化,改善管理体系整体的有效性。辐射和带动全国气象观测系统各级单位规范管理,保证政令畅通和执行有效,不断提高全国气象观测系统的管理水平和工作质量。

（2）优化完善关键环节

优化或重点改善管理体系薄弱环节,促进业务流程管理合理化、规范化。通过环节优化和提升,健全完善职责明确、协调有序、标准统一、行为规范、监督有效的气象观测工作机制,不断提升各项工作效率和有效性。

（3）增强持续优化改进能力

导入内部监督评审机制,推进管理体系自我改善机制的有效运行,按照 PDCA 管理模式形成业务闭环,从而提高观测系统持续改进优化能力。进一步增强创新能力,以需求导向和问题导向为出发点,不断提高适应新形势、新情况、新任务的能力,促进气象观测系统始终较好地履行职能和发挥作用。

（4）保障数据质量和可用性

通过标准化管理，使得气象观测数据从获取到应用全过程可追溯，便于查找和解决造成质量问题的原因，同时，通过用户反馈机制，滚动修订并完善数据需求指标，保障并增强数据可用性。

（5）提高管理队伍素质

通过培训和参与体系建设，能够提升相关人员过程管理、标准化管理意识和能力，逐渐培养出一支既懂业务又精于管理的优秀团队。转变管理观念，在气象观测业务领域树立质量管理思维和管理理念，引导全体干部职工强化责任意识和服务意识，提高管理队伍素质。

4.3 建设原则

（1）继承性原则。以现有规章、制度和标准为基础，依据 ISO 9001 国际化质量管理标准，进行全面梳理、查漏补缺、完善改进、稳中求改，确保与气象观测现有的、行之有效的管理制度和操作程序紧密衔接，无缝隙运行。

（2）联动性原则。由于气象观测领域质量管理体系涉及国、省、地市、县各级单位业务和管理部门，流程中各节点均有相应职责和分工，为保证质量管理体系整体的有效性，各层级相关部门和单位须行动一致、上下联动、左右配合。

（3）开放性原则。一是管理体系要保证可扩展性和包容性，能够适应未来观测系统发展需求；二是体系建设过程中要充分借助外部专业管理咨询机构力量，使专业管理知识与气象观测领域自身特点相结合，保证体系的适用性、专业性和科学性。

（4）实用性原则。结合气象观测运行特点及其任务繁重、工作量大的实际，不搞形式主义，创新做法，删繁就简，着眼实效，尽量减少冗余环节，充分运用信息化手段，增强可操作性。

（5）全员参与原则。通过全员参与气象观测系统质量管理体系建设和运行，运用质量管理体系标准对气象观测系统实行科学、规范化管理，进一步强化气象观测全体人员的质量意识、责任意识和管理意识，充分调动气象观测系统每一个人的积极性和创造性。

第5章 气象观测质量管理体系建设筹备

5.1 确定工作机制

5.1.1 战略决策

气象部门观测领域建立运行质量管理体系,是中国气象局领导层集体作出的战略决策。体系建设运行的决策,须从内部和外部两方面分别予以考虑。

体系的建设运行必须考虑外部环境因素。截至 2015 年,WMO 成员国中 61% 的国家已经实施了质量管理体系建设工作,而我国尚未建立,这对我国气象数据参与国际共享提出了新的、更高的要求。近年来,国内各行各业对于高质量发展的呼声也越来越高。

具备相适应的外部环境后,体系的建设运行还需要有适宜的内部环境。一是须规范建设的基础,能识别机构运行须遵守的相关法律法规、标准等外部规范性文件,并已经有效执行;机构运行的各项规章制度较为齐全,且能较好地执行。具备规范化的基础,质量管理体系建设将是"锦上添花"之作,让机构在科学管理方面更上一层楼,并同时为机构的自我不断完善提供机制保障。二是须具备一定的人员力量,体系建设能够得到领导层的高度重视,全员对建设的必要性能够达成共识;有一支专职或兼职的人员队伍,有意愿和信心推进体系的建设运行是做出决策的必要基础。

5.1.2 科学策划

策划是体系建设活动开展的首要环节,应充分运用过程方法、领导作用、全员参与等原理控制各项活动。应确定体系建设运行的指导思想,并在指导思想的方向引导下,制定气象观测质量管理体系建立运行的总体规划和阶段性目标;对规划和目标逐层细化,明确工作内容、责任单位、时间节点等关键内容。对上述内容应制定详尽的方案,通过领导层的评审后实施。科学合理的策划可以保证气象观测质量管理体系建设运行有条不紊地推进。

5.1.3 组织保障

领导层应高度重视气象观测质量管理体系建设。为确保质量管理体系建设顺利实施,各单位必须成立相应的组织机构,如体系建设领导组、工作组、建设组等,落实职责,配备专职或兼职人员,负责协调和运行与质量管理体系有关工作,从组织机构上保证气象观测质量管理体系的建立和运行。

各层级建设单位,如各省(区、市)气象局,主要负责人负责审定本单位气象观测质量管理体系的质量方针、目标和建设范围,对整体和本单位质量管理体系的建设和运行进行评价,协调本单位人力、经费等资源投入和重大问题决策,以及组织体系管理评审工作等。

各省(区、市)气象局根据体系范围组建由分管局领导担任组长的建设组,建设组成员应综合考虑管理能力、业务技术能力、工作责任心等因素,从各建设单位管理或业务人员中遴选,并包括中国气象局工作组和技术组中本单位相应人员。建设组负责本省(区、市)气象观测质量管理体系的工作事项梳理、体系文件编制、体系文件评审、专项培训和内审员培训、内审管理、管理评审、体系建设总结上报、认证材料编制和体系业务运行等具体工作。

工作组负责气象观测质量管理体系的组织实施、节点检查、督促协调、组织培训、内审策划、管理评审实施、评审认证、体系业务运行、相关规定印发、体系业务信息化运行组织等工作,组长由各省(区、市)气象局观测主管部门领导担任。

由于气象观测质量管理体系涉及管理部门至基层台站等各个层级单位,管理流程中各节点均有相应的职责和分工,所以为了保证质量管理体系整体的有效性,各层级相关部门和单位在建立相关组织机构的基础上,须行动一致、上下联动、左右配合。

5.1.4 技术支持

确定第三方咨询机构。与专业的质量管理体系建设咨询机构合作,获得技术支持。

由于气象部门各级单位普遍缺乏对质量管理体系建设标准和建设流程等方面的工作经验,建议体系建设过程中要充分借助外部专业管理咨询机构的力量,引入第三方咨询机构获得技术支持。选择咨询机构时应考虑机构的规模、技术能力和专业水平,因气象行业专业技术性较强,应优先考虑有气象行业技术服务经验的专业咨询机构和人员,使专业管理知识与气象观测领域自身特点相结合,保证体系的适用性、专业性和科学性。咨询机构确定后,应明确其工作任务、要求及时间节点,建立双方沟通和反馈机制。建立相对比较固定的咨询老师团队,确保各项工作稳步推进。

技术支持的内容主要包括:对本级及下辖气象观测部门的调研、了解中国气象局体系建设相关内容和要求、进行本级及下辖机构体系架构的设计、进行 ISO 9001 最新版标准培训、进行体系文件架构设计、指导体系文件编写并参与评审、体系文件宣贯、试运行指导、内部审核培训、内部审核指导、管理评审指导、认证审核准备工作指导等。

5.2 确定体系范围

体系范围指体系在实施时所涉及的部门和涉及的产品。ISO 9001 质量管理体系要求中明确,在确定体系范围时应考虑:组织及其环境、相关方的需求和期望、自身的产品和服务。在充分理解标准内涵的基础上,结合气象部门实际,在确定体系范围时遵循实用原则,在科学合理的前提下,建立简洁高效的质量管理体系,在完善现行管理工作的基础上,采用质量管理体系的方法,改善和改进管理机制,创新管理模式。理顺各项工作过程和工作环节,不生搬硬套,讲求实效。

5.2.1 确定体系涉及的机构

可以对应理解为标准中要求确定体系范围时需要考虑的"组织及其环境"。

考虑质量管理体系覆盖的内部机构,即确定管理体系涉及的工作、部门、岗位。气象观测质量管理体系一般应包括的部门有:省(区、市)气象观测主管及相关部门、观测设备技术保障部门、观测数据传输保障和质量控制部门、市(区)县气象局等。市(区)县气象局可先行部分开展试点,也可全部同步推进。确定范围时,应同时明确所涉及的业务及省(区、市)局的相关部门,所涉及的区域(市/县/台站)以及所涉及部门、各分支局的体系建设负责人。

考虑质量管理体系覆盖的外部机构,即确定管理体系涉及的外部门相关单位。具体到气象观测领域,需要考虑气象仪器生产厂家、气象数据通信传输服务公司、气象设备仓储货运公司、气象设备(如雷达、自动气象观测站)外包维护服务公司等。各建设单位根据自身工作特点和实际,分别对涉及的外部机构进行识别,纳入体系建设范围。上述外部机构应同时纳入外供方管理。

5.2.2　确定体系涉及的工作

可以对应理解为标准中要求确定体系范围时需要考虑的"自身的产品和服务"。

质量管理体系建设是针对气象观测质量管理体系,不包括气象预报与服务业务。气象部门各级单位在建立体系时应以此为基础,确定体系涉及的具体工作,并非上述确定的内部机构的所有工作均需要纳入体系建设。如各级观测设备技术保障部门、观测数据传输保障和质量控制部门、市气象局等,按照机构职责纳入体系建设范围,但其内部的财务管理、工资管理等,因与气象观测日常业务关联性较弱,且 ISO 9001 质量管理体系对财务的管理无相关要求,可以不纳入体系建设。关于人员的管理,在气象部门体系建设中对培训工作和人员上岗资质(尤其为涉及安全的岗位,如电解水制氢操作人员)较为关注。

所确定的气象观测质量管理体系范围应由各体系认证单位主要负责人审批,如各省(区、市)气象局局长或国家级直属业务单位主要负责人。

5.3　选择咨询机构

5.3.1　确定咨询机构的原则

为了确保气象观测质量管理体系建设符合相关认证标准和技术规范,需要由专业咨询机构提供技术指导和服务,促进认证工作深入、健康发展,真正达到提高气象观测质量管理水平的目的。各建设单位在选择咨询机构时,应对该机构的资格、业务范围、能力和信誉等方面进行综合调查和了解,以便选择自己最理想的认证和咨询机构。

适合的咨询机构至少应具备以下基本要求。

(1)技术力量雄厚。有能力密切跟踪标准的更新信息,对标准的理念与要求有相当的深度,并能够紧密地结合单位实际。

(2)注重培训,特别是质量意识的培训。体系的有效性不仅取决于体系的完善程度,还取决于体系运行的实际承担者的能力和意识。培训工作不到位,是导致体系成为一张皮的主要原因。一个对单位负责的咨询机构在撤出单位时,单位应已具备确保体系有效运行的人力资源。

(3)派出的咨询师不仅有广泛的知识面,而且有相当的专业能力,与单位接触后能很快掌握单位质量管理的重点和难点。

(4)尊重单位员工及其意见,尊重单位的传统文化。在体系的建立和试运行阶段不脱离实际,实事求是,追求实效。不故弄玄虚,不弄虚作假,不偷工减料。维护单位利益。

各建设单位在选定了咨询机构并在与之签订咨询合同前,应与咨询机构商定双方的权利和义务,并把商定结果纳入咨询合同之中。合同中应明确:凡咨询机构不能履行自身的义务时,建设单位有权提出疑义,并要求咨询机构履行合同;因咨询质量问题而达不到咨询目的时,建设单位有权拒付咨询费用,直至要求赔偿损失;因建设单位本身问题而未能达到咨询目的时,一切责任应由建设单位自负。

另外,根据国际惯例和我国有关规定,所有的认证机构均不得参与认证咨询活动。各认证咨询机构只能以其公正性、科学性及有效性为企业提供优质服务,建立信誉,在平等的基础上竞争,不得采用不正当的竞争手段。

5.3.2 选择咨询机构的流程

首先,单位可要求参选的咨询机构提供资质证明(如工商营业执照、质量技术监督部门备案证明等)和业绩报告。

认证咨询机构应当符合下列条件:有固定的办公场所和必要的设施;有一定体量的注册资金,具体可根据各气象局体系建设的范围大小、难易程度灵活确定;有符合认证咨询要求的管理文件;有一定数量的具有注册资格的专职认证咨询师,其中至少有 1 名以上高级咨询师;依法应当具备的其他条件。

其次,为了验证参选咨询机构的信誉和能力,可从咨询机构的客户名单中选择一部分作为访问对象,对咨询机构进行侧面了解。此外,在咨询合同签订之前,企业可要求咨询机构先做以下几项预备工作:

① 对单位的管理现状做出书面评价,通过对评价意见的对比,可以初步了解参选咨询机构在管理知识水平和实际应用能力上的差异;

② 给单位的骨干成员上一堂贯标培训课(或专题讲座),借此可分析参选咨询机构对标准的把握和培训的能力;

③ 提交规范的合同文本,判断收费是否合理,权利义务关系是否明确;对比不同的合同文本,可以了解参选咨询机构在自身管理水平、服务特色、服务承诺等方面的差异。

最后,通过以上几个方面的对比和观察,从参选的对象中选择出较为满意的咨询机构作为合作伙伴。

任何潜在咨询机构的资质,都应通过审查其资质和咨询内容来仔细评估。专业的咨询机构能够在机构认证过程中提供更好服务的同时,实现质量管理体系的有效性,这在建设单位后续发展中尤其重要。通过咨询可以得到如何更好地实施质量管理体系的保持中立的顾问建议,他们有丰富的经验实施 QMS 并保证在质量管理体系建设中少走弯路。

建议查阅国家认可组织的网站(http://www.cnca.gov.cn/)所提供的咨询机构名单,以进一步考察和确定潜在咨询机构的资质。

5.3.3 咨询的要求

(1)目标

在选择观测质量管理体系建设咨询机构时,各建设单位应基于实现观测质量管理体系的总体目标来识别对质量管理体系咨询机构的需求和期望,通过双方共同努力、积极协作,在合同期内使单位按 ISO 9001:2015 标准的要求,建立健全管理体系,规范单位的管理运作、提高管理水平,并通过第三方管理体系认证,获得管理体系认证证书。

（2）内容

咨询机构依据选定标准的有关要求,结合建设单位的实际情况,指导单位建立健全观测质量管理体系,其中包括:

① 为建设单位提供 ISO 9001:2015 标准基本知识培训、质量管理体系文件编写培训以及质量管理体系内部审核员培训;

② 指派专家对建设单位的管理运作进行调研,确定质量管理体系框架,进行总体策划;

③ 指导建设单位编写质量手册及质量管理体系程序,并进行审改;

④ 指导建设单位完善质量管理体系相关文件,保证质量管理体系的协调性和有效性;

⑤ 指导并参加建设单位进行的质量管理体系内部审核,提出问题和改进建议;

⑥ 对建设单位的质量管理体系进行符合性审核,提出符合性审核报告;

⑦ 协助建设单位选择权威的质量管理体系认证机构。

（3）步骤

咨询项目共分四个阶段进行:

① 派专家到建设单位了解基本情况,提供基础培训,经充分协商制定认证咨询工作计划;

② 制定出质量手册和质量管理体系程序文件的编写要点,指导建设单位编写手册和程序文件并进行审改;

③ 指导建设单位有效实施质量管理体系文件,指导并参与内部质量管理体系审核,指出问题,提出改进建议;

④ 对建设单位的质量管理体系进行符合性审核,指导企业申请第三方质量管理体系认证。

（4）配合

① 建设单位应按咨询机构要求提供适宜的资源;

② 建设单位应以提高自身管理运行作为出发点对待质量管理体系认证工作;

③ 建设单位各级人员应通力配合咨询机构的咨询活动;

④ 在咨询过程中,建设单位不宜对组织机构和管理模式做重大调整;

⑤ 双方严格执行经充分协商的认证咨询工作计划。

（5）保密要求

① 双方应严格保守各自及对方的经营和技术秘密;

② 咨询人员必须对单位的业务和技术文件保密,用后立即归还;

③ 建设单位未经许可,不可转借咨询所产生的结果性文件;

④ 咨询合同终止后,保密要求仍然有效。

5.4 组建体系建设队伍

为有效开展本单位气象观测质量管理体系建设,需要成立体系建设组织机构,建立体系队伍。组织机构一般可通过各单位正式发文确定,以确立建设队伍的相对权威性。

体系建设队伍一般可合理划分为领导层、管理层和实施层。

领导层体系建设队伍成员应由高阶管理者担任组长或主任委员,各部门主管构成主要成员。基于气象观测业务的实际需要,建设单位的领导层须达成推行气象观测质量管理体系的共识,向整个组织宣贯推行气象观测质量管理体系的决心,并提供充分的资源,成立项目小组或委员会。领导层负责审定气象观测质量管理体系整体质量方针、目标和建设范围,负责整体的质量管理体系运行评价并审定评价结果、协调资源投入和重大问题决策等。

管理层体系建设队伍成员应由各部门分管领导构成主要成员,负责气象观测质量管理体系的组织实施、节点检查、督促协调、组织培训、内审策划、评审认证和体系业务运行等工作。

实施层体系建设队伍成员应具备气象观测专业技术知识、质量管理体系相关知识,具备较强的组织协调能力、分析能力、文字写作能力及端正的工作态度和较强的工作责任心,一般为各部门的骨干。负责本建设单位气象观测质量管理体系的工作事项梳理、体系文件编制、专项培训、内审员培训、内审管理、管理评审、认证材料编制和体系业务运行等具体工作。

体系建设队伍的体量应根据建设单位从事气象观测业务种类、辅助业务种类及组织层级数量综合考量确定,确保抽调人员从事的气象观测业务方向及所在部门覆盖该组织各个层级从事的全部气象观测业务及相关辅助业务。还需要特别注意管理层和实施层的衔接,管理层的成员要负责本单位实施层成员的统一协调指导,确保领导层的决策部署能够最大限度地有效落实。

以陕西省气象局观测质量管理体系试点建设为例,在体系创建筹备阶段成立的省级组织机构如图5.1所示。

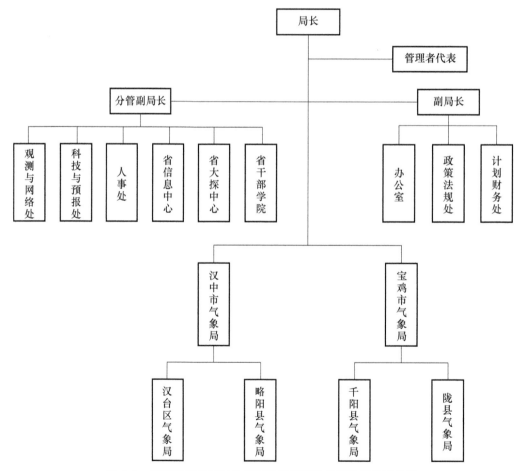

图5.1　陕西省气象局气象观测质量管理体系建设组织机构图

由图5.1可看出,体系建设队伍领导层成立有领导小组,组长由陕西省气象局主管观测业务的局领导担任,组员由陕西省气象局观测处相关负责领导及涉及的各处级单位主要负责人构成。主要职责是负责审定气象观测质量管理体系建设工作方案、实施方案和质量方针、目标，以及协调资源投入和重大问题决策等。

体系建设队伍管理层成立专项工作办公室，挂靠陕西省大气探测技术保障中心，组长由陕西省大气探测技术保障中心主要负责人担任，副组长由陕西省大气探测技术保障中心分管领导及办公室主任担任，组员由各业务科室的骨干业务人员组成。主要职责是牵头联系陕西省气象局试点建设有关单位，按照中国气象局要求组织编制实施方案、设计质量管理体系总体框架；组织做好气象观测业务质量管理制度梳理分析、质量管理体系框架和相应流程设计，以及质量手册和文件编制；组织有关培训；定期向中国气象局和省气象局报送实施进展情况；牵头做好体系试运行和评估工作；负责调研并确定第三方管理咨询机构；与中国气象局专项办做好工作联系。

体系建设队伍实施层成立专项工作组，省气象局观测处、省大探中心、省气象信息中心、宝鸡市气象局、汉中市气象局、千阳县气象局、陇县气象局、汉台区气象局、略阳县气象局 9 个试点单位分别设立质量管理体系建设工作组。9 个专项工作组的组长分别由分管气象观测业务的领导担任，组员分别由各项相关业务的骨干人才构成。其主要职责是按照陕西省气象局要求做好实施方案编制；负责调研和梳理与气象观测领域有关业务的管理制度，配合做好流程梳理和设计，编制质量手册和文件相关内容，定期报送实施进展情况，做好体系试运行和评估工作。

在体系建设筹备阶段，体系建设队伍成员先后参加质量管理体系西北认证中心组织的宣贯培训、标准培训、内审员培训、外审员培训，以及中国气象局组织的相关培训和陕西省气象局组织的统一培训。

另外，为更好推进前期体系建设，同时为后期内审员队伍建设、体系持续运行做准备，在体系建设前期注重培养质量管理体系骨干队员十分重要。

培养内部骨干队伍，主要是通过各种专项培训增强人员理论知识，再通过建立、实施、保持管理体系的实践获取相应的经验，理论与实际相结合，最终提高人员的能力。管理就是对人的管理，建立气象观测质量管理体系就是在气象观测质量方面使人员按照规范的流程和文件要求工作。但是管理体系不是一成不变的，改进管理体系是标准的一项重要要求；各级人员也需要了解质量管理体系的具体要求，才能正确实施。气象观测质量管理体系建设必须以人才培养为基础，建立内部质量管理体系骨干队伍，除了自己执行管理体系要求以外，还要对管理体系的日常运行实施监督，对发现的问题实施整改，不断改进管理体系。

培养骨干队伍有以下重要意义。

① 有利于质量管理体系要求与观测业务相结合，提高管理体系的有效性。

建立质量管理体系的最终目标是体系充分、适宜、有效，为达到这个目标，质量管理体系建设人员既要掌握质量管理体系要求，又要了解流程优化、风险控制、质量管理体系成熟度评价等方法，更要熟悉气象观测业务流程。以质量管理体系来规范各项工作，从实际应用出发，不断完善质量管理体系，内部人员具有得天独厚的优势。

② 培养内部骨干队伍，有利于质量管理体系的持续有效运行。

建立质量管理体系并获得认证证书只是阶段性的成果，后续的保持工作尤为重要。日常工作按照质量管理体系要求的持续有效运行对质量管理体系进行监督检查、评价，处理发现的问题、向最高管理层报告管理体系绩效，内部骨干队伍可以起到日常维护和管理的作用，确保质量管理体系的持续充分、适宜、有效。

③ 培养内部骨干队伍,是管理体系持续改进的需要。

认证单位所处的内外部环境不断变化,相关方的要求不断变化,气象局最高管理层和观测领域主管领导对于质量管理体系的要求也不断提高,为适应各种变化、落实上级各项新要求,质量管理体系每年应该有所提升,有新的亮点。对此,内部骨干队伍应发挥主要作用。

④ 培养内部骨干队伍,是气象观测领域能力建设的需要。

中国气象局已经将气象观测质量管理体系建设作为四个专项行动计划之一纳入《综合气象观测业务发展规划(2016—2020 年)》。继 2018 年中国气象局气象探测中心、国家卫星气象中心、上海市气象局、陕西省气象局等气象观测质量管理体系试点建设单位通过第三方认证以后,2018 年在全国 10 个省(市)气象局启动实施质量管理体系第一批推广建设,2019 年通过认证;2020 年将在全国气象观测领域全面建成质量管理体系。先在试点单位培养骨干人员,再由骨干人员参与指导全国气象观测领域建设质量管理体系,带动出一批骨干人员,由点及面,构建气象观测领域质量管理体系建设能力,为中国气象观测领域质量管理体系发展奠定人力资源基础。

5.5 制定体系工作方案

气象观测质量管理体系建设团队在编制体系建设方案基础上,还应编制体系建设工作方案,为体系后续组织工作提供指导依据。工作方案作为对实施某项工作的安排,通常包括具体目标要求、工作内容、方式方法及工作步骤等,是对质量管理体系建设做出全面、具体而又明确安排的计划类文书,是作为实现气象观测质量管理体系建设如何实施的计划书。主要包括以下内容。

(1)工作内容(或安排)

工作内容顾名思义是指该项工作是做什么,包括其工作目标和任务是什么。因此,气象观测质量管理体系建设团队应在工作方案中规定出在一定时间内或某个时间段所做的与气象观测质量管理建设相关的该时间段的工作目标、任务和应达到的要求。任务和要求应该具体明确,可以根据任务内容定出数量、质量和时间要求。

(2)工作方法(或安排)

工作方案中还应对完成工作的方式方法即如何做才能实现方案中的工作内容做出规定,主要包括所采取的方法、措施或策略。工作方法是实现工作内容的保证。措施和方法包括达到既定目标需要采取的手段、需要动员哪些力量与资源、创造什么条件、排除哪些困难等内容。各级气象部门所确定的工作方案要根据其自身客观条件,统筹安排,将"怎么做"写得明确具体,切实可行。特别是针对差距分析中指出现有工作和管理中存在的问题,应是工作方案中相应措施和方法重点解决的对象。工作方法可以单独在工作方案中列出或与工作内容或工作分工融合在一起进行规定。

(3)工作分工

工作方案中应对完成工作内容所涉及的各部门,主要是气象局相关部门及第三方咨询机构,在工作开展过程中的分工进行规定,以确保相关各方清楚所承担的职责、工作内容及要求。由于每项任务在完成过程中通常具有阶段性,而每个阶段又有许多环节,它们之间常常是互相交错的。质量管理体系建设团队编制工作方案时应对各阶段工作包括阶段内各环节工作进行统筹安排,哪些工作先干,哪些工作后干。在工作方案策划和实施时还要根据工作内容的轻重缓急来区分重点和一般事项。在时间安排上,要有总的时限,又要有每个阶段的时间要求,以及人力、物力的安排。当第三方咨询机构参与时,质量管理体系建设团队编制的工作方案要包括该机构在各阶段和环节的工作分工和配合事项。工作分工确定后,应使所有有关单位人员包括第三方咨询机构相关人员清楚了解自身在质量管理体系建设中的作用、需要参与的工作以及应该参与配合的事项,以确保相应的工作有条不紊地进行。

（4）工作进度

工作进度是对各阶段和环节工作内容完成的时限要求。工作进度编制时应考虑并满足中国气象局对质量管理体系建设的进度要求以及各级气象部门自身的体系建设进度要求,结合工作阶段和内容进行合理安排,必要时对于进度监控制定相应的沟通、监督和反馈机制,以确保工作按期保质完成。工作进度的控制是对于各级气象部门质量管理体系建设满足中国气象局相关体系建设要求的重点,体系建设单位应根据进度安排对相关工作内容的完成情况进行督查。

表 5.1 是省级气象局气象观测质量管理体系工作方案参考样例,其规定了质量管理体系建设的项目实施步骤和计划安排等内容。

表 5.1　省级气象局气象观测质量管理体建设工作方案

陕西省气象局气象观测质量管理体系试点建设工作方案

根据中国气象局安排,我省被确定为观测业务质量管理体系建设试点单位之一。为推进质量管理体系建设工作,全面提升气象观测的管理水平、技术水平、服务水平和工作效率,圆满完成试点任务,并获得第三方认证机构的认证,制定以下工作方案。

一、总体目标

根据 ISO 9001 国际质量管理体系标准和《WMO 国家气象和水文部门实施质量管理体系指南》基本要求,结合中国气象局要求和本省气象观测工作实际,建立气象观测质量管理体系。

（一）建立标准化管理模式。通过导入国际先进的标准化管理模式,从战略高度对气象观测领域管理体系进行全面梳理优化,改善管理体系整体的有效性。

（二）优化完善关键环节。优化或重点改善部分管理系统薄弱环节,促进业务流程管理的合理化、规范化。

（三）增强持续优化改进能力。导入内部监督评审机制,推进管理体系自我改善机制的有效运行,按照"计划—执行—检查—处置"（PDCA）的管理模式要求形成业务闭环,从而提高观测系统持续改进优化能力。

（四）提升数据质量和可用性。通过标准化管理,使得气象观测数据从获取到应用全过程可追溯,便于查找和解决造成质量问题的原因,同时,通过用户反馈机制,滚动修订并完善数据需求指标,增强数据可用性。

（五）提高管理队伍素质。通过培训和体系建设过程参与,提升相关人员的流程管理意识和管理能力,逐渐培养出一批既懂业务,又精于管理的优秀团队,并促进全员形成标准化、法制化管理意识。

（六）开展 ISO 9001 体系认证。通过开展第三方认证机构的评估认证,促进并推动气象观测领域管理系统科学化、国际化、现代化。

二、总体原则

（一）继承性:以现有规章、制度和标准为基础,依据 ISO 9001 国际化质量管理标准,进行全面梳理,查漏补缺,完善改进,稳中求改。

（二）渐进性:由于气象观测领域涉及的部门多、范围广、环节复杂,且新的管理体系、流程和方法也须适应和不断改进,故要在局部试点基础上,逐步向全省范围推广。

（三）联动性:由于气象观测领域质量管理体系涉及管理部门至基层台站等各个层级单位,管理流程中各节点均有相应的职责和分工,所以为了保证质量管理体系整体的有效性,各层级相关部门和单位要行动一致、上下联动、左右配合。

（四）开放性:一是管理体系要保证可扩展性和包容性,能够适应未来观测系统发展需求;二是体系建设过程中要充分借助外部专业管理咨询机构力量,使专业管理知识与气象观测领域自身特点相结合,保证体系的适用性、专业性和科学性。

三、主要任务

依据 ISO 9001 国际质量管理体系标准,计划开展以下工作。

（一）对管理和观测业务现状从多个维度进行全面评估。

（二）对观测业务的管理工作进行梳理和优化，搭建涵盖需求分析、站网设计、装备发展、项目建设、业务运行和用户反馈在内的全流程的质量管理体系整体框架。

（三）建立完善装备全生命周期的管理机制，从需求出发，在装备的选型、建设和运行管理等业务流程中，加强质量管理和控制，确保装备可靠性。

（四）梳理和优化从数据采集到数据质量控制的核心业务流程，增强数据各环节的可追溯性，识别业务流程中关键过程控制点和风险控制点，并采取相应的预防和事前控制措施。

（五）建立内部监督、审核机制，建立数据质量信息的收集、反馈渠道，在分析各类反馈信息基础上，实现动态管理，采取有效措施提升数据准确性，提高自我持续改进和优化的能力。

（六）对全员和骨干进行不同层级培训，不断提升管理水平，逐步形成标准化、规范化的质量管理文化氛围。

（七）经过内部评审和权威认证机构评审，通过 ISO 9001 质量管理体系认证。

四、实施范围

按试点阶段和全省推广阶段分步实施。

（一）试点阶段

在省气象局（观测处）、省大探中心、省信息中心、宝鸡市气象局（含千阳县气象局、陇县气象局）、汉中市气象局（含汉台区气象局、略阳县气象局）开展试点建设。

（二）推广阶段

在试点建设基础上，根据体系运行效果评估情况，适时在全省气象观测领域进行推广建设。

五、组织与职责

鉴于质量管理体系建设工作量大、涉及面广，且对提升观测业务系统的规范化和持续改进能力方面有重大意义，决定成立领导小组和工作小组推进体系建设。

（一）省气象局观测处

省气象局观测处领导气象观测质量管理体系建设工作。主要职责是负责审定气象观测质量管理体系建设工作方案、实施方案和质量方针、目标，协调资源投入和重大问题决策等。

（二）专项工作办公室

省气象局设立气象观测质量管理体系建设专项工作办公室，挂靠省大探中心。主要职责是牵头联系我省有关单位，按照中国气象局要求组织编制实施方案、设计质量管理体系总体框架；组织做好观测业务质量管理制度梳理分析、管理体系框架和相应流程设计，以及管理手册和文件编制；组织有关培训；定期向中国气象局和省气象局报送实施进展情况；牵头做好体系试运行和评估工作；负责调研并确定第三方管理咨询机构；与中国气象局专项办工作联系。

（三）专项工作组

省气象局观测处、省大探中心、省气象信息中心、宝鸡市气象局、汉中市气象局、千阳县气象局、陇县气象局、汉台区气象局、略阳县气象局9个试点单位分别设立质量管理体系建设工作组。其主要职责是按照省气象局要求做好实施方案编制；负责调研和梳理与观测领域有关业务的管理制度，配合做好流程梳理和设计，编制管理手册和文件相关内容，定期报送实施进展情况，做好体系试运行和评估工作。

（四）专家组

由第三方专业管理咨询认证机构人员和质量管理方面的专家组成。负责指导并参与气象观测领域现状调研和分析工作，负责对质量方针和目标拟定、实施方案编制、质量管理体系总体设计、质量管理手册和文件编制等质量管理体系建设过程中的相关工作进行指导、培训和咨询。

六、进度安排

2017 年 7 月底前，完成编制质量管理体系工作方案，并通过审定。

2017 年 8 月底前，调研并确定第三方专业管理咨询认证机构，启动体系建设工作。

2017 年 8 月底前，进行管理体系现状调研与评估，完成编制实施方案，并通过审定。

2017 年 8 月底前，初步完成体系总体框架策划与顶层设计。

2017 年 12 月底前，完成流程构架设计和搭建、业务流程梳理和文件优化，完成管理手册和文件编制。

2018 年 2 月底前，建立用户、产品和设备的管理机制。

2018 年 6 月底前，完成体系试运行并完善相关流程和管理文件。

2018 年 12 月底前，完成内部审查机制的建立，试点单位通过第三方评审改进和认证。

之后,完成试点范围实施效果评估,根据评估结果,适时在全省气象观测领域进行推广建设和体系认证,并对体系进行持续改进和优化。

七、保障措施

(一)加强组织领导,全面协调配合

充分认识气象观测质量管理体系建设工作的重要性,切实加强领导,精心组织、协调配合。观测处要做好领导工作,减灾处、预报处、法规处等做好相关领域的协调配合工作,省大探中心、省信息中心、宝鸡和汉中市气象局要协调内设或下属机构积极配合,各单位要按照工作方案和实施方案的职责分工,行动一致、上下联动、左右配合。

(二)建立会商机制,保证实施进度

建立定期会商机制和进展情况上报制度,省大探中心牵头组织每月至少 1 次会商,及时跟踪实施进度,协调存在问题,试点单位要定期上报项目实施进展,确保项目顺利实施。

(三)依托项目建设,落实经费投入

将气象观测业务质量管理体系建设工作与业务改革发展和现代化建设全面结合,利用国家、省气象局重点工程项目建设和小型业务项目等多渠道筹集资金,保证对质量管理体系建设的资金投入。

工作方案实施过程中,还应根据项目具体实施情况对工作内容完成情况的评审实施动态调整,对于未能按计划完成的工作应进行督办,确保不影响中国气象局和各级气象部门自身的质量管理体系建设方案中有关时限方面的要求。

工作方案制定完成后,经体系认证单位主要负责人或分管领导审定后,正式下发至体系建设范围内各单位执行。

5.6　体系建设启动会

为明确观测质量管理体系建立的过程和活动,在制定的工作方案和时间节点的基础上,形成规范性文件并予以发布;同时,让全体员工知道、了解和理解体系建设任务,增强员工的意识、积极性和参与程度,推动整个观测质量管理体系建设的进程,因此,体系建设启动工作很重要。

启动会前制定严格的计划,确立质量管理体系的建立和实施的步骤、时间表以及预算等,并形成文件。目的是确保体系建立能有效地实施,并按计划实施气象观测业务活动、监视和控制。

条件具备时,启动会最好以现场会的形式召开,以体现庄重和严肃性,参加人员由正式发文组建的领导层、管理层和实施层组成,另外各单位纳入建设的技术骨干也应参加。启动会上最高管理者做动员讲话,要明确此项工作的重要性,结合当地业务特点,全面开展气象观测质量管理体系建设,并确保能够充分发挥质量管理体系对气象观测业务的科学管理作用;管理层或实施层介绍工作安排及要求,通过紧密部署使建立的气象观测质量管理体系要在本机构的各职能层次得到充分的理解及切实的执行,确保实现质量管理体系的预期效果。

启动会后应形成正式会议文件,要求各单位开展内部学习、宣贯和执行。

体系建设启动会一般和贯标培训一并举行。为使培训工作更具系统性,可采用分层次、循序渐进地方式进行。

第一层为领导层,包括建设单位的高阶领导、各部门主要负责人。通过介绍质量管理体系的发展以及本单位业务运行过程中总结的经验教训,说明建立、完善质量管理体系的迫切性和重要性;通过 ISO 9001:2015 标准的总体介绍,提高对按照国家(国际)标准建立质量管理体系的认识；通过质量管理体系要素讲解，明确领导层在质量管理体系建设中的关键地位和主导作用。

第二层次为管理层和实施层，重点是管理、技术和执行部门的负责人，以及与建立质量管理体系有关的工作人员。本层次的人员是建设、完善质量管理体系的骨干力量，起着承上启下的作用，要使他们全面接受 ISO 9000 族标准有关内容的培训，在方法上可采取讲解与研讨相结合。

第三层次为实施层（执行层），即与业务质量形成全过程有关的作业人员。对这一层次人员主要培训与本岗位质量活动有关的内容，包括在质量活动中应承担的任务、完成任务应赋予的权限，以及造成质量过失应承担的责任等。

培训的具体内容详见本书 6.1 节。

5.7 现状分析

在建立气象观测质量管理体系时，应对气象局内外部环境、现有的观测业务运行和管理基础等进行调研、梳理、分析和评估。主要包括以下方面。

（1）识别并分析气象局内部环境因素对气象观测工作高质量发展的影响，包括管理架构、业务运行、基础设施、法律法规、制度规章等。

（2）识别并分析气象局外部环境对气象观测工作高质量发展的要求，包括国外气象部门发展水平、世界气象组织对各国气象工作开展情况的整体要求、中国政府对全国各行业工作高质量发展的要求、科技现状及趋势等。

（3）调查并分析气象观测工作的相关方对气象观测数据和服务的需求和期望。

（4）现行工作职责、分工、相互关系，以及工作的依据。

（5）结合内外部环境因素分析及相关方的需求和期望，识别观测工作的薄弱环节，确定优化内容和改进方向。

现状分析较好的形式是开展各单位质量管理工作开展情况的差距分析，这也是 WMO 质量管理体系建设指南中推介的有效方法。

第6章 气象观测质量管理体系建设实施

6.1 专项培训

为了帮助体系建设队伍成员准确把握质量管理体系标准的内涵要求、体系建设的方法和运行要求,提高体系建设工作效率,培训工作贯穿气象观测质量管理体系建设和运行的始终。培训应由各建设单位根据实际情况自行组织。

体系建设前对体系建设范围内全员开展质量管理体系基本理论的宣贯培训;建设工作启动后,对体系建设领导组、工作组和技术组人员开展专项培训;体系建设后期将开展体系文件编写、体系文件宣传、内审员等专项培训工作。

开展专项培训时,需要注意的方面有:参加专项培训的人员要稳定,能够全程参加体系建设;专项培训内容既要符合质量管理体系要求,又要切合实际,切勿出现与现有气象观测业务体系脱节的情况;可聘请专业咨询机构技术人员和气象部门从事该方面工作的专业人员承担专项培训工作。

专项培训内容分为基础培训和扩展培训(表6.1),基础培训是建立质量管理体系必备的知识,参加培训的人员覆盖面尽可能广泛;扩展培训是与建设质量管理体系建设相关联的知识,根据工作需要选择参加培训的人员。

表 6.1 气象观测质量管理体系专项培训内容

序号	类别	培训内容	内容大纲
1	基础培训	质量管理体系标准	·质量管理标准的由来与发展 ·质量管理原则 ·质量管理基础:过程方法、风险管理 ·常用术语讲解(ISO 9000) ·标准条款讲解(ISO 9001)
2		气象部门体系建设相关政策	·世界气象组织(WMO)的质量管理体系框架(QMF) ·各国气象部门典型质量管理体系建设和应用情况 ·中国气象局气象观测业务体系构架
3		体系建设方法	·建设和实施气象观测质量管理体系的基本步骤和方法
4		体系文件编写方法	·文件管理的现状 ·质量管理体系标准对体系文件的要求 ·文件的类别和形式 ·不同文件的结构和内容 ·文件的编写要求

序号	类别	培训内容	内容大纲
5	基础培训	内审员知识	• 质量管理体系标准的深入理解 • 与审核相关的术语(ISO 19011—2016) • 审核的流程 • 审核文件的准备(审核计划、审核检查表) • 审核的方法 • 不符合项的编写 • 审核报告的编写 • 模拟审核
6	基础培训	过程方法理论	• 过程方法的定义 • 质量管理体系标准中对过程方法的要求 • 采用过程方法的益处 • 过程识别的方法 • 确定过程的各要素、过程关联 • 过程绩效指标和质量目标的确定 • 过程运行准则的编制 • 过程的运行控制和监督
7		质量管理体系成熟度评价方法	• 质量管理体系能力成熟度的定义 • 质量管理体系成熟度评价的意义 • 质量管理体系成熟度评价方法的设计 • 质量管理体系成熟度评价方法的使用 • 质量管理体系成熟度评价结果的利用
8	扩展培训	基于风险的关键控制点识别、控制和监视	• 定义(风险、关键控制点) • 基于风险识别关键控制点的意义 • 关键控制点的识别和确定 • 关键控制点的控制 • 关键控制点的监视 • 关键控制点的变更
9	扩展培训	流程优化方法	• 流程优化定义 • 流程优化的意义 • 流程优化的需求分析 • 现状分析和诊断 • 目标流程和配套方案设计 • 新流程和方案的落实 • 流程优化效果评价和改进
10		ISO 31000:2018 风险管理标准	• 风险管理的发展历史 • ISO 31000 标准的产生 • 术语和定义 • 风险管理原则 • 风险管理框架 • 风险管理过程

续表

序号	类别	培训内容	内容大纲
11	扩展培训	失效模式与后果分析（FMEA）	• FMEA 的发展历史 • FMEA 的定义和分类 • 应用 FMEA 的目的和意义 • FMEA 的通用指南 • FMEA 的应用与实施
12		知识管理	• 知识的定义和分类 • 知识管理的效益 • 知识管理的目的和原则 • 知识管理术语 • 知识管理活动 • 知识管理效果评价
13		标准化知识	• 标准化基础知识 • 我国的标准化组织 • 标准制定程序和质量要求 • 标准编写方法 • 采用国际标准的原则与方法

除了以上内容,也可以根据需要增加其他培训课程。培训在建立质量管理体系的不同阶段实施,各单位可以自行安排培训,也可以由中国气象局统一安排。培训教师分为专家级和专业级,专家级培训教师是认证认可行业的专家,曾经参与过认证认可项目研究、国家标准制定等工作,是认证认可领域的权威。专业级培训教师是在本行业工作多年,具有丰富的理论基础和实践经验的人员。

培训过程以授课为主,适当辅以主题讨论、场景模拟、工作实践等方式,便于参加培训的人员理解和接受。培训以后通过笔试、提问、实际操作考核等方式对培训效果进行评价,记录参加培训人员的评价结果,对考核合格者可颁发培训合格证书。

6.2　气象观测质量管理体系框架搭建

6.2.1　框架设计

气象观测质量管理体系总体框架设计按照国际标准化组织(ISO)和世界气象组织(WMO)基本要求,同时总体面向气象现代化业务需求,面向国际先进水平,遵循中国气象局综合气象观测发展规划要求,更主要的是结合气象观测工作特点进行。

观测业务从全流程角度先后包括:需求环节;装备、方法和观测站网等的规划设计环节;功能需求书制定、观测试验、业务准入和工程建设等的技术保障环节;装备运行保障、计量检定、物资供应储备和考核评估的装备业务环节,该环节为获取准确可靠的观测数据提供支撑;数据获取、传输、质控、产品制作和检验评估的数据业务环节。最终获得高质量观测数据和观测产品,满足预报服务需求,各环节以综合气象观测标准规范作为支撑。总体业务框架图如图 6.1所示。

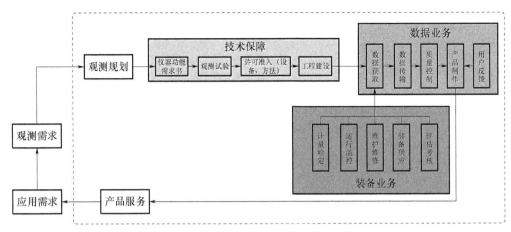

图 6.1　综合气象观测标准规范总体业务框架图

《综合气象观测业务发展规划(2016—2020 年)》中将综合气象观测业务从功能结构上划分为观测技术装备业务、观测数据获取业务、观测数据处理业务和观测运行保障业务四部分,其中观测技术装备业务对应于技术保障环节,观测数据获取业务和处理业务对应于数据业务,观测运行保障业务对应于装备业务,技术标准作为支撑,管理作为各项业务工作的统领。

基于此,观测业务总体可分为由技术保障、数据业务和装备业务组成的业务过程、标准规范为代表的支撑过程和业务管理过程三大过程,同时结合国际标准化组织 PDCA(计划—执行—检查—处置)循环理念,我国气象观测质量管理体系(QMS-O-CMA)呈现"3—332"总体架构,即 3 个过程类别、3 个业务过程、3 个支撑过程和 2 个管理过程(图 6.2),三个过程分别用字母 Y、Z 和 G 标识。业务过程的"3"和支撑过程的"3"互相交织,呈现"三横三纵"矩阵分布。

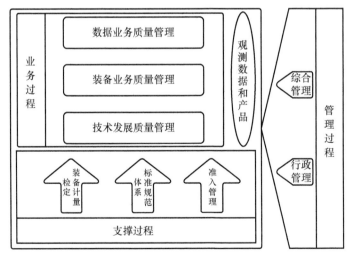

图 6.2　气象观测质量管理体系(QMS-O-CMA)总体架构图

3 个业务子过程分别为数据业务质量管理、装备业务质量管理和技术发展质量管理三个业务类别。以数字编号 01、02、03 依次表示不同的业务子过程。其中,数据业务质量管理和装备业务质量管理是两大核心业务子过程。数据业务质量管理主要包含数据获取与处理、产品加工与应用两大类,两大类中又包含相关工作项;装备业务质量管理中按照气象装备业务全寿命周期管理,又包含装备准入、前期质控、运行监控、装备维护、装备定标、装备维修、装备故障件修复、装备报废、评估与考核等工作项;技术发展质量管理包含规划设计、工程建设、技术研发、观测试验和成果转化等。具体工作项的种类各级之间存在差异。

3 个支撑过程分别为装备计量检定、标准规范体系和准入管理三个子过程,以数字编号01、02、03 依次表示。支撑过程的各子过程均包含不同业务活动或工作事项,业务活动或工作事项种类各级之间存在差异。

2 个管理过程指综合管理和行政管理两个子过程,以数字编号01 和 02 表示。

业务过程是根本,支撑过程为业务过程提供必要标准规范、装备计量标校和准入许可等软性支撑,管理过程携领业务过程和支撑过程。

"三大过程"中又包含若干子过程和工作事项,该部分各单位根据实际情况存在差别。

气象观测工作产生满足要求的气象观测数据和产品,为气象(气候)预报(预测)、防灾减灾及服务生态文明建设等工作提供可靠的基础数据支撑和有效供给。

6.2.2　过程设计

根据中国气象局《综合气象观测业务发展规划(2016—2020 年)》,我国气象观测业务包括观测技术装备业务、观测数据获取业务、观测数据处理业务和观测运行保障业务四类,总体管理实行国、省和地市三级布局,观测业务运行实行国、省、地市和县四级布局(表 6.2)。

表 6.2　国家、省、地、县四级气象观测业务布局示例

业务划分		气象部门业务层级			
类别	种类	国家	省	地市	县
观测业务管理		√	√	√	—
观测业务运行	观测技术装备业务	√	√	—	—
	观测数据获取业务	√	√	—	—
	观测数据处理业务	√	√	—	—
	观测运行保障业务	√	√	√	√

注:√表示有相应的工作;—表示无相应的工作。

观测技术装备业务和观测数据处理业务实行国家和省两级业务布局,观测数据获取业务实行国家、省和县三级业务布局,观测运行保障业务实行国家、省、地市和县四级业务布局。

按照 ISO 9001 质量管理体系过程方法理念,同时依照过程在体系中的作用,气象观测质量管理体系总体过程框架分为业务、支撑和管理三个基本类别,其中,业务过程是气象观测质量管理体系的核心过程,是与气象观测的数据、装备和技术发展等核心业务紧密相关的过程;支撑过程为业务过程的实施提供必要的软性支撑,包括与装备计量检定、标准规范体系、准入管理等与核心业务紧密相关的过程;管理过程携领业务过程和支撑过程。围绕三大基本类别,气象观测质量管理体系的过程共分为三个层级,分别为一级过程、二级过程和三级过程。第三级过程一般称为工作事项或工作项;每个过程是上一层级过程的子过程;根据每一类过程的复

杂程度,二级过程可能为工作项,三级过程可能包括若干活动。结合气象观测全流程运转模式,三大类过程包含的子过程情况如下。

技术发展质量管理包括:规划设计、观测技术装备、工程建设、站网设计与优化。

数据业务质量管理包括:观测数据获取和观测数据处理。

装备业务质量管理包括:前期质控、装备运行保障、评估考核和质量监督。

支撑过程包括:技术标准制度规范、人力资源管理、知识管理、外供方管理、装备计量检定、许可准入和退出。

综合管理包括:风险和机遇管理、用户满意度管理、内部审核管理、管理评审管理、监督检查改进管理、绩效评价管理。

行政管理包括:沟通管理、文件管理、基础设施管理。

中国的气象观测工作是国、省、地市、县四级,根据国、省、地市、县四级工作职责划分,确定适合各级实际情况(包括过程、岗位划分、流程等)的质量管理过程布局;同时,明确各级之间的业务和工作接口,以实现国、省、地市、县四级观测质量管理体系一体化业务运行。

需要进一步说明的是,明确各级业务接口对质量管理体系的流畅运行十分关键。表6.3是国家级和省级之间的业务接口。

表6.3 国家级和省级业务接口

序号	接口过程名称		接口单位		接口项目
	国家级过程	省级过程	国家级单位	省级单位	
1	站网管理	站网管理			观测站新建、迁移、撤并,无线电频率,气象探测环境保护等信息
2	装备元数据管理	站网管理			元数据信息
3	采购/仓储供应管理	装备管理			采购计划
4	观测业务建设	观测业务建设			项目建设、测试、验收、评估等工作
5	监控信息发布	运行监控			各类观测系统运行情况
6	装备维护	维护维修			大型装备维护(含大修、中修等)
7	专项定标	标定与定标			一类装备年选件、年维护定标和专项定标、技术审查与评估
8	计量检定	计量检定			计量标准装置周期性检定/校准、发放检定/校准证书
9	技术支持	维护维修			装备维修技术支持
10	国家级故障件修复	维护维修			国家级故障件修复申请及组织
11	装备报废	装备管理			装备报废申请及批复
12	数据监视	数据传输			观测数据上传、通报评估
13	质量控制	质量控制			数据质量控制情况核实、通报
14	质量监督考核	质量监督考核			上报、通报观测业务质量
15	业务准入和退出	业务准入和退出			业务准入和退出申请及批复
16	标准规范制修订	标准规范制修订			执行标准规范制定、执行、反馈及修订

(1)业务过程

业务过程是气象观测业务的基本业务,分别为技术发展质量管理、装备业务质量管理和数据业务质量管理 3 个业务类别,以 Y 作为标识,以数字编号 01,02,03,…,N 依次表示不同的业务过程,具体流程泳道图设计如图 6.3~6.5 所示。

(2)支撑过程

支撑过程为业务过程提供必要的标准规范、装备计量检定和准入管理等软性支撑,分别为装备计量检定、标准规范体系和准入管理三个工作项,以 Z 作为标识,以数字编号 01,02,03,…,N 依次表示不同的支撑过程,具体流程泳道图设计如图 6.6 所示。

(3)管理过程

管理过程统领业务过程和支撑过程,分别为综合管理和行政管理两个子过程,以 G 作为标识,以数字编号 01,02,03,…,N 依次表示不同的管理过程。

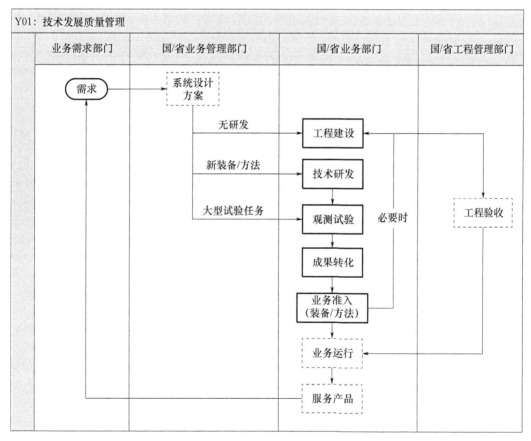

图 6.3　技术发展质量管理过程设计示例

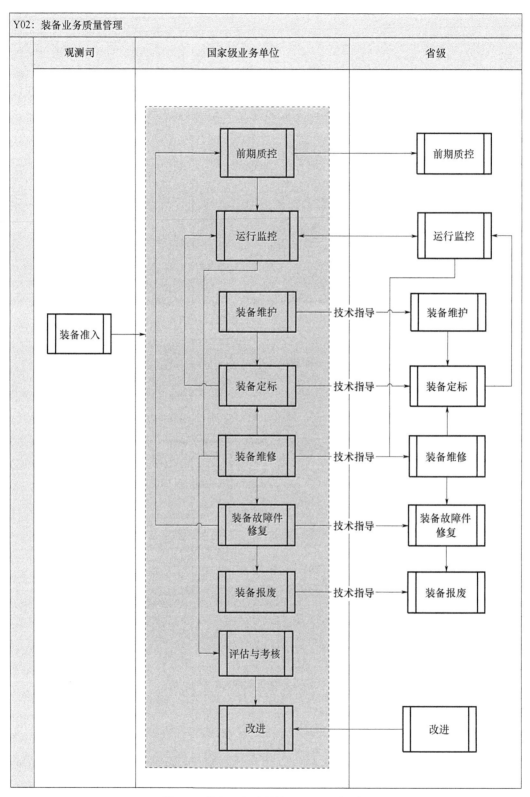

图 6.4　装备业务质量管理过程设计示例

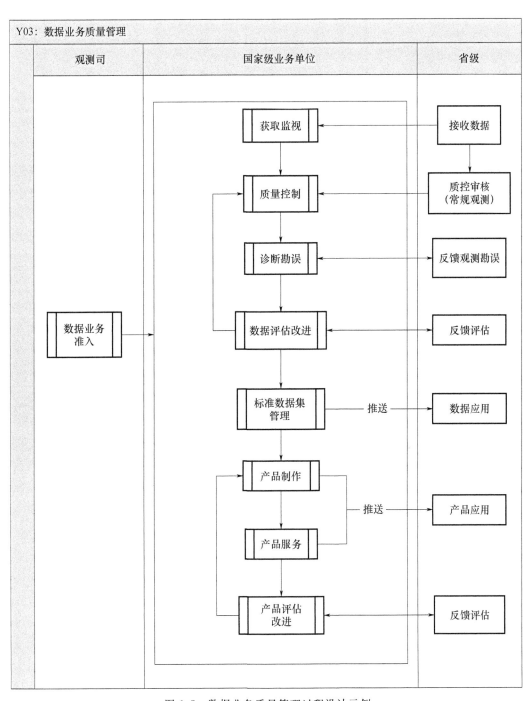

图 6.5　数据业务质量管理过程设计示例

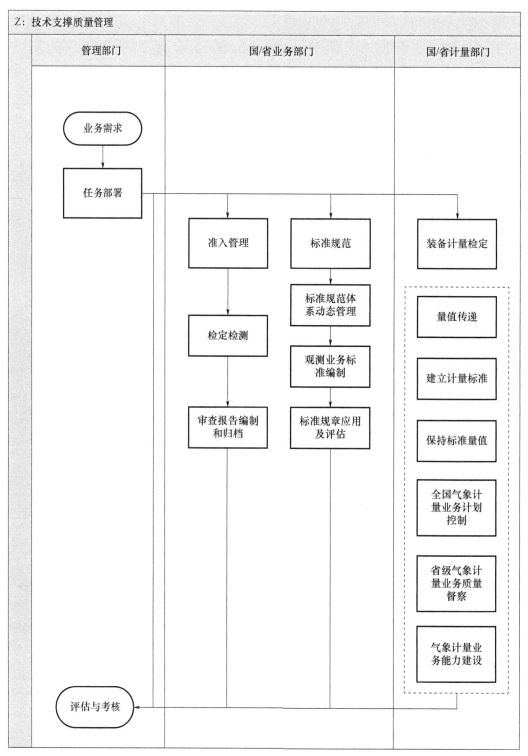

图 6.6　技术支撑质量管理过程设计示例

6.3　质量管理体系建设方案编制

　　体系建设方案通常包括总体目标、总体原则、主要任务、实施范围、组织与职责、进度安排、组织保障等内容,质量管理体系建设方案为项目推动提供了总体策划,各级气象部门编制体系建设方案时应与中国气象局综合观测司相关文件要求相一致,并结合本单位的实际情况、面临的问题、发展的方向等因素进行编制,以真正指导本单位观测质量管理体系建设工作。建设方案示例如下。

　　建设方案制定时可与专业咨询机构人员充分沟通,同时吸纳体系建设工作组成员参与。方案制定完成,且经最高管理者确认后正式发布,并正式上报国家级观测业务主管职能司。

示例 6.1:省级气象局气象观测质量管理体系建设方案示例

江西省气象观测质量管理体系建设方案

　　根据中国气象局安排,我省被定为第一批气象观测质量管理体系推广建设单位之一。为推进质量管理体系建设工作,进一步规范气象观测业务、提高观测数据质量、夯实气象预报服务支撑,圆满完成体系建设任务,并获得第三方认证机构的认证,制定以下建设方案。

一、总体目标

　　根据 ISO 9001 国际质量管理体系标准和《WMO 国家气象和水文部门实施质量管理体系指南》基本要求,结合中国气象局要求和本省气象观测工作实际,全面开展气象观测质量管理体系建设,充分发挥质量管理体系对气象观测业务的科学管理作用。

　　(一)搭建涵盖观测业务全流程质量管理体系整体框架。通过导入 ISO 9001 国际质量管理体系,以用户需求为导向,以过程方法为抓手,结合本省气象观测工作特点,充分借鉴试点省份建设经验,推动综合气象观测质量管理体系建设。

　　(二)提高体系的集约化水平。基于 ISO 9001 的管理框架,通过梳理、完善和优化,打破部门之间的壁垒,打通装备保障、数据采集、质量控制、运行监控、数据服务、应用反馈、评估改进等观测业务中各子业务的横向流程,实现观测业务高效流转和各子业务的底层数据互通,提升气象观测服务效率。

　　(三)实现体系自身的持续改进和自我完善能力。通过内部审核、管理评审和外部审核的监督模式提高观测系统持续改进优化能力。按照"计划—执行—检查—处置"(PDCA)的系统流程形成业务闭环,不断改进和提高质量管理水平。

　　(四)提高综合观测系统质量和效益。建立完善面向装备全生命周期的管理机制;梳理优化从数据采集到数据质量控制的核心业务流程,增强数据各环节的可追溯性。同时,通过用户反馈机制完善数据需求指标,增强数据可用性。

　　(五)建立起一支高素质的管理队伍。通过引入内审机制,以及培训和体系建设过程参与,逐渐培养出一批既精通业务,又善于发现问题,并为改进质量管理体系提出建议的内审员队伍,并以点带面,促进全员形成标准化管理意识。

　　(六)开展 ISO 9001 体系认证。通过借助专业机构力量,开展第三方认证机构的评估认证,促进并推动气象观测领域管理系统科学化、国际化、现代化。

二、总体原则

（一）与用户需求相结合。以 ISO 9001 国际质量管理体系为框架，以观测业务现有规章、制度和标准为基础，充分结合本省的业务实际和特点，紧紧围绕业务发展的根本需求，进行业务流程梳理、体系构架设计和搭建。同时，结合用户沟通和反馈机制，依据计划、执行、检查、处置的工作程序和方法，不断发现问题并改进管理、提升技术水平。

（二）与气象观测现代化相结合。通过建设气象观测质量管理体系，完善综合气象观测管理制度、规范和标准。全面提升观测业务发展质量和科学管理水平，优化岗位职责和资源配置、提高管理效率，为发展气象现代化提供基础保障。

（三）与综合观测业务体制改革相结合。通过业务梳理和整合，保证观测业务各子系统的无缝对接，保证业务无重叠，实现观测数据格式统一、数据共享、产品兼容。通过体系建设的带动作用，形成全系统抓质量的强大合力，为深化综合观测业务体制改革做好支撑。

（四）与 WMO 在质量管理上的最新指南相结合。按照 ISO 9001 的要求，以文件体系建设为重心，初步建成三级气象观测质量管理文件体系，同时要处理好体系文件和现有规章制度、管理文件的关系，体系文件是对现有管理文件的完善和补充，而非取消和否定。

（五）与外部专业第三方力量相结合。为保证质量管理体系建设的成效，系统设计与搭建过程须与外部专业第三方力量相结合，并对最终建设效果进行总结和评估。

三、建设范围

在借鉴试点省份建设经验的基础上，在全省气象观测领域进行推广建设。

四、体系架构

结合我省实际情况，构建业务过程（"3"）、支撑过程（"5"）和管理过程（"2"）三大过程。即"3-352"体系架构。其中，业务过程分别为"技术发展""装备业务"和"数据业务"三项；支撑过程分别为"文件管理""标准规范""人力资源管理""基础设施管理""供应方管理"五项；管理过程分别为"行政管理"和"综合管理"两项。

（一）总流程设计

气象观测质量管理体系总流程设计如表 1 所示。

表 1　气象观测质量管理体系总流程表

过程类型	工作种类	工作事项	省级			市级	县级
			省局	大探	信息		
业务过程	Y01 技术发展	Y01-01 观测业务科研开发	√	√	√	—	—
		Y01-02 观测业务准入和退出	√	—	—	—	—
		Y01-03 观测项目建设	√	√	√	√	√
	Y02 装备业务	Y02-01 观测系统业务运行管理	—	√	—	√	√
		Y02-02 站网管理	—	√	—	√	√
		Y02-03 储备供应管理	—	√	—	√	√
		Y02-04 观测设备运行监控	—	√	—	√	√
		Y02-05 观测设备维护	—	√	—	√	√
		Y02-06 观测设备维修	—	√	—	√	√

过程类型	工作种类	工作事项	省级			市级	县级
			省局	大探	信息		
业务过程	Y02 装备业务	Y02-07 计量检定管理	—	√	—	√	√
		Y02-08 观测设备定标	—	√	—	√	√
		Y02-09 观测设备业务质量管理	—	√	—	√	√
	Y03 数据业务	Y03-01 数据采集	—	—	√	—	√
		Y03-02 数据运行监控	—	—	√	—	√
		Y03-03 观测信息存储	—	—	√	—	√
		Y03-04 数据质量控制	—	—	√	—	√
		Y03-05 观测业务产品服务	—	—	√	—	√
管理过程	G01 行政管理	G01-01 识别环境和相关方需求和期望	√	√	√	√	√
		G01-02 质量管理体系策划和建立、应对风险和机遇、变更控制	√	√	√	√	√
		G01-03 质量目标和过程绩效指标的控制	√	√	√	√	√
		G01-04 质量管理体系的绩效评价与改进	√	√	√	√	√
	G02 综合管理	G02-01 沟通管理	√	√	√	√	√
		G02-02 考核评估	√	√	√	√	√
		G02-03 组织知识的管理	√	√	√	√	√
支撑过程		Z01 文件管理	√	√	√	√	√
		Z02 标准规范	√	√	√	√	√
		Z03 人力资源管理	√	√	√	√	√
		Z04 基础设施管理	√	√	√	√	√
		Z05 供应方管理	√	√	√	√	√

注:表中"√"代表此级气象部门与该体系流程相关;—表示此级气象部门无相应工作。

(二)过程描述

1. 业务过程

(1)技术发展

技术发展包括观测业务科研开发、观测业务准入和退出以及观测项目建设 3 个二级工作项、7 个三级工作项(表 2)。

表 2　技术发展质量管理过程

业务类别	一级工作项	二级工作项	三级工作项
业务过程	Y01 技术发展	Y01-01 观测业务科研开发	Y01-01-01 观测业务科研开发
			Y01-01-02 观测试验实施
		Y01-02 观测业务准入和退出	Y01-02-01 观测业务运行准入
			Y01-02-02 观测业务运行退出
		Y01-03 观测项目建设	Y01-03-01 工程设计
			Y01-03-02 审批
			Y01-03-03 工程实施方案

（2）装备业务

装备业务过程包括 9 个二级工作项，18 个三级工作项（表3）。

表 3　装备业务过程

业务类别	一级工作项	二级工作项	三级工作项
业务过程	Y02 装备质量管理	Y02-01 观测系统业务运行管理	
		Y02-02 站网管理	
		Y02-03 储备供应管理	Y02-03-01 观测设备储备管理
			Y02-03-02 观测设备供应管理
			Y02-03-03 观测设备故障件修复
			Y02-03-04 装备报废管理
		Y02-04 观测设备运行监控	Y02-04-01 省级设备状态监控管理
			Y02-04-02 省级监控信息发布
		Y02-05 观测设备维护	
		Y02-06 观测设备维修	Y02-06-01 技术支持
			Y02-06-02 现场维修
			Y02-06-03 实施大修
		Y02-07 计量检定管理	
		Y02-08 观测设备定标	Y02-08-01 一类设备年巡检、年维护定标
			Y02-08-02 专项定标
		Y02-09 观测设备业务质量管理	Y02-09-01 观测设备业务质量检查
			Y02-09-02 观测设备业务质量考核通报
			Y02-09-03 观测设备运行质量改进

（3）数据业务

数据业务涵盖国家级、省级、台站三级，共有 5 个二级工作项、13 个三级工作项（表4）。

表 4　数据业务过程

业务类别	一级工作项	二级工作项	三级工作项
业务过程	Y03 数据业务	Y03-01 数据采集	Y03-01-01 数据采集
			Y03-01-02 数据传输
		Y03-02 数据运行监控	
		Y03-03 观测信息存储	
		Y03-04 数据质量控制	Y03-04-01 质控规范制定
			Y03-04-02 质控算法管理
			Y03-04-03 数据质量标识
			Y03-04-04 质量控制运行
			Y03-04-05 数据诊断分析
			Y03-04-06 疑误数据勘误
		Y03-05 观测业务产品服务	Y03-05-01 基本产品制作
			Y03-05-02 综合产品加工
			Y03-05-03 产品改进评估

2. 支撑过程

支撑过程由文件管理、标准规范、人力资源管理、基础设施管理和供应方管理 5 个一级工作项组成(表 5)。

表 5　支撑过程各工作项名称

业务类别	一级工作项
支撑过程	Z01 文件管理
	Z02 标准规范
	Z03 人力资源管理
	Z04 基础设施管理
	Z05 供应方管理

3. 管理过程

管理过程包括 2 个一级工作项、7 个二级工作项(表 6)。

表 6　管理过程各工作项名称

业务类别	一级工作项	二级工作项
管理过程	G01 行政管理	G01-01 识别环境和相关方需求和期望
		G01-02 质量管理体系策划和建立、应对风险和机遇、变更控制
		G01-03 质量目标和过程绩效指标的控制
		G01-04 质量管理体系的绩效评价与改进
	G02 综合管理	G02-01 沟通管理
		G02-02 考核评估
		G02-03 组织知识的管理

五、工作任务

气象观测质量管理体系建设工作按其先后顺序分为筹备、实施、检查与评审、认证、保持与改进 5 个阶段,共计 14 项具体建设任务。

(一)观测质量管理体系建设筹备

1. 选择咨询机构

为确保气象观测质量管理体系的适用性、专业性和科学性,将专业管理知识应用到气象观测业务领域,根据第三方咨询机构的技术能力、专业水平、服务经历及口碑等选择咨询机构,明确其工作目标、工作任务、工作要求和时间节点,建立双方沟通和反馈机制,确保各项工作稳步推进。

2. 专项培训

领导组、工作组、技术组和建设组成员均应接受专项培训,准确把握质量管理体系标准的内涵要求、体系建设的方法和运行要求,并结合试点省经验,解放思想、创新方法,提高体系建设效率。

3. 制定省级体系建设方案

根据《中国气象局气象观测质量管理体系(QMS-O-CMA)总体框架》要求,制定本单位体系建设方案,上报综合观测司备案。

（二）观测质量管理体系建设实施

4. 业务流程、制度与职责梳理

收集整理现有观测业务工作涉及的工作指导性文件,包括法律法规、规章、规范性文件、上级部门下发的业务指导文件以及本单位制定的规范业务工作的文件等;梳理目前各项观测业务工作开展的情况,进行现状调研总结和差距分析;完善已有标准、规范和制度;划分业务类别、识别相关过程,梳理对应工作事项和关键节点及业务流程,确定各流程、各级别间业务接口的相互关系;开展各项业务流程环节风险和机遇的识别、评估与确定,制定风险和机遇应对措施等。

5. 体系文件编制

体系文件描述工作流程时必须明确何人、何时、何地、依据什么文件做什么工作、如何做,并绘制流程图。在梳理业务流程的基础上整合、完善、补充现有标准、技术要求、规范和规章制度等,形成"留废改立"清单并编制体系文件。

6. 体系文件评审、发布与宣贯

为确保体系文件的适用性,文件发布前,组织包括文件编写人员、文件执行人员、与文件有接口关系的部门负责人员以及第三方咨询机构指定的专家进行文件评审。体系文件评审通过后,进行体系文件的审核、批准、发布和全员宣贯、应用培训等。

7. 体系试运行

体系文件发布实施后,组织开展至少三个月的试运行。试运行期间要严格执行体系文件,确保各项要求落实到人,认真保留执行过程中的工作痕迹(工作记录)。

（三）观测质量管理体系检查与评审

8. 内审员培训及管理

内审员负责气象观测质量管理体系的内部审核,主要从工作组、技术组和建设组骨干人员中遴选,应具备责任心强、工作细致、熟悉观测业务和体系整体运行情况以及具有一定的组织管理能力和文字表达能力等。内审员应相对固定,在建设和运行阶段须定期参加质量管理体系相关知识培训,经第三方咨询机构培训考核合格后予以确定,采取定期考核淘汰制,确保内审员素质满足体系建设和运行需求。

9. 内部审核

内部审核(简称内审)一般在体系试运行一段时间后实施,是体系认证所需的必备环节,其主要目的是确认体系的运行是否满足体系文件和标准要求,找出不符合项并采取纠正措施。

技术组负责总体体系内审的策划方案制定,工作组负责组织协调。内审工作主要包括确定审核组、下发内审通知、制订审核计划、召开首次会议、现场审核、召开末次会议、内审组提交内审报告、被审核单位整改和审核组跟踪验证等。

各建设单位内审结束后向技术组提交内审总结材料;技术组编制全省气象观测质量管理体系建设内审总结,提交工作组复核;工作组向领导层汇报整体体系内审情况。

10. 管理评审

管理评审是体系认证的必备环节,在内部审核及整改结束后开展,其主要目的是对体系试运行(运行)期间的适宜性、充分性和有效性进行综合评价,对观测质量管理体系运行中的重要问题进行研究、部署以及确定后续改进方向。

领导层负责整体体系管理评审工作,由工作组组织实施,各建设单位按照要求开展本单位管理评审工作,管理评审结果报技术组,技术组进行汇总分析,领导层对整体体系运行的适宜性、充分性和有效性进行综合评价。

(四)观测质量管理体系认证

11. 认证审核

体系试运行满三个月,且完成了内审和管理评审工作后,按照质量管理体系认证要求,工作组向第三方质量管理体系认证机构提交整体体系的认证申请书及相关资料等,确定认证审核时间、受审核单位及相关安排。

受审核单位按照工作组安排做好体系认证准备工作。按照认证审核计划确定的审核范围、审核准则及审核组分工等,组织落实各项工作,包括准备体系文件、安排审核小组向导、接受现场审核、提供审核证据、参加末次会议、不符合项和问题清单落实整改、跟踪验证整改结果和确定受审核单位联系人等。

12. 认证总结

认证机构完成现场审核并评定合格后,各建设单位按照审核意见落实整改措施后,获得质量管理体系认证证书。证书设计和内容由工作组和认证机构按照质量管理体系认证要求进行确定。

各建设组提交本单位体系建设总结,技术组提交整体体系建设总结报告至工作组,工作组向领导层汇报。

(五)观测质量管理体系保持与改进

13. 信息化平台建设

技术组按照质量管理体系保持的相关要求,结合气象观测质量管理体系的特点,按照中国气象局相关要求,开展气象观测质量管理体系业务信息化平台建设、运行工作。

14. 体系业务运行

获取质量管理体系认证证书后进入质量管理体系的保持阶段,即气象观测质量管理体系业务运行阶段。

由观测处统筹策划,各设区市气象局、信息中心、大探中心等根据各单位职责分工由本单位业务管理部门组织开展体系业务运行工作,主要包括:

一是要持续运行质量管理体系,坚持执行质量管理体系文件,不断改进完善质量管理体系,确保气象观测业务运行始终符合各项业务要求,构建起良好的质量文化;

二是要按照体系保持要求,每年开展内部审核和管理评审工作,接受认证机构年度监督审核和再认证工作。

六、组织分工

鉴于质量管理体系建设工作量大、涉及面广,且对提升观测业务系统的规范化和持续改进能力方面有重大意义,决定成立领导小组和专项工作组及其办公室,由领导小组统筹安排推进体系建设。

(一)领导小组

领导小组领导气象观测质量管理体系建设工作。主要职责是负责审定气象观测质量管理体系建设工作方案、实施方案和质量方针、目标,主持管理评审,协调资源投入和重大问题决策等。

组长：×××（一般为省级气象局局长）

副组长：×××（一般为省级观测业务分管局长）

成员：×××、×××、×××、×××、×××、×××、×××，一般为各省级单位体系建设主要负责人

（二）专项工作组

负责气象观测质量管理体系的组织实施、节点检查、督促协调、组织培训、内审策划、评审认证和体系业务运行等工作。

组长：×××（一般为省级观测业务分管局长）

副组长：×××、×××、×××，一般有省级观测业务分管职能处室主要负责人，观测保障和信息业务主要负责人

成员：×××、×××、×××、×××、×××、×××、×××、×××，一般为省级观测业务分管职能处室副处长、观测保障和信息业务副主任，市级单位领导

专项工作组下设办公室，挂靠观测处。主要职责是牵头联系我省有关单位，按照中国气象局要求组织编制建设方案；组织做好观测业务质量管理制度梳理分析、管理体系框架和相应流程设计，以及质量手册和文件编制；组织有关培训；定期向中国气象局和省气象局报送实施进展情况；组织编制整体体系建设内审总结和认证申请相关材料，牵头做好体系试运行和评估工作；负责调研并确定第三方管理咨询机构。

（三）技术组

负责全省气象观测质量管理体系建设具体技术工作，包括制定全省体系框架设计、文件模板、体系业务运行规定和全省相关质量管理体系文件，负责专项培训和内审员培训、内审管理、管理评审、认证材料编制，完成整体体系建设总结。

组长：×××（一般为省级观测业务单位主要负责人）

副组长：×××（一般为省级观测业务分管职能处室副处长）

成员：×××、×××、×××、×××、×××、×××、×××，一般为省级观测业务省级或市级技术专家，以及专业机构人员

（四）建设组

省局观测与网络处、大探中心及信息中心负责全省气象观测质量管理体系建设工作。各设区市气象局根据体系范围组建建设组，由分管局领导担任组长。建设组成员应综合考虑管理能力、业务技术能力、工作责任心等因素，从各建设单位管理或业务人员中遴选。建设组应包括工作组和技术组中本单位相应人员。

主要职责：负责本单位气象观测质量管理体系的工作事项梳理、体系文件编制、体系业务运行等具体工作。

七、进度安排

3月，编制质量管理体系建设方案并通过审定，调研并确定第三方专业管理咨询认证机构；

4月，开展质量管理体系现状调研与评估，完成流程构架设计和搭建、业务流程梳理；

5月，完成质量手册和程序文件编制；

6—8月，组织全省开展体系试运行工作；

6月，完成质量管理体系文件宣贯；

　　7月，完成质量管理体系认证内审员培训，组织质量管理体系认证内审，根据内审结果修订体系文件完善体系文件；

　　8月，完成管理评审；

　　9月，接受外部评审；

　　10月，通过第三方认证；

　　11月，完成体系建设总结和效益评估。

八、保障措施

（一）加强组织领导，全面协调配合

充分认识气象观测质量管理体系建设工作的重要性，切实加强领导，精心组织、协调配合。观测处要做好组织工作，相关内设机构做好各自分管领域的协调工作，各建设单位要按照建设方案的职责分工，行动一致、上下联动、左右配合。

（二）建立通报机制，保证实施进度

建立定期通报机制和进展情况上报制度，观测处及时跟踪项目实施进度，向各建设单位通报，协调存在问题，并定期上报，确保项目顺利实施。

（三）依托项目建设，落实经费投入

将气象观测业务质量管理体系建设工作与业务改革发展和现代化建设全面结合，利用国家、省气象局重点工程项目建设和小型业务项目等多渠道筹集资金，保证对质量管理体系建设的资金投入。

6.4　工作事项及过程确定

　　质量管理体系标准中过程（Process）定义为：利用输入实现预期结果的相互关联或相互作用的一组工作事项或活动。一般情况下过程是工作事项的概括，一个过程由一个或几个工作事项组成。工作事项（Work Item）也称工作项，是气象部门为履行职责所开展的某一方面的具体工作，是工作内容的概括性说法。一个单位的工作由一系列的过程组成，这些过程又由一系列工作事项或活动组成，工作事项或活动是一个单位工作过程的最小单元。所以，在构建一个单位气象观测质量管理体系的过程中，全面、系统地梳理这个单位的工作过程和工作事项是前提和基础，梳理待建体系单位的工作事项也是这个单位在完成质量管理体系建设方案制定后首要开展的工作。

　　在建立质量管理体系之前，各单位很多气象观测业务流程已经存在于各种文件中，但是系统性不强，有些存在死角、断点等，无法形成闭环，而且尚有一部分流程没有固化下来，工作具有一定的随意性。通过工作事项和过程的梳理，可以全面完整地对现有的工作事项和业务流程摸底，掌握认证单位流程现状；把以前根据习惯或者经验运行的流程固化，使隐藏的流程文件化；让流程更清晰合理，各岗位职责明确，各项活动均有人负责；使各工作事项和业务流程的接口清晰，各岗位和各部门之间有效协作；各流程有相应的可行的控制准则，工作标准化，增强实现预期结果的能力。

　　在建立质量管理体系初期进行工作事项、流程的梳理，有助于按标准要求规范工作事项和业务流程，确保质量管理体系范围内的所有流程都得到控制。对于现有流程，不同人员可能有不同的视角，认证单位的最高领导、流程的相关部门会有不同的需求，比如认证单位的最高领导可能会认为某个流程的运行效果不尽如人意,未达到预期目的;流程的相关部门会认为某个流程比较繁琐,导致工作效率降低。这些有关流程存在问题的信息都要提前收集,并确定这些问题的原因是什么,从而明确问题背后的管理需求、需要改变的风险点。

具体开展时为了达到较好的效果可以成立工作事项和流程梳理小组,并制订计划,流程梳理小组的组长由质量管理体系主管部门的负责人担任,成员可以是来自咨询机构和(或)认证单位内部各部门、流程的所有者、流程的相关联单位人员。流程梳理小组的成员应该清楚自己所承担的职责,在实施流程梳理之前,可以对流程梳理小组进行相关培训。

对于气象部门,工作事项梳理的依据是上级管理部门或本单位人事部门赋予本单位的三定方案,即本单位的机构、对此机构所赋予的职能(责)以及与每一项职责所对应的编制或岗位,具体梳理时可以采取自上而下或自下而上的方式进行。质量管理体系的基础是基于过程的方法,如果严格按照质量管理体系过程思维来梳理工作事项,自上而下方式的顺序是先确定本单位的过程、过程间的关系(接口),再逐项梳理每一项过程所对应的工作事项或活动;自下而上方式则正好相反,即先从末端罗列工作事项,再分析这些工作事项之间的逻辑关系,然后确定过程、确定岗位和编制等。因此,这两种方式的目的不同,前者更多用在对职责、岗位和编制相对比较明确的机构或单位进行事项的梳理,以制定工作事项的开展、依据性政策制定、流程固化等情况;后者更多适用于对一个新成立机构或即将成立机构时人员、岗位等工作安排的情况。对于气象部门,因为各自的机构、岗位、流程等相对比较明确,本着固化或优化流程的目的,所以自上而下的方法更适用。

具体工作事项梳理时业界内通常采用的"乌龟图"的形式,如图6.7所示。即确定输入、输出、如何开展、用什么手段、需要哪些资源、可能有哪些风险、如何评价等。

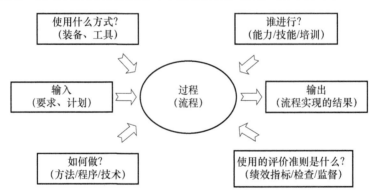

图 6.7　具体工作事项梳理"乌龟图"示例

气象观测质量管理体系建设中工作事项的确定依据包括:本单位质量管理工作和体系现状的分析结果和制定的体系框架设计结果、国家有关气象观测法律法规、气象部门所依据的主要职责、机构设置和人员编制规定方案、气象部门内部现行有效管理规章制度以及质量管理体系建设相关标准中规定的有关要求。

气象观测质量管理体系建设中工作事项范围基本包括如下几方面:气象观测业务日常工作事项、气象观测指令性工作事项、临时开展的阶段性气象观测工作事项、应对突发情况开展的气象观测工作事项、对外部供方提供气象观测数据及服务工作事项和其他气象观测质量管理相关工作事项。

工作事项内容可以用清单的形式来梳理,主要包括:工作的所在单位(部门)、工作事项名称、关联工作名称、工作流程描述、相关岗位及权责要求、工作目标、输入和输出、工作依据性文件和相关记录、工作的风险和考核标准等。气象观测质量管理体系建设中工作事项(过程)梳理可采用过程分析表的形式,如表6.4所示。

表6.4 过程分析表(装备维护)示例

一级过程名称	装备质量管理	二级过程名称	装备维护			
管理项目			项目编号		
输入	业务过程描述	输出	责任者	直接上级	涉及标准条款	过程指标/特性
1. 装备巡检计划 2. 装备维护计划	详见流程图(见附图)	1. 装备维护记录 2. 装备维护月报表				
方法与准则			风险分析		
见"规范性文件"(见附表)			风险	预防措施	风险等级
国家、行业政策关注点		重大质量问题;社会反映强烈、舆论热点关注的获证企业。			

附图:流程图

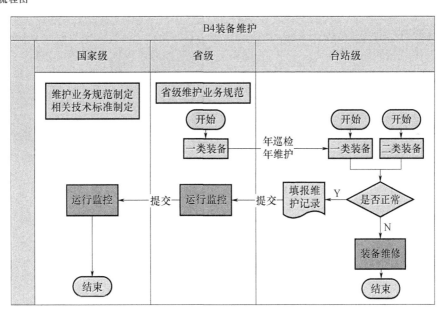

附表:规范性文件

方法与准则(规范性文件)	
【法律法规、条例】或等级别上级依据	
【部门规章】或等级别上级依据	1. 新一代天气雷达业务管理和运行保障职责 2. 风廓线雷达保障管理规定(征求意见稿) 3. 新一代天气雷达系统巡检规定(试行)

续表

【规范性文件】或等级别上级依据	1. 新型自动气象站维护规范(试行) 2. 区域气象自动站维护规范(试行) 3. 新一代天气雷达维护记录表簿 4. 风廓线雷达维护规范 5. 降水现象仪故障维护规范 6. 自动土壤水分维护规范 7. 前向散射能见度仪故障维护规范
【技术标准】	1. 各类装备保障技术手册

识别工作事项过程后,对每一项工作事项的流程,应根据质量管理体系要求确定:工作要求和资源要求、工作事项的过程和流程间相互关系及部门接口、工作事项所依据的法律法规、内部管理制度、规范和标准等、工作事项质量目标和过程绩效指标、工作事项过程和流程关键节点的风险和机遇识别、规定工作事项输出的确认或验收准则。

注:以上信息条目可根据各单位实际总体调整,以确定一个适合本体系建设单位所有辖属机构,且确保所有单位均按此结构进行信息梳理的体例框架。每一个工作事项按设定的表格要求提供,且清晰准确,如果发现信息不全或者存在错误,需要及时补充或者完善。

工作事项和过程梳理的结果信息有:

① 工作事项的清单(示例6.2);
② 过程清单(示例6.3);
③ 整体过程的关系图(示例6.4);
④ 标准规范、制度规章的废改立清单(示例6.5)。
⑤ 装备业务质量管理过程清单及流程图(示例6.6)。

示例6.2:工作事项梳理清单

序号	工作事项	×××保障室工作事项与部门关联矩阵梳理结果												
		业务处	研发室	基地室	成果室	保障室	质量室	成分室	计量站	人事处	办公室	计财处	党办	观测司	省级单位
1	气象雷达站址管理					▲									*
2	气象雷达台站建设					▲									*
3	气象雷达出厂测试验收	*		*	*	▲			*						*
4	气象雷达现场测试验收	*		*	*	▲			*						*
5	站址管理	*	*			▲								*	*
6	场地管理	*				▲								*	*
7	频率管理	*				▲								*	*
8	探测环境专项普查	*				▲								*	*

序号	工作事项	×××保障室工作事项与部门关联矩阵梳理结果													
		业务处	研发室	基地室	成果室	保障室	质量室	成分室	计量站	人事处	办公室	计财处	党办	观测司	省级单位
9	探测环境日常管理	*				▲								*	*
10	国家级应急物资采购					▲						*			
11	国家级应急物资调拨					▲						*			
12	国家级雷达备件采购					▲						*			
13	国家级雷达备件调拨					▲						*			
14	气球探空仪储备供应					▲						*			
15	天气雷达专项定标			*		▲									*
16	雷达定标技术审查与评估			*		▲									*
17	天气雷达装备维修技术支持			*		▲									*
18	天气雷达大修、升级管理			*		▲									*
19	天气雷达故障件修复管理			*		▲									*
20	天气雷达整机报废			*		▲						*			*
21	天气雷达备件报废			*		▲						*			*
22	装备元数据管理	*				▲	*								*
23	元数据监控					▲									
24	装备维护、维修管理					▲									
25	装备维护、维修过程监控					▲									
26	装备运行监控			*		▲	*							*	
27	监控信息发布			*		▲								*	
28	装备业务质量检查			*		▲	*	*						*	*
29	装备质量监督			*		▲	*	*						*	
30	装备运行评估考核			*		▲	*	*						*	
31	装备业务质量改进			*		▲	*	*						*	
32	装备质量改进			*		▲	*	*						*	

注：▲表示主责部门；* 表示协助部门。

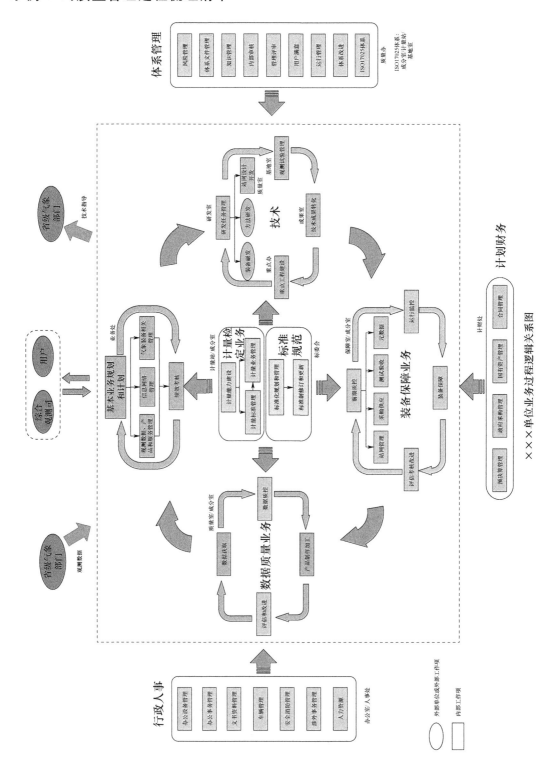

示例 6.3：质量管理过程梳理清单

示例 6.4：整体过程关系梳理

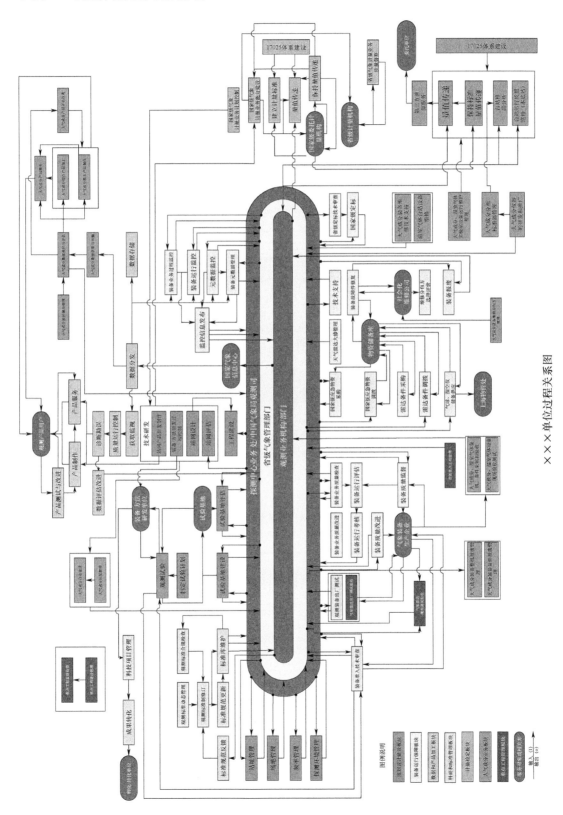

示例6.5:标准规范、制度规章文件废改立清单

序号	单位	废(废除整个文件)			
		文号	文件名	国省级别	备注
1	××省气象局	气测函〔200×〕×××号	《××××实施办法》	综合观测司	无权限,建议废止,原因:……
2	××省气象局	×气函〔200×〕×××号	《××××实施办法》	××省气象局	有权限,废止原因:……
3					
4					
5					

序号	单位	改(废除文件部分条款,进行增加或改动)						
		文号(原)	文件名(原)	国省级别	文号(新)	文件名(新)	国省级别(新)	备注
1	××省气象局	气测函〔200×〕×××号	《××××实施办法》	综合观测司				无权限,建议修改,修改条款内容及原因:……
2	××省气象局	×气函〔200×〕×××号	《××××实施办法》	××省气象局	×气函〔200×〕×××号	《××××实施办法》	××省气象局	有权限,修改条款内容及原因:……
3								
4								
5								

序号	单位	立(新建文件)		
		文件名	国省级别	备注
1	××省气象局	《×××》	综合观测司	无权限,建议新立,原因:……
2	××省气象局	《×××》	××省气象局	有权限,新立原因:……
3				
4				
5				

完成工作事项的梳理,确定了各级过程之间的输入、输出关系后,需要绘制各级过程的关系图,过程关系图可采用逻辑关系图或泳道图的形式,具体采取哪种形式,可根据过程的特点确定。过程清单及流程图见示例6.7。

示例 6.6：×××装备业务质量管理过程清单及流程图

（1）装备质量业务管理一级流程清单及过程

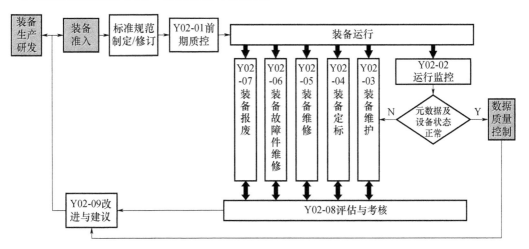

（2）国家级雷达备件采购管理流程

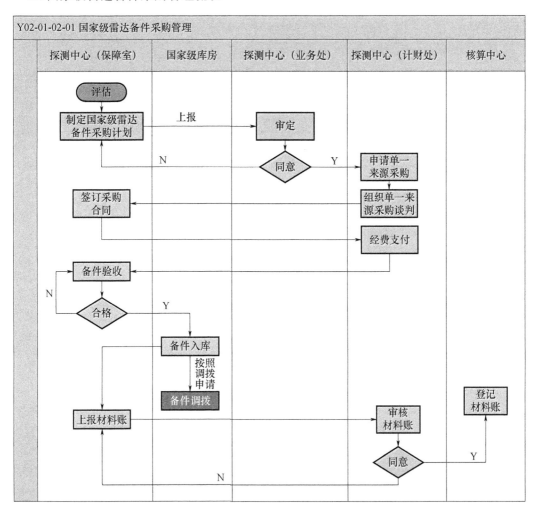

(3)前期质控流程

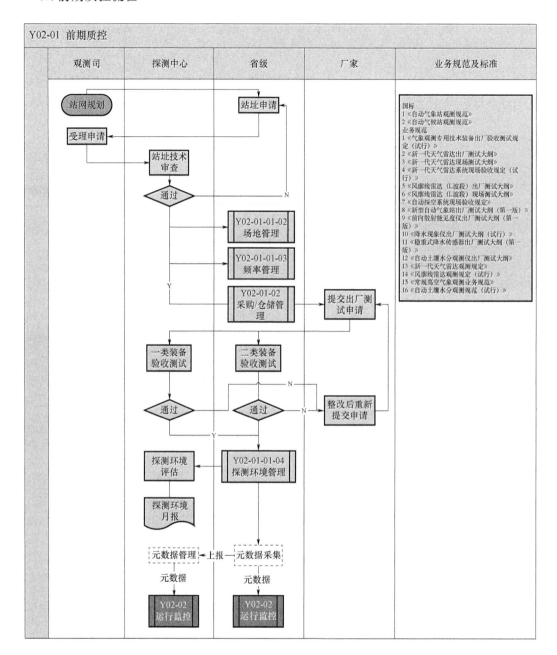

6.5　环境及相关方分析

体系建设的实施阶段，在完成骨干队伍相关培训以及对工作事项和业务流程、文件制度等方面的梳理后，接下来一项很重要的工作是对气象部门的气象观测业务所处的内外部环境以及与气象观测质量管理体系有关相关方及其需求和期望的确定与分析，与此项工作对应的ISO 9001:2015标准的条款分别是"4.1理解组织及其环境"和"4.2理解相关方的需求和期望"。环境与相关方分析是一项事关全局的基础性工作，与体系建设后续的诸多工作存在着紧密的关联关系,因此需要引起气象部门的领导以及项目团队的充分重视,环境与相关方分析和体系建设后续活动的具体关联关系如图 6.8 所示。

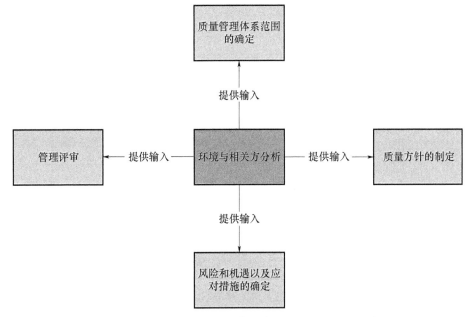

图 6.8　环境与相关方分析和体系建设后续活动的关联关系

此外,环境与相关方分析是一项需要定期实施、常抓不懈的活动,是推动气象观测质量管理体系不断改进和提升的动力来源之一。

对于依照 ISO 9001:2015 标准建立气象观测质量管理体系的各气象部门而言,进行气象观测业务的内外部环境和相关方分析,有如下几个方面的实施要点。

(1)组织保障

内外部环境与相关方分析是"一把手工程",气象观测质量管理体系的最高管理者需要亲自抓此项工作,在初次进行分析时,可以以专题会议的形式进行分析,会议的参与者通常可包括以下几个方面的代表:

① 气象部门领导班子成员;

② 气象观测质量管理体系所涉及部门的负责人;

③ 气象观测业务的顾客,如气象预报等相关部门的代表;

④ 体系建设团队成员;

⑤ 气象装备、计量等方面的代表;

⑥ 质量管理体系、法律法规等领域的专家。

通过专题会议对当前和未来可预见时期内的内外部环境进行识别,对与所建立的气象观测质量管理体系有关的相关方及其需求和期望进行识别和归纳。

(2)有序实施

对于内外部环境而言,首先应确定拟识别的内外部环境因素的类别并确定其当前现状,对相关方而言,首先应确定相关方都有哪些,再确定其需求和期望。

典型的内外部环境因素类别的示例如表 6.5 所示。

表 6.5　典型的内外部环境因素及变化

因素类别		当前现状	可预期的变化
外部	经济情况		
	社会因素		
	政治因素		
	技术发展		
	市场环境		
	政策法规		
内部	组织整体绩效		
	自身资源情况		
	组织文化		
	组织人员情况		
	组织的治理机制		
	生产、服务能力		

典型的有关相关方及其需求和期望的示例如表 6.6 所示。

表 6.6　典型的有关相关方及其需求和期望以及可预期变化

有关相关方	需求和期望	可预期的变化
顾客	及时、稳定可靠地提供准确、完整的气象观测数据	
上级单位	平稳、合规运行,高效执行相关指示、要求	
员工	职业发展、收入、福利、职业健康安全	
供方	公平、稳定的供应机制	
地方政府	合规运行、及时提供相关数据	
WMO	积极参与相关活动	

（3）有机关联

环境与相关方的分析既是标准的要求,同时也是为后续进行风险和机遇以及应对措施的确定、质量方针的制定等提供重要的输入,因此环境和相关方的分析并非孤立地进行,而是同时应用 SWOT 分析或其他方法,进行有关风险和机遇的识别。

6.6　体系风险与机遇应对

在完成内外部环境和相关方的分析后,气象观测质量管理体系建设的实施阶段即进入风险和机遇的应对环节,该环节的工作充分体现了风险管理的内涵,贯穿整个质量管理体系,在很大程度上决定了质量管理体系能否有效实现预期结果。

本阶段的实施要点在于对气象观测质量管理体系风险和机遇应对整体模型的理解与实施,由于对风险和机遇的应对贯穿质量管理体系始终,且是一个动态持续不断的过程,因此,体系建设团队可以设置单独的程序文件,对与此方面工作相关的职能、工作事项等做出系统规定,且该文件应注意与环境和相关方分析以及管理评审相关文件之间的联系。

气象观测质量管理体系风险和机遇应对的整体模型如图 6.9 所示。

对于气象观测质量管理体系而言,对风险和机遇的应对贯穿始终,该模型阐释了气象观测

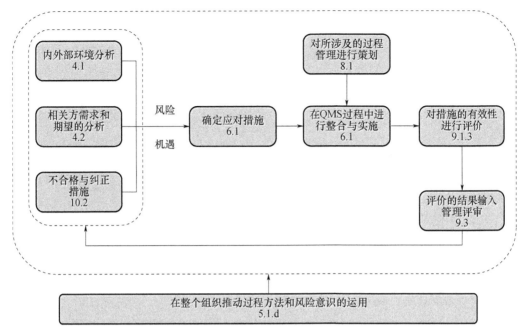

图 6.9　体系风险和机遇应对整体模型

质量管理体系中风险和机遇应对的整体流程以及流程中各环节与标准条款之间的联系,模型里每个模块中的数字表示的是所对应的标准条款。

首先应在对内外部业务环境(GB/T 19001—2016 第 4.1 条款)(如相关法规政策、气象观测业务实施所在地的自然条件、气象观测的装备条件等)和有关相关方(GB/T 19001—2016 第 4.2 条款)(如气象预报环节、气象观测业务实施所在地方政府、上级业务主管部门等)需求和期望的现状以及可预期的未来发展变化进行深入分析的基础上,确定气象观测质量管理体系所需应对的风险和机遇。这里需要注意的是,理论上,通过对内外部环境以及相关方需求和期望的分析可以识别出众多风险和机遇,但对于任何组织而言,因为其资源和其他条件的局限性,不可能同时应对所有的风险和机遇。因此在客观上,气象观测单位需要设定风险和机遇可接受的准则,借以确定那些在特定时期内所需要优先应对的风险和机遇,当风险降低到可接受程度后,修改准则,确定需要进一步降低的风险,对于机遇而言,同样如此。

当气象观测质量管理体系所需要应对的风险和机遇得到确定后,接下来便是确定应对措施(GB/T 19001—2016 第 6.1 条款),这是至关重要的一个步骤,即针对所确定的风险,制定具体的措施降低风险;针对所确定的机遇,制定具体的措施把握机遇。措施应是具体的做法而非仅仅停留在计划的层面,应对风险的典型措施如下:

① 决定不启动或停止实施有风险的活动来避免风险;

② 承担或增加风险以追求机遇;

③ 消除风险源;

④ 改变可能性;

⑤ 改变后果;

⑥ 分担风险(如通过签订合同或购买保险的方式);

⑦ 通过明智的决策保留风险。

当应对措施确定后,需要加以落地执行已获得预期的效果。那么,这些措施在"何处"落地执行呢？在 ISO 9001:2015 标准中给出了明确的要求,即"在质量管理体系过程中整合并实施这些措施"。这意味着这些措施并非孤立地实施,而是要确定与每个措施相关的质量管理体系过程,在这个/些过程中实施该措施。例如,某地气象局针对无人值守气象观测台站潜在的通信传输故障风险,制定的应对措施是增加对网络设备,包括通信端口、电缆等方面的检查频次。那么该措施就应整合至现有的网络设备维护过程中,使其成为该过程的一个常态化活动,以有效降低网络故障风险。当然,这些所涉及的过程,因为引入了这些措施,其管理需要得到进一步的策划(GB/T 19001—2016 第 8.1 条款)。

当措施得到落地执行后,重要的是需要评价这些措施的有效性如何(GB/T 19001—2016 第 9.13 条款),以确定这些措施是否有效降低了风险、是否真正把握住了相关的机遇,评价措施有效性的一个典型的方式是对所对应的风险进行重新评价,对于机遇而言,则是要看所关联的相关绩效指标是否发生了明显的变化。一般来说,可以采用措施执行一段时间后进行评价的方式进行。若发现该措施没有取得预期效果,则需要及时重新制定措施,直至风险得到有效控制或相关的机遇得到有效把握。

管理评审(GB/T 19001—2016 第 9.3 条款)是质量管理体系中的一项重要活动,可以理解为是质量管理体系得到持续改进的"发动机",在管理评审中,要对一段时间以来质量管理体系的一些重要绩效指标进行评审,以识别改进的机会。而风险和机遇应对措施的有效性自然就是管理评审的重要输入之一,通过对措施有效性的系统性评审,识别在措施的制定与落地执行方面的长处和不足,为后续风险和机遇的持续应对打下良好的基础。

从基于内外部环境和有关相关方需求和期望分析的风险和机遇的确定开始,到应对措施的确定和落地执行直至有效性的评价和管理评审,都离不开最高管理者的支持和参与,在 ISO 9001:2015 标准中,明确提出最高管理者应促进使用过程方法和基于风险思维的要求,而上述活动恰恰是基于风险思维的具体体现。

此外,需要说明的是,针对不合格所采取的纠正措施(GB/T 19001—2016 第 10.2 条款),可能会带来风险,当然也有可能带来机遇,例如,针对某个气象观测业务流程中的问题,采取了更换设备的措施,设备的更换一方面的确解决了该问题,但与此同时,由于是新的设备,可能会引发人员操作不熟练、设备维护不熟悉等一系列新的问题,因此标准要求"需要时,更新在策划期间确定的风险和机遇",即当采取了纠正措施后,需要确定该措施是否会带来新的风险和机遇,当确定这些新的风险和机遇需要应对后,应执行确定应对措施、落地执行、评价有效性等一系列风险和机遇应对的流程。

气象观测质量管理体系风险和机遇应对管理的例子见示例 6.7。

示例 6.7：某市气象局气象观测质量管理体系风险和机遇应对管理机制

××市气象局领导考虑到气象观测业务内外部环境事宜,以及相关方要求对体系运行情况的影响,结合收集信息和分析,确定所需要应对的风险和机遇,并制定相应的战略规划。其中,

◆ 所考虑的外部环境因素

(1)国内外气象观测业务水平的不断提高;

(2)山洪地质灾害防治等需求的增加;

(3)政策、法律法规的变化;

(4)新技术的产生;

（5）WMO 组织的管理理念和发展方向。

◆ 所考虑的内部环境因素

（1）××市气象局各级领导班子对本单位发展的意向、宗旨及战略定位；

（2）××市气象局管理理念与价值取向；

（3）人员配备及其能力、意识、知识和绩效等方面的现状；

（4）设施和设备等资源配备和管理现状。

◆ 所识别的相关方

对所有相关方的识别，并识别确定其要求、需求和期望，包括：

（1）客户：业务需求单位（预报服务、机场、防汛指挥部等），科研需求相关单位；

（2）上级单位：中国气象局、××市政府等；

（3）相关职能机构：××市土地资源规划局、各区县政府、××物资管理处等；

（4）服务供方：设备维护、维修外包方、基础设施承建方等。

（5）内部员工。

◆ 主要的输出

××市气象局观测业务短期及中长期战略发展方向、"十三五"专项规划等。

上述规划均通过融入管理体系各过程及目标绩效的制定来实现，在每年的管理评审中作为输入进行评价，并在必要时进行调整变更。

所确定的主要风险与机遇

"十三五"期间，××市气象局现代气象业务迈上新台阶。高分辨率的数值预报、格点化精细天气预报及气候预测、多元化气象服务对观测业务提出了新的更高的要求。当前综合观测能力、技术装备保障水平、观测资料产品质量与气象业务现代化的总体要求和国际先进水平仍有差距。××市气象局综合气象观测业务尚无法满足城市防灾减灾和经济社会安全保障的需求，主要表现在：

（1）面对数值预报发展，高时空分辨率的综合气象观测能力须进一步加强。

（2）面对超大城市气象保障，城市立体精细化观测气象水平仍有待提高。

（3）面对多元气象服务，专业化气象观测能力仍须进一步提升。

（4）面对"大数据"等对新信息技术发展，智能气象观测体系迎来新机遇。

应对风险与机遇的主要战略措施

◆ 需求牵引。把满足数值模式发展应用、提高预报预测准确率、增强公共气象服务能力的需求，作为综合气象观测业务发展的出发点和落脚点。

◆ 综合统筹。合理优化布局观测站网，加强地面观测、地基遥感、探空观测、卫星遥感及各类专业气象探测系统综合集成，坚持发展速度、规模、质量和效益相协调。统一技术要求、观测方法，完善标准化的观测业务流程。

◆ 突出重点。按照数值预报业务发展需求，优化探测站网布局，增强满足数值预报的综合探测能力，提高探测资料在数值模式中的应用水平。围绕城市气象预报服务需求，加强新型探测技术应用，完善城市综合立体精细化探测网，增强城市垂直气象探测和专业气象探测能力。

◆ 开放合作。加强各部门合作,健全完善设施共建、资源共享机制。依托移动互联网、物联网、大数据技术,探索、鼓励和规范社会力量参与多种形式的气象观测,完善气象社会化装备保障体系。

上述规划和措施均通过融入管理体系各过程及目标绩效的制定来实现,在每年的管理评审中作为输入进行评价,并在必要时进行调整变更。

6.7 制定质量方针与质量目标

质量方针和目标的制定是质量管理体系建设实施阶段的重要一环,质量方针为整个质量管理体系的发展指明方向,质量目标则是质量方针在各层级、职能部门以及业务流程上的具体反映,科学合理的方针和目标有利于将组织的资源和努力方向聚焦到为顾客创造更大价值方面。

气象观测业务质量方针的制定要点有如下两个方面。

(1)质量方针的制定者应是气象观测质量管理体系的最高管理者。此项活动不能委托他人进行,一方面,这是 ISO 9001:2015 标准本身的要求,此外,站在客观的角度来说,质量方针的制定者需要具备充分的全局意识,对组织的运营有相当的理解高度,因此需要由最高管理者亲自制定。

(2)质量方针的内容方面,一定要考虑气象观测质量管理体系的特点、气象观测业务的特点以及对未来发展的考虑,质量方针是该气象部门气象观测质量管理理念和展望的高度概括,避免制定的方针千篇一律,这样会使质量方针失去指引的作用。另外,质量方针应形成文件,要将其整合至所编制的质量手册中。在单位的公共区域进行质量方针的展示和宣传也是一个很好的实践做法。

质量目标的制定有如下几个方面的要点。

(1)组织保障方面,标准虽未提出由最高管理者亲自制定目标,但鉴于质量目标的重要性,气象观测质量管理体系的最高管理者应亲自主持制定目标和相关联的方案以及考核(必要时)工作,目标的制定可以是自下而上,也可以是自上而下的方式进行,由各部门、业务流程的责任部门在体系建设团队的支持和指导下制定。

(2)质量目标分为整体以及职能和业务流程两个大的层级,需要注意整体的质量目标与质量方针之间的呼应关系,即在质量方针中所提及的方面,应在整体质量目标中有所反映,与此同时,各职能和业务流程中的质量目标要对整体目标的实现起到支撑作用。

(3)由于业务流程是跨部门的,而 ISO 9001 标准要求在部门和过程(业务流程)上建立质量目标,因此在实际操作中可以先建立各业务流程的目标,然后再考虑各相关部门在业务流程中的角色和作用,将业务流程的目标"分解"或者说部署至相关的部门中,形成各部门的质量目标,要避免业务流程的目标与职能部门的目标彼此独立,这样势必会导致业务流程目标无法实现。

(4)目标是努力的具体方向和程度的反映,为使各资源的努力方向协调一致,指向为顾客创造更大价值的方向上,在目标制定完成后,应对目标的合理性进行检查,重点要检查该目标是否通过努力可以实现以及尤为重要的是,该目标对增强顾客满意度、构建持续提供满足要求的气象观测数据的影响或贡献是什么?有多大?进而判断该目标的意义和合理性。

示例 6.8 是某探测中心的质量方针、目标及其内涵示例。

示例 6.8：某探测中心的质量方针、目标及其内涵示例

质量方针

精确探测 高效保障 创新发展 满意服务

质量方针释义：

精确探测：构建科学合理的观测业务布局，建立先进的观测技术及数据处理方法体系，形成精细、准确、可比的高时效三维立体观测实况数据和智能化观测产品，满足预报服务及模式同化需求，并通过不断完善提升综合气象观测水平。

高效保障：依托信息化平台和保障相关基础设施，实现全网观测装备的在线监视和运行管理，确保监控、维修、计量、仓储等专业化气象保障服务有效实施；建立多功能、综合性的试验基地，为综合气象观测网发展提供技术支撑。

创新发展：建立以科技创新为依托的管理机制，在站网布局设计、观测装备研究和改进、业务流程优化、数据质量控制及产品开发等方面不断创新技术和方法，建立适合的规范和制度。收集分析国外先进技术和国内业务发展需求，滚动更新技术研究发展计划，组织实施新技术、新装备、新方法研发活动。

满意服务：持续开展装备质量和数据质量评估，为上级管理部门、省级业务部门、气象装备生产厂家提供科学分析报告和改进建议；根据各行业需求，提供准确可靠的观测加工数据和制作高质量实时观测产品，满足各类用户定制化需求。

质量目标

探测中心依据《综合气象观测业务发展规划（2016—2020年）》，制定探测中心五年（2016—2020年）发展的质量目标：

（1）观测自动化水平：常规气象要素观测精度达到WMO规定的准确度要求；云、能、天气现象等要素观测精度达到WMO规定的可达到业务准确度要求。建立适合探测中心管控需要的信息化管理系统，制定有效的信息化建设制度及规范，保证信息化基础设施和各系统稳定可靠、安全可靠地运行。

（2）综合观测能力：建立系统的顶层设计业务；建立综合观测系统效益评估和优化设计业务；利用不同尺度数值模式和客观分析相结合的方法进行站网评估，实现对综合观测网的评估和设计。

（3）技术装备保障水平：主要技术装备实现技术升级，功能性能达到或接近同期世界先进水平，整体可靠性满足业务运行要求。建立比较完善的装备保障业务，显著提高观测系统稳定运行能力。

（4）观测数据产品质量：建立较为完善的观测数据/产品加工处理业务。质量控制全覆盖，数据质量达标率总体达到98%；观测产品更加丰富可靠。

（5）技术发展：组织自主研发或参与国内外行业课题研究每年都有新突破；组织实施新业务研发推广工作；重点领域的关键技术突破率达90%以上。

（6）队伍建设：加大专业技术队伍的培养力度，建立合理的梯队结构，持续推动人才创新工作，营造创新环境，提供施展才能、实现价值的平台；培养在国际同领域有影响力的学科带头人若干名。

（7）用户满意：外部用户满意度90%以上。

（8）工作质量与效率：①年度重点工作完成率98%以上；②体系文件落实到位、执行有效；③重大事项监控及时，不发生重大质量事故。

探测中心每年年初，依据五年发展质量目标，结合年度重点工作，分解年度质量目标，形成《××××年度探测中心工作目标和任务分解表》。各职能部门根据探测中心下达的年度目标和重点工作任务，编制本部门年度目标和重点工作实施方案，方案内容包括目标任务、所需资源、责任人、完成时限、目标任务达成的评价方法等。

探测中心适时督促检查各部门目标落实情况，定期通报各部门目标完成进度，就目标执行情况进行内部沟通，同时将目标完成情况与绩效考核相结合，目标完成的业绩作为评价各部门工作绩效和实施奖惩的重要依据。

探测中心通过内部审核和管理评审对目标实施情况进行检查、考核和评价，提出改进要求，并根据环境变化、政策调整、资源提供等因素，适时调整年度目标任务。

6.8 体系文件编制

6.8.1 体系文件概述

（1）ISO 9000 对文件的定义

① 文件：信息及其承载媒体。

示例：记录、规范、程序文件、图样、报告、标准。

——媒体可以是纸张、计算机磁盘、光盘，或其他电子媒体、照片或标准样品，或它们的组合。

——一组文件，如若干个规范和记录，通常被称为"documentation"。

——某些要求与所有类型的文件有关，然而对规范（如修订受控的要求）和记录（如可检索的要求）可以有不同的要求。

② 表格：用于记录质量管理体系所要求的数据（或/和文字）的文件。

——当表格中填写了数据，表格就成了记录。

③ 记录：阐明所取得的结果或提供所完成活动的证据的文件。

——记录用于为可追溯性提供文件，并提供验证预防措施和纠正措施的证据。

——通常记录不需要控制版本（指已填好内容的表格，一般情况下不允许更改，允许更正如计算错误、笔误等）。

——记录是一种特殊的文件。

（2）ISO 9001 关于体系文件的要求

《质量管理体系 要求》（GB/T 19001—2016）中对形成质量管理体系文件，描述为"形成文件的信息"，其中有19处明确要求，即在质量管理体系文件编制时，必须针对这些条款形成相应的文件（表6.7）。

表 6.7　GB/T 19001—2016 标准中对形成质量管理体系文件的要求

序号	条款	描述	应形成的文件
1	4.3　确定质量管理体系的范围	质量管理体系范围应形成文件,描述质量管理体系的范围时,对不适用的标准条款,应将质量管理体系的删减及理由形成文件	质量管理体系范围,并说明删减条款及删减理由
2	5.2　质量方针	形成文件	质量方针
3	6.2　质量目标及其实施的策划	组织应将质量目标形成文件	质量目标
4	7.1.4　监视和测量设备	组织应保持适当的文件信息,以提供监视和测量设备满足使用要求的证据	规定监视和测量设备使用要求的文件,包括使用、维护、鉴定、校准等
5	7.2　能力	保持形成文件的信息,以提供能力的证据	能证明人员满足能力要求的记录,包括任职要求、人员技能档案、培训等
6	7.5.1　总则	组织确定的为确保质量管理体系有效运行所需的形成文件的信息	体系运行所需的其他必要文件
7	8.1　运行策划和控制	保持充分的文件信息,以确信过程按策划的要求实施	能证明过程经有效策划的相关记录
8	8.2.3　与产品和服务有关要求的评审	评审结果的信息应形成文件	产品和服务有关要求的评审报告
9	8.4.2　外部供方的控制类型和程度	建立和实施对外部供方的评价、选择和重新评价的准则。评价结果的信息应形成文件	对外部供方的评价报告
10	8.4.3　提供外部供方的文件信息	应将监视结果的信息形成文件	对外部供方业绩的监视报告
11	8.6.2　标识和可追溯性	在有可追溯性要求的场合,组织应控制产品的唯一性标识,并保持形成文件的信息	控制产品唯一性标识的文件
12	8.6.3　顾客或外部供方的财产	如果顾客、外部供方财产发生丢失、损坏或发现不适用的情况,组织应向顾客、外部供方报告,并保持文件信息	顾客或外部供方的财产丢失、损坏或发现不适用的相关记录
13	8.6.6　变更控制	应将变更的评价结果、变更的批准和必要的措施的信息形成文件	产品生产和服务的变更的评价、批准和采取的措施相关记录
14	8.7　产品和服务的放行	应在形成文件信息中指明有权放行产品以交付给顾客的人员	放行管理制度(规定放行人员职权)
15	8.8　不合格产品和服务	不合格品的性质以及随后所采取的任何措施的信息应形成文件,包括所批准的让步	不合格品处置记录
16	9.1　监视、测量、分析和评价	组织应建立过程,以确保监视和测量活动与监视和测量的要求相一致的方式实施;组织应保持适当的文件信息,以提供"结果"的证据	监视和测量记录
17	9.2　内部审核	保持形成文件的信息,以提供审核方案实施和审核结果的证据	内审方案和记录
18	9.3　管理评审	组织应保持形成文件的信息,以提供管理评审的结果及采取措施的证据	管理评审报告和纠正预防措施相关记录
19	10.1　不符合与纠正措施	组织应将以下信息形成文件:a)不符合的性质及随后采取的措施 b)纠正措施的结果	纠正预防措施相关记录,包括验证

（3）体系文件的内涵

质量管理体系在很大程度上是通过文件化的形式表现出来的，或者叫作文件化的质量管理体系，是质量管理体系存在的基础和证据，是规范一个组织和全体人员行为、达到质量目标的质量依据。因此，制定质量管理体系文件就是一个组织的"立法"。

一个组织的质量管理就是通过对组织内各种过程进行管理来实现的，因而就需要明确对过程管理的要求、管理的人员、管理人员的职责、实施管理的方法以及实施管理所需要的资源，把这些管理的要素及其相互关系用文件形式表述出来，就形成了该组织的质量管理体系文件。

质量管理体系文件是描述质量管理体系的一整套文件，是一个组织 ISO 9001 贯标，建立并保持开展质量管理和质量保证的重要基础，是质量管理体系审核和质量管理体系认证的主要依据。

建立并完善质量管理体系文件是为了进一步理顺关系，明确职责与权限，协调各部门之间的关系，使各项质量活动能够顺利、有效地实施，使质量管理体系实现经济、高效地运行，以满足顾客和消费者的需要，并使组织活动取得明显的效益。

6.8.2 气象观测质量管理体系文件

按照气象观测质量管理体系框架及过程设计要求，气象部门应根据所设计的体系框架：
① 确定气象观测质量管理体系的层级；
② 确定每个层级中的过程；
③ 确定这些过程所需的输入和期望的输出；
④ 确定这些过程的顺序和相互作用；
⑤ 确定和应用所需的制度规范等准则及方法（包括评价方法和相关绩效指标），以确保这些过程得到有效实施和控制；
⑥ 确定这些过程所需的资源并确保其可获得；
⑦ 为这些过程分配职责和权限，包括主责部门和相关部门；
⑧ 识别风险和机遇并制定应对措施；
⑨ 对这些过程进行评价，实施所需的变更，以确保这些过程实现预期结果；
⑩ 改进过程和气象观测质量管理体系。
其中，完成上述工作的最终的体现就是体系文件。

气象观测质量管理体系文件的建立和执行，有助于气象部门实现以下方面的目的：对气象观测质量管理体系进行描述、使气象部门内部各岗位更好地理解相互之间的联系、将质量管理相关理念传递至气象部门内部、帮助员工理解其在各自岗位中的作用、说明如何才能达到所规定的要求、提供工作已经依照设计进行实施的客观证据、为新员工培训和现有员工的定期再培训提供基础、有助于实现观测运行的一致性、向相关方证实气象单位的能力、为持续改进提供依据、为气象观测质量管理体系审核提供依据、为评价气象观测质量管理体系的有效性和持续适宜性提供依据。

气象部门应依照 GB/T 19001 标准和其他相关适用标准和规范的要求，并结合对以下方面因素的考虑建立和保持体系文件，以支持气象观测质量管理体系的有效运行：自身实际业务特点和需求、所在业务层级（国、省、地市、县）、自身人员的能力、现有的制度规范基础、体系预期实现的目标及相关的业务风险。

气象观测质量管理体系文件并非是对气象部门现有的相关制度规范的取代，而是通过对现有制度规范的有机引用、补充与整合,共同构建起支持气象观测质量管理体系有效运行的准则基础。

气象观测质量管理体系文件构架分为四级,如图 6.10 所示。

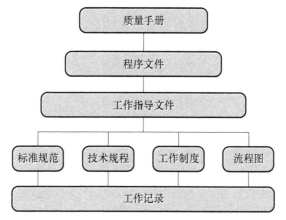

图 6.10　观测质量管理体系文件结构

一级文件为质量手册,用 QM(Quality Management)标识,是对一个单位建立质量管理体系的总体概括性描述,是质量战略的体现,是实施质量管理体系的基础。核心内容包括:质量方针和目标,质量管理体系的范围,与观测业务及观测质量相关的组织结构、职责和权限,质量管理体系过程及过程间的相互关系和作用等。

二级文件为程序文件,用 QP(Quality Procedure)标识,主要内容包括:管理工作主要内容和内外工作接口衔接关系,程序活动中跨职能(各单位之间、处室之间)工作的衔接要求,以及与程序文件相对应的工作流程图。程序文件的内容不涉及某个具体工作的技术性细节,应体现 PDCA(计划—执行—检查—处置)和 5W2H(何时、何地、由谁、做什么、为什么做、怎么做及做到什么程度)管理方法。

三级文件为工作指导文件,用 QI(Quality Instruction)标识,范围包括:标准规范、技术规程、工作制度、流程图等。作业指导文件应更加详细地规定如何开展某项工作,是支撑程序文件的支持性文件。内容主要包括:描述和规定某项工作开展的目的、适用范围、职责、何时、何地、谁、做什么、怎么做(依据什么去做)、留下的证据。

四级文件为工作记录,用 QF(Quality Form)标识,是开展各项工作后形成的工作记录,是实施质量管理体系各过程形成的阶段性成果,是重要的实施结果或效果的证明材料。工作记录可以是固定表格形成的,也可以是文本文件;可以是纸质的,也可以电子记录。

体系文件在不同层级的气象部门的配置如表 6.8 所示。

表 6.8　不同层级气象部门的体系文件配置

体系文件	气象部门业务层级					
	中国气象局	直属单位	省	市	县	台站
质量手册	★	★	★	☆	☆	☆
程序文件	★	★	★	★	☆	☆
工作指导文件	★	★	★	★	★	★
记录	★	★	★	★	★	★

注:★表示可单独编制并执行相关体系文件;☆表示参与编制并执行相关体系文件。

四级文件典型的内容结构如下。

（1）质量手册

质量手册是由最高管理者所发布的，是气象观测质量管理体系的纲领性规范文件。质量手册对气象观测质量管理体系的相关核心要素进行规定，并描述体系内各过程的相互关联和相互作用关系。

气象部门可根据自身需要设计质量手册的内容、结构和表达方式，其典型的内容和结构如下：

① 手册标题与编制说明；

② 手册颁布令；

③ 管理者代表任命书

④ 气象部门简介；

⑤ 规范性引用文件；

⑥ 术语和定义；

⑦ 质量方针和质量目标；

⑧ 气象观测质量管理体系的覆盖范围描述；

⑨ GB/T 19001 标准适用性的说明；

⑩ 组织架构与职能定位描述；

⑪ 内外部环境和相关方描述；

⑫ 所需应对的风险和机遇的描述；

⑬ 气象观测质量管理体系的描述；

⑭ 对其他气象观测质量管理体系文件的引用；

⑮ 附录。

手册标题与编制说明：手册标题（封面）应包含手册的发布单位、编制与批准人员、发布与实施日期以及该手册的版本等方面的信息。编制说明应至少包括与该质量手册有关的以下信息：

· 编制依据；

· 适用范围；

· 编制人员或单位。

手册颁布令：颁布令应表明，该质量手册是由气象观测质量管理体系的最高管理者颁布，并应阐明手册的适用范围和生效日期。

规范性引用文件：是指被质量手册所引用的相关标准和文件，其内容与质量手册同样有效。若存在此种情况，应在质量手册的该部分列明相关的标准和文件。

术语和定义：此部分应列明气象观测质量管理体系所特有的，且容易引起混淆和误解的词汇，对其进行明确界定，应考虑对气象观测质量管理体系基础和术语标准的引用。

质量方针和质量目标：此部分描述气象部门所建立的整体质量方针和质量目标，必要时，可以对质量方针的内涵加以阐述，以有助于相关方的理解。

体系范围和标准适用性：此部分至少应描述气象部门所建立的气象观测质量管理体系所涵盖的观测业务类型以及所涉及场所、业务层级等相关信息。在质量手册中，还应有对 GB/T 19001 标准条款要求适用性的说明，若存在不适用的条款要求，应在质量手册中明确阐述相关的理由。

气象观测质量管理体系的描述：对气象观测质量管理体系的描述，主要包括以下两个方面的内容：对体系内各过程的描述和对各过程之间相互关系的描述，其中，对各过程的描述应重点说明该过程的输入、输出、职责、过程内主要的活动,具体可以考虑依照 PDCA 循环的顺序描述各个过程或依照管理、业务和支撑三个类别,并且可以采用流程图中的"泳道图"对各过程之间以及各过程与气象部门内相关职能之间的关系进行描述;实施该过程所需引用到的相关文件,如制度、程序以及所需填写的记录等方面的信息。

附录:气象部门可以将以下方面的文件或信息在附录中加以体现,以便查阅和使用:

- 体系文件清单;
- 法律法规清单;
- 过程清单;
- 内外部环境的相关信息;
- 相关方及其需求和期望的相关信息;
- 风险和机遇及其应对措施等。

(2)程序文件

程序是为进行某项活动或过程所规定的途径,这些规定所形成的文件即程序文件。程序文件的建立与执行,有助于活动或过程的有效实施,降低过程风险,确保实现预期结果。

典型的宜建立程序文件以规定相关活动及其管理的情况如下:当某过程的实施涉及气象部门的若干职能和/或业务层级时各职能或业务层级均会涉及的相关管理活动,如体系文件的控制、内部审核、管理评审等、质量管理体系流程框架中,处于第二个层级的过程。

气象部门可根据自身需要设计程序文件的内容、结构和表达方式,其典型的内容和结构如下:

① 标题;

② 文件修改记录;

③ 目的;

④ 范围;

⑤ 术语;

⑥ 职责;

⑦ 工作程序;

⑧ 过程绩效的监视与考核;

⑨ 过程风险和机遇的应对;

⑩ 相关/支持性文件;

⑪ 记录;

⑫ 流程图;

⑬ 附件。

标题:程序文件的标题(封面)应包含程序文件的名称、发布单位、编制与批准人员、发布与实施日期以及该文件的版本、修订情况等方面的信息。

文件修改记录:程序文件的文件修改记录中记载自该程序文件建立以来所经历的修改信息,主要包括对修改条款的说明、修改的页码、修改日期以及审核人等方面的信息。

目的:建立该程序文件的目的,拟实现的管理意图。

范围:该程序文件的适用范围。

术语:该程序文件所涉及的专业名词及其定义,或解释说明,或对相关既定术语的引用。

职责:该程序所涉及的岗位和(或)职能部门的相关职责和权限。

工作程序:对过程内活动的实施及其顺序的描述,也包括适用时,对相关支持性文件的引用。工作程序中对活动的实施及其顺序的描述,宜依照 PDCA 循环结构,围绕 5W2H 要素展开描述,即针对每个过程的实施,分为计划、执行、检查和处置四个部分进行描述。

在相关的描述中,应清晰界定以下方面:

- 什么(What)——是什么,目的是什么,要做什么;
- 为什么(Why)——为什么要这么做;
- 谁(Who)——由谁(岗位、职能)来做;
- 何时(When)——在什么时机、情况、时间来做;
- 哪里(Where)——在哪里(场所、职能)做;
- 如何(How)——如何做,方法是什么;
- 多少(How much)——要做到什么程度。

过程绩效的监视与考核:宜以表格的形式描述该过程以下方面的内容:

- 绩效指标的名称;
- 指标的计算公式或方法;
- 目标值;
- 监视时机(频次);
- 监视与考核的执行部门等。

过程风险和机遇的应对宜以表格的形式描述该过程以下方面的内容:

- 所需应对的风险和机遇的名称;
- 应对措施;
- 执行时间;
- 负责人/岗位;
- 监视方法。

相关/支持性文件:汇总列出在程序文件正文中所引用的其他支持性文件,如其他程序文件、标准、制度、工作指导文件等。

记录:汇总列出在程序文件正文中所引出的记录名称,并将记录的空白表格以附录的形式附在程序文件后,以便查阅和使用。

流程图:过程内各项活动及其顺序以及与相关岗位、职能部门之间相互关系的图示化描述,宜用泳道图的方式加以描述。

附录:程序文件的附录,典型的是该程序文件所引出的各类记录的空白表格。

(3)工作指导文件

工作指导文件是对岗位层面工作事项的实施进行具体描述的体系文件,对工作事项的实施起到规范和控制作用。工作指导文件可以包括在程序文件中或被其引用,以支撑程序文件的执行。

气象观测质量管理体系的工作指导文件,主要包括气象部门现有的相关制度规范、外来文件或对其所进行的转化和气象部门自行编制等来源。

工作指导文件的内容应准确反映和描述工作事项内各项活动和顺序,其详略程度取决于以下几个方面的因素:工作事项的复杂程度、对工作事项拟实现的控制程度、相关人员的能力和资格及工作事项的性质。

气象部门可根据实际情况需要设计工作指导文件的结构,其典型的结构如下:

① 标题;

② 文件修改记录；

③ 目的；

④ 范围；

⑤ 术语；

⑥ 职责；

⑦ 工作程序；

⑧ 绩效监视与考核；

⑨ 风险和机遇的应对；

⑩ 相关支持性文件；

⑪ 记录；

⑫ 流程图；

⑬ 附录。

（4）工作记录

工作记录可设计记录表格，记录表格的设计和填写是实现"留痕管理"的重要手段之一，气象部门应针对下述情况设计相应的记录表格，在其气象观测质量管理体系文件中引用或附上并在实际运行过程中进行记录的填写：GB/T 9001—2016 标准中明确提出要求保留成文信息的条款、相关制度规范、标准明确提出要有的记录、需要证明某项工作已经按照要求得到实施和气象部门认为有必要建立记录的其他情况。

气象观测质量管理体系的记录表格没有统一的内容要求，气象部门可根据实际需要和填写便利性，对表格的内容与格式进行设计。记录表格的典型结构如下：标题、标识号、修订状态和日期、表格。

标题：该记录表格的名称。

标识号：依照既定规则给出的该记录表格的编号。

修订的状态和日期：该记录表格的修订信息和完成修订的日期。

表格：是记录表格的主体部分，气象部门应根据该记录表格拟记录的信息和填写的便利性设计。

6.8.3　体系文件编制原则

气象观测质量管理体系文件的编制应遵循以下五个原则，以确保体系文件的适宜性和有效性。

（1）层级明确：气象观测质量管理体系文件明确分为质量手册、程序文件、工作指导文件和记录四个层级。

（2）协调统一：每个气象观测质量管理体系应是一册质量手册，一套程序文件、工作指导文件和相关记录。

（3）实用高效：在气象观测质量管理体系文件的编制过程中，应充分考虑文件的实用性和应用的效率，应避免繁文缛节。

（4）规范充分：气象观测质量管理体系文件的相关内容，应满足 GB/T 19001—2016 标准和其他相关标准规范的要求。

（5）优化提升：气象观测质量管理体系文件在编制完成后，应根据实际情况，不断优化调整，以起到规范和支持过程有效运行的作用。

6.8.4　体系文件编制职责

同一个气象观测质量管理体系内不同层级的气象部门,宜遵循的体系文件编制职责进行编制各自相应文件。气象观测质量管理体系文件中的质量手册,宜由相关气象部门的管理人员参与编写。程序文件、工作指导文件和记录宜由参与相关过程和活动的人员编写和设计,这将有助于加深对相关要求的理解并使人员产生参与感和责任感。

6.8.5　体系文件编制要点

（1）质量手册的编制

质量手册的编制要点主要包括以下方面:

① 由气象观测业务相关的不同层级和职能部门的代表构成编写团队;

② 气象部门管理者的积极参与;

③ 对编写团队进行 GB/T 19001—2016 标准以及编写方法的培训;

④ 考虑到 GB/T 19001—2016 标准以及其他制度规范的相关要求;

⑤ 对程序文件和工作指导文件的引用。

（2）程序文件的编制

程序文件的编制要点主要包括以下方面:

① 所需程序文件的整体设计;

② 由程序文件所涉及职能部门的代表构成编写团队;

③ 5W2H 的工作程序表述方法;

④ 考虑到 ISO 9001 标准以及其他制度规范的相关要求;

⑤ 对其他程序文件和工作指导文件的引用;

⑥ 流程图的绘制;

⑦ 相关记录的引用。

（3）工作指导文件的编制

工作指导文件的编制要点主要包括以下方面:

① 所需工作指导文件的整体设计;

② 由工作指导文件所涉及岗位、职能部门的代表构成编写团队;

③ 详略程度的确定;

④ 5W2H 的工作程序表述方法;

⑤ 考虑到 GB/T 19001—2016 标准以及其他制度规范的相关要求;

⑥ 对其他程序文件和工作指导文件的引用;

⑦ 流程图的绘制;

⑧ 相关记录的引用。

（4）记录的设计

记录表格的设计要点主要包括以下方面:

① 所需记录的整体设计;

② 由记录表格的填写人员、相关管理人员构成编写团队;

③ 表格内容与形式的确定;

④ 对适宜性与便利性的考虑;

⑤ 考虑到 GB/T 19001—2016 标准以及其他制度规范的相关要求。

(5)对其他文件的引用

适当时,可以在质量手册、程序文件、工作指导文件中引用其他所编制的体系文件、现有公认的相关标准或其他文件,包括现行的相关制度规范、上级部门下发的相关文件以及其他外来文件。

在进行文件引用时,应注意对所引用文件修订状态的规定,当被引用文件发生修订后,应及时评审相关修订内容的适用性并对现有体系文件的相关内容进行调整。

6.8.6　流程图绘制

在标准中,流程是指利用输入实现预期结果的相互关联、相互作用的一组活动,而用标准化的图形符号及其关系表达流程内各活动之间关系的图示就是流程图。气象观测业务是由一系列分工明确、有过程导向的流程组成,所以用流程图的形式表达其过程关系十分必要和重要。

各单位质量管理体系流程图依照相关工作及其关联关系分层级绘制,流程图格式采用泳道图方式,所绘制的流程图应能体现以下方面的信息:

① 流程所涉及的各相关工作事项、工作等节点;

② 各节点之间的关联关系;

③ 所涉及的决策、审批、判断等环节;

④ 适用时,以编号显示的对其他流程图的调用;

⑤ 以特定符号表示的、明确的流程开始与结束标志;

⑥ 该流程所涉及的管理体系文件,如制度、程序文件等;

⑦ 各节点与所涉及的国、省、地市、县不同层级的相关部门、特定岗位、外部相关方之间的关系。

(1)流程图层次规则

各单位质量管理体系流程图依照工作及其关联关系绘制,采用泳道图的方式进行绘制,并设置为五个层级:

一级流程图:描述气象观测整体质量管理体系的结构;

二级流程图:描述特定工作种类内部各工作事项及其相互关系以及与部门、特定岗位之间的关系,如 Y02 装备业务流程图;

三级流程图:描述某一特定工作事项内部各活动及其相互关系以及与部门、特定岗位之间的关系,如 Y02-01 前期质控流程图;

四级流程图:描述三级流程图中某一具体活动内部各项工作及其相互关系以及与部门、特定岗位之间的关系,如 Y02-01-01 站网管理流程图;

五级流程图:描述四级流程图中某一工作内部各项更为具体的工作及其相互关系以及与部门、特定岗位之间的关系,如 Y02-01-02-01 国家级雷达备件采购管理。

与流程图层次相关的要求如下:

① 上一级别流程图中的某个节点,可以成为下一级的流程图,如 Y02 装备质量管理中的"前期质控";

② 同一层次的流程图以及不同层次的流程图之间可以相互引用,但所进行的引用应注明流程图的编号;

③ 针对某一个工作事项,应根据该工作事项的复杂程度以及相关风险确定是否需要绘制

第四层乃至第五层流程图。

（2）节点关系表示规则

① 前后顺序：两个或多个节点在实施上存在前后顺序关系时应用。

示例：

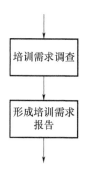

② 判断或选择：当需要依据某些条件，分别进行不同的处理时应用，如进行选择、判断、审批、决定等。即当一个节点因为不同的条件而产生不同的结果，需要遵循不同的路径进行后续实施时应用。

示例：

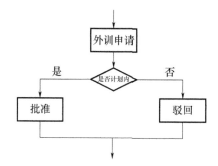

注：如果某种情况发生的可能性非常之小，也可以根据实际情况，对其进行忽略，不将其作为判断或选择的类型。

③ 循环重复：重复执行某一活动，直到满足某一条件为止。

示例：

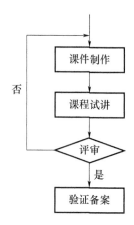

（3）流程图编制要求

① 流程图的编制应遵循以下原则：

· 遵循实际：应遵循实际情况绘制流程图。必要时，也可以绘制所期望状况的流程图，但应做出相应标注；

· 格式统一：应使用统一的模版编制流程图；

· 符号标准：应使用标准符号进行编制；

· 风险思维：应根据流程的复杂程度和相关风险确定所需流程图的层级；

② 编制要求

编制准备：流程图编制前应对流程进行预梳理，应在下列问题明确和解决后进行流程图编制：

· 该流程都涉及哪些部门、层级以及特定岗位，它们各自在流程中的职责和权限是什么？

· 该流程的起点是什么，来自哪个/些部门或流程，终点是什么，流向哪个/些部门或流程？

· 该流程的信息来源于哪些部门，部门内流转结束后，流向哪个部门，从而确定该流程内有哪些部门和岗位？

· 该流程与哪些其他的流程相关，接口在哪里？

· 该流程的哪些环节需要审核、批准或判断，谁来执行？

· 该流程有哪些监控点，谁来监控？

· 该流程应遵循哪些制度、规定？

· 该流程形成哪些报表、记录，由谁形成？

基本程序：各级单位、部门、气象台站等应遵循以下基本程序进行流程图的编制：

· 界定流程起点和终点；

· 确定流程的职能部门、相关部门/岗位的职责权限以及流程的内部节点；

· 确定各节点的相互关系；

· 编制流程图草案；

· 流程图分析评价；

· 确定流程图。

③ 格式规则

总要求：

· 流程图应遵循本规范的编号规则进行编号；

· 流程图应有明确的开始和结束；

· 流程图对其他流程的调用应有明确的编号引用；

· 方框内的文字应简练，以不超过 8 个字为宜；

流程图编号规则：流程图应以如下规则进行流程图的编号：

过程类型—层级—流水号

区域—过程类型＋层次—层次—层次—层次—流水号

过程类型：分别以 G/Y/Z 表示管理类、业务类和支撑类过程；

层级：01-05，

流水号：XXX

例如，Z-03-17 表示的是支撑类过程第三层级中的第 17 个流程。

流程图符号规则：应使用统一的标准符号编制流程图，常用流程图的符号及含义如表 6.9 所示。

表 6.9　流程图符号规则及释义

序号	释义
	开始/结束符：双钝角的长方形。表示流程的开始与结束
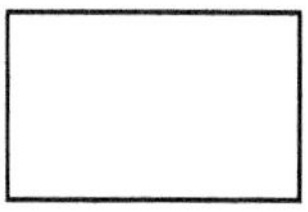	进程操作符：长方形。普通流程步骤，表示执行一个或一组特定操作，流程图中操作符数量不定，普通工作流程步骤，按顺序执行
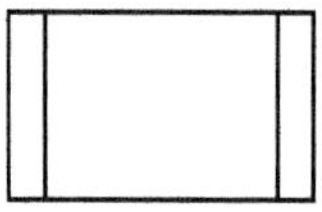	调用的过程：双同宽的长方形。表示流程操作中涉及已定义的流程或子流程
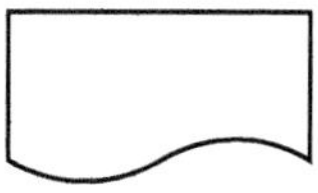	文档：波形底的长方形。在某个流程操作中使用了重要的书面文件（如文档、关键表单）
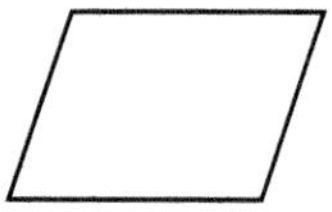	数据：平行四边形。表示输入流程里的数据信息
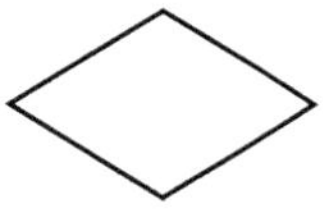	条件判断：菱形。根据上一节点活动结果（文档或状态）判断下一节点的活动走向，有两种情况：第一种，判断是否成立，即"是—通过"，或"否—不通过"；第二种，进行条件选择
	流动方向：箭头。表示流程步骤的顺序和方向
	备注符：备注说明，虚线连接
	圆形：页面内引用符； 五边形：离页引用符。流程图向另一流程图之出口，或从另一地方之入口
 纵向阶段　　横向阶段	在流程图中用以分割不同阶段的线
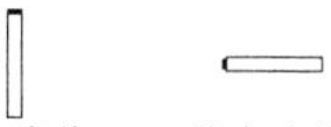 纵向岗位　　横向岗位	在流程图中用以分割不同岗位的符号

　　流程图格式规则:流程图原则上不使用除黑白以外的颜色,流程图中的文字格式原则上遵循下列规定:

- ·流程名称:黑体、14pt,左缩进 2 字;
- ·部门名称:黑体、12pt;
- ·其他:(包括过程描述内容及符号填写文字等)黑体、10pt。

　　流程图左上角写明"××××××流程图",如装备准入流程图。对于所调用的其他过程,应在相应的框中填写所调用的流程图名称及其编号。

　　适用时,在流程图最下方或最右侧描述该流程所涉及的质量管理体系文件。

　　流程中所产生的记录、表单用相应的图形符号在流程中直接表示。

　　(4)流程图的审核

　　流程图的审核主要包括但不限于以下内容:

　　① 流程边界划分是否合理;

　　② 流程的牵头(归口)部门、相关部门、单位是否正确;

　　③ 流程的各项活动的逻辑关系是否正确;

　　④ 流程中各部室职责是否正确;

　　⑤ 流程和相关流程的接口关系是否正确;

　　⑥ 实际流程和流程描述是否一致。

　　(5)流程图绘制中需要注意的地方

　　① 以"泳道图"形式绘制流程图,横坐标体现与本部门工作流程有直接关联关系的所有职能部门和单位,纵坐标体现工作阶段;

　　② 流程图中的连接线如果不是万不得已,尽量不要交叉;

　　③ 如果一个节点有多条引出的线,应该在线上标注何种情形;

　　④ 可以用标注表示关键控制点或薄弱环节;

　　⑤ 文档型的图标,经常可以提示我们这里有可能是一项记录;而一个数据图标经常可以提示我们这里是信息化工作关注的重点;

　　⑥ 对于流程图中涉及本部门以外的其他职能部门和单位的活动,在流程图中应重点突出对本部门的"输入"环节,以及本部门的"输出"环节,并以"土黄色"表示;

　　⑦ 流程图和流程图之间的衔接。一个流程图的结尾往往是另外一个流程图的开始,应该用编号衔接上,此外,这种情况也不一定仅在首尾发生,流程之中也有可能出现这种情况,比如某个判断,会将流程引向另外一个流程。

　　⑧ 流程图的绘制一定要符合实际。

　　流程图模版如表 6.10 所示。

表 6.10　流程图模版

<流程编号><流程图名称>					
	<部门>	<部门>	<部门>	<部门>	规范依据及标准
<阶段>					
<阶段>					
<阶段>					
适用表单					

注：部门列数和阶段行数可根据流程需要进行增减。

流程图示例如表 6.11 所示。

表 6.11　流程图示例

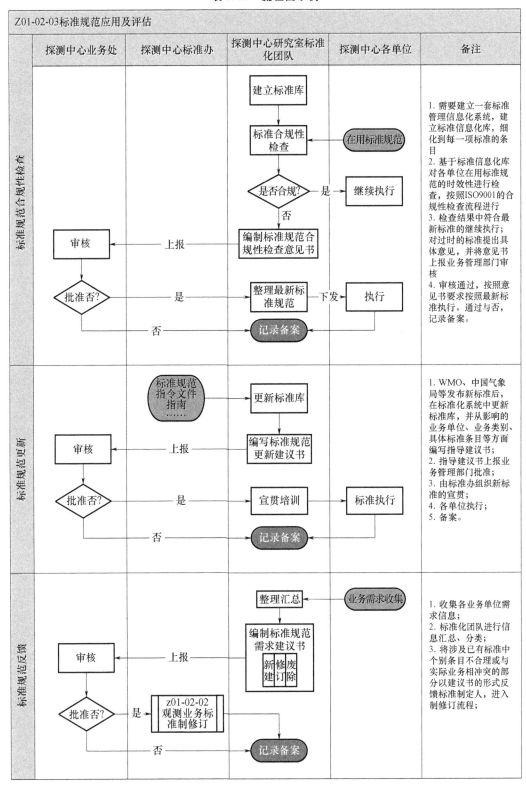

气象观测质量管理体系文件格式与体例要求见附录 C。

6.9 体系文件评审、发布与宣贯

6.9.1 体系文件的评审

体系文件编制完成后,由发布单位组织完成评审工作,以确保气象观测质量管理体系的体系文件清楚、准确、充分、结构恰当。

(1)体系文件评审流程

发布单位发布体系文件评审通知,各编制单位按照通知要求,在规定时间内提交完成的体系文件。

发布单位组织专家完成评审工作,给出评审意见。

各编制单位按照评审意见修订体系文件,并在要求时间内再次提交。

发布单位提交管理者修订后的体系文件,得到管理者批准后,准予放行,随后按照规定方式进行体系文件的发布,并报中国气象局综合观测司备案。

(2)体系文件评审人员组成

评审前,各发布单位应成立体系文件评审组,设组长 1 名,由发布单位负责处室的负责人担任,副组长 1～2 名,评委 3～10 名(根据实际评审需要可适当增减评委数量),由各单位的负责人或熟悉气象观测业务及体系文件的技术专家、文件编写人员、文件执行人员等组成,根据需要可特邀其他单位的专家或者第三方咨询机构的专家参加评审。

(3)体系文件评审形式

评审形式一般采取集中会议审核的方式,经过现场讨论给出评审结论。体系文件较多时,可以采取分阶段评审的方式。根据评委意见和评审结论,在评审结束后,各单位组织相关的编制人员完成修订和完善。

体系文件评审时需要考虑与实际气象观测业务的符合性、内容的适宜性、完备性,并且满足 ISO 9001:2015 标准的基本要求。

(4)体系文件的评审内容

首先检查气象观测质量管理体系的质量手册、程序文件、作业指导书和记录表格这四个层次是否完整,对应的材料是否齐备。

① 质量手册的评审内容

是否对本单位建立气象观测质量管理体系进行了概括性的描述。

对单位的质量方针和质量目标,质量管理体系的范围,与观测业务及观测质量相关的组织结构、职责和权限,质量管理体系过程及过程间的相互关系和作用等,是否进行了清晰的描述。

是否对气象观测质量管理体系的各项管理过程、业务过程、支撑过程的原则、职责和活动顺序进行了明确的描述。

对质量管理体系的监督检查方式是否做出了明确的规定,对内部审核的策划和实施是否明确,管理评审的相关规定是否明确。

附录是否完整。

② 程序文件的评审内容

根据《质量手册》的附录,确认编制的程序文件是否完整,格式是否符合要求,管理工作主要内容和内外工作接口之间的衔接关系是否明确,各程序文件的目录编制、编号设置等是否符合要求。

审核每个程序文件的目的是否明确、适用范围是否合适,相关的术语是否完整,职责是否按照管理权限进行分级描述,工作程序与流程图是否对应一致。过程绩效的监视是否完备,是否识别清楚了过程中的风险和机遇并制定了有效的控制措施,工作记录表格是否完整并符合实际观测业务需要,流程图是否规范等。

③ 作业指导书的评审内容

根据《质量手册》的附录,确认编制的作业指导书是否完整,格式是否符合要求,是否涵盖了气象观测业务的管理标准、技术规范、工作规范、工作细则等。

审核每个作业指导书的目的是否明确、适用范围是否合适,是否与程序文件相对应,各级作业指导书之间的接口是否有机衔接,相关的术语是否完整,职责是否按照管理权限进行分级描述,工作程序与流程图是否对应一致。过程绩效的监视是否完备,是否识别清楚了过程中的风险和机遇并制定了有效的控制措施,工作记录表格是否完整并符合实际观测业务需要,流程图是否规范等。

确认作业指导书是否完整支撑了相应的程序文件,是否详细规定如何开展某项工作内容。在工作程序中,是否更详细、完整地描述和规定某项工作,包括何时、何地、各级部门、分别做什么、如何做以及依据什么去做,并完整附录相关依据和记录表格。

④ 记录表格的评审内容

确认记录表格的目录和示例格式完整地附在程序文件和作业指导书里,无论是固定表格形式还是文本文件,或者是纸质的及电子记录均可,但需要符合统一的编号规则。

在体系文件评审过程中发现的问题,评审结束后统一汇总,由各单位组织修改完善并按照规定时间提交。

6.9.2　体系文件的发布

完成体系文件评审后,各单位根据评审意见进行修订。修订完善后,最终完成的体系文件由各单位质量管理体系主管机构批准,并发布实施。

可采取办公会、联席办公会、专家评审会等方式批准体系文件。

发布方式:在统一的信息系统平台上,由各单位业务主管部门负责发布。

体系文件发布参考格式为:

××省气象局关于发布气象观测质量管理体系文件的通知

×××××××××(各设区市气象局):

气象观测质量管理体系文件(含质量手册、程序文件、作业指导书及相关记录表格)已经由×××××××会议审核通过,现予以发布,从20××年××月××日开始实施。

附件1:×××××××××(单位名称)气象观测质量手册

附件2:×××××××××(单位名称)程序文件汇编

附件3:×××××××××(单位名称)作业指导书汇编

×××气象局

20××年××月××日

6.9.3 体系文件的宣贯

各单位体系文件发布后,应立即启动体系文件的内部宣贯和培训工作。

宣贯和培训内容主要包括(但不限于):质量管理相关知识(如质量管理体系基础理论、名词术语、建立范围与体系模式),质量管理体系文件的要求,单位的体系文件(包括质量手册中质量方针、质量目标等),程序文件架构和作业指导书架构,编制程序文件和作业指导书的目的、范围、职责和工作程序。对记录表格中有变更的部分要重点讲述如何运用,重点介绍本次发布的体系文件的主要内容、要求、对以往工作规范或要求进行调整和修改的相关内容。

结合实际工作情况,学习讨论如何在工作实践中贯彻气象观测质量管理体系的方针和目标,可以采用集中宣贯或按照业务板块分头组织的方式,具体由各单位自行决定。具体如下。

(1)各单位领导要学习

① 质量方针和质量目标,明确具体实施方法;

② 掌握各部门职责和重要的接口方式;

③ 了解本单位质量管理体系基本情况和工作状态;

④ 自觉维护体系文件的规定和要求并执行。

(2)管理者代表要学习

① 熟悉本单位质量管理体系和体系构成;

② 了解气象观测业务相关文件;

③ 熟悉质量方针、质量目标及部门工作职责;

④ 掌握内部质量审核和管理评审情况;

⑤ 熟悉本单位的质量工作情况。

(3)各员工要学习

① 了解贯彻 ISO 9001:2015 标准的目的及有关的基本知识、主要术语;

② 理解质量管理的基本工作方法——PDCA;

③ 气象观测质量管理体系的质量方针和质量目标;

④ 工作涉及的程序文件和规则制度以及使用的记录表格;

⑤ 各作业指导书;

⑥ 明确各自的岗位职责和各部门的职责范围;

⑦ 学习岗位工作相关的法律、法规;

⑧ 熟练掌握工作程序、方法和技能;

⑨ 掌握本岗位的主要工作流程;

⑩ 做好气象观测业务工作中所需的表格记录;

⑪ 明白违反规定会造成什么后果,提高贯标工作的自觉性。

宣贯可以由本单位、外单位的观测业务主管领导、相关业务骨干、体系文件编写的技术人员、质量管理体系方面的专家或者第三方咨询机构的相关专家,采用集中讲课、培训或者分散答疑、讲解等方式进行,可分层次、多轮回、交叉进行。适当时候可采用竞赛、测验、知识问答等方式增强应用过程中的效果。

宣贯和培训的范围要涵盖质量管理体系覆盖范围的全体人员,具体到从事该项工作的每个人。

做好每次宣贯记录。

6.10　体系试运行

体系文件发布之日后 3 个月的执行过程为体系试运行过程,也是贯标的实质性阶段。体系实施试运行实际上就是管理体系文件的实施试运行,即按照质量手册中规定的职责权限全面贯彻落实质量手册、程序文件、作业指导书和 ISO 9001:2015 标准的各个要素,严格控制过程风险和机遇,实现过程绩效的监视和考核。

通过实施试运行,检验体系文件的适用性和有效性,通过实践来验证前期体系文件编写的合理性、实用性和有效性,发现气象观测质量管理中存在的不足,以便更好地改进和提高。

体系试运行期间做好以下工作。

(1)体系文件的分发、定位

落实体系文件要求,做好体系文件的分发和定位,由各单位质量管理体系主管机构完成。

(2)体系文件的全面学习、教育与培训

延续宣贯的要求,继续进行贯彻实施的培训,针对宣贯中的突出问题或者重点关注的问题,组织专题培训或释疑。

(3)体系文件在运行中的继续修改

将体系文件(质量手册、程序文件和作业指导书及附件等)在贯彻实施中发现的不合适或者不适用的部分,及时反馈给相关部门,同时组织专业技术人员进行补充、修订、完善。并将修订和完善的体系文件进行运行。

(4)检查监视体系的运行情况统计数据,做好相关记录。

(5)对不符合试运行的采取纠正措施和预防措施做好相关记录。

试运行期间,各单位要认真执行质量管理体系文件,加强培训和学习,学习内容主要包括质量手册、程序文件、规章制度、记录表格等,保证各项要求的落实。

试运行期间,各单位要做好外来文件的管理,做好相关记录控制。重点要抓文件的落实,执行中注意过程控制,保留工作痕迹(各类记录)和记录的有效管理。

同时,要进一步改进质量管理体系文件,提高文件的符合性、有效性和适宜性。在实践中对文件不断修订,发现不合适、无法操作、与实际情况相差甚远的情况,及时反馈给主管部门。各单位要加强部门间的工作沟通和协调,强化质量管理体系的监督和改进机制,建立双向信息反馈机制,对反映的情况要及时纠正、落实、跟踪和验证,并集中统一修订体系文件。

第7章 气象观测质量管理体系检查与评审

7.1 概述

7.1.1 质量管理体系审核的基本概念

(1)审核

为获得客观证据并对其进行客观的评价,以确定满足审核准则的程度所进行的系统性、独立性并形成文件的过程。

① 审核的主要功能:获取证据、客观评价。

② 审核的系统性:审核活动有明确的目的;审核活动是规范的,有组织、有计划的,并按计划实施;审核过程中发现的问题必须得到纠正。

③ 审核的独立性:审核员与所审核的活动无直接的责任;审核员的活动不受干预;审核员的审核结果代表个人的观点。

(2)审核范围

审核的广度和界限。包括地理范围、组织单元、活动和过程以及覆盖的时间段。

(3)审核准则

确定为依据的一组方针、程序或要求。

(4)审核证据

与审核准则有关的并且能够证实的记录、事实陈述或其他信息。

审核证据可以是定性的或定量的。

(5)审核发现

将收集的审核证据对照审核准则进行评价的结果。

(6)审核结论

审核组考虑了所有审核发现后得出的审核结果。

(7)内部审核

根据 ISO 9001:2015 标准的要求,由组织自身定期进行质量管理体系内部审核。

(8)内审员

全称为质量管理体系内部审核员,质量管理体系内部审核由经过培训的有资格的人员来执行审核任务,这些人员既精通 ISO 9000 族国际标准又熟悉本组织状况。凡是推行 ISO 9000 族国际标准的组织,通常都需要培养一批内审员。内审员可以由各部门人员兼职担任。

7.1.2　质量管理体系审核的分类和目的

(1)质量管理体系审核的类型

质量管理类体系审核类型按照审核方可分为内部审核(第一方审核)、外部审核(包括第二方审核和第三方审核);按照审核对象可分为产品质量审核(包括服务质量审核)、过程质量审核。

第一方审核,即由组织内部人员进行的质量管理体系审核,审核的对象为组织自身的质量管理体系。

第二方审核,即由组织提供产品和服务的用户或其代表对其进行的质量管理体系审核,审核的对象为产品和服务供应者的质量保证体系。

第三方审核,即由独立于供需双方之外的认证机构对组织进行的质量管理体系审核。

内部审核和外部审核的主要区别:内部审核重在发现问题进行纠正或预防,以便保持和改进管理体系。外部审核重在评价,以便决定是否认定或认证。

(2)质量管理体系审核的目的

① 第一方审核的目的

· 依据某一管理体系标准来评价组织自身的管理体系,作为管理层的一种管理手段。

· 验证组织自身的管理体系是否持续满足 ISO 9000 族国际标准规定的要求且正在运行。

· 作为一种重要的管理手段和自我改进的机制,及时发现问题,进行纠正或预防,使体系不断完善、不断改进,是质量管理体系维持、完善、改进的需要。

· 在第二、三方审核前纠正不足,做好准备。

② 第二方审核的目的

· 评价、选择、认可组织质量的依据。当有建立产品和服务供应关系的意向时,对供方进行初步评价;在有产品和服务供应关系的情况下,验证供方的质量管理体系是否持续满足规定的要求且正在运行。

· 促进组织改进质量管理体系。

· 加强与产品和服务提供者的沟通及相互间对质量的共识。

③ 第三方审核

· 确定管理体系是否符合 ISO 9000 族国际标准的认证规定和要求,决定受审方管理体系是否可以注册/认证。

· 确定现行的管理体系实现规定管理体系目标的有效性,为受审方提供改进其管理体系的机会。

· 减少重复审核和不必要的开支。

· 提高组织的信誉和市场竞争力。

· 无明显"第二方审核"需要时采用。

(3)质量管理体系审核的特点

① 被审核的质量管理体系必须是正规的文件化质量管理体系:

· 正规的质量管理体系才能正常运作;

· 正常运作的质量管理体系才有必要审核;

· 正规的质量管理体系形式才可进行公正比较和评价;

· 正规的质量管理体系必须具有完整的质量管理体系文件,必须满足文件控制的要求,必须保证实际行动与书面文件或非书面承诺一致、必要的运作情况必须有可追溯的记录。

② 质量管理体系审核必须是一种正式的活动。质量管理体系审核必须依照正式、特定要求进行,这些要求主要有:

- 质量手册、程序、作业指导书及其他管理性文件、技术文件要求;
- ISO 9000 族国际标准、国家标准、行业标准要求;
- 有关的法律法规要求;
- 合同要求;
- 质量管理体系审核依据正式程序和书面文件进行;
- 质量管理体系审核结果形成正式文件;
- 质量管理体系审核只能依据客观证据(即与质量管理体系和质量有关的事实),这些客观存在的证据是不受情绪或偏见左右的事实,并且可陈述、可验证、可定性或定量;
- 从事质量管理体系审核的人员具备一定的资格。

③ 质量管理体系审核是一种抽样审核,具有一定的局限性:

- 只能在某一时刻进行,不能跟踪全过程;
- 只能涉及体系的主要部门,不可能遍及整个体系;
- 只能调查到具有代表性的人和事,不可能审查全部体系;
- 着重于发现有关质量管理体系失效的凭据,不应抱着"非查到问题"的目的去工作;
- 抽样具有随机性,具有一定的风险,任何审核都不能证明质量管理体系完美无缺。

(4)质量管理体系审核的任务

① 质量管理体系审核的两个阶段

质量管理体系文件审查:

- 审查受审核方是否建立了正规的、文件化的体系;
- 文件的内容是否能正确、充分满足标准要求;
- 了解受审核方的基本情况。

现场审核:检查受审核方的现场运作是否符合特定要求(合同、质量手册、质量保证标准等)。

② 内部审核的步骤

内部审核工作计划:

- 制订全年的内部审核工作计划;
- 确定审核范围;
- 确定审核频次;
- 明确各次审核的目的。

审核准备:

- 指定审核员和组成审核组,分配工作;
- 收集有关文件;
- 文件审查(视情况需要而定);
- 制订审核计划;
- 准备工作文件。

实施审核:

- 首次会议;

- 现场审核(收集客观证据,记录观察结果);
- 末次会议。

审核报告:

- 编制审核报告;
- 报告分发、存档。

纠正措施的跟踪验证:

- 向受审核方提出纠正要求;
- 受审核方制定并实施纠正措施;
- 验证纠正措施有效性并记录。

(5)质量管理体系审核员的工作方法

① 少讲、多看、多问、多听;

② 选择正确的对象提问;

③ 正确地提问;

④ 封闭式问题与开启式问题相结合;

⑤ 提问与索看相结合;

⑥ 联想和追溯;

⑦ 创造良好的审核氛围。

7.1.3 气象观测质量管理体系审核准则

气象观测质量管理体系审核准则一般应包括:

① ISO 9000(质量管理体系 基础和术语);

② ISO 9001(质量管理体系 要求);

③ ISO 9004(质量管理体系业绩改进指南);

④ ISO 19011(质量管理体系审核指南);

⑤ 适用的法律、法规;

⑥ 气象国标、行标;

⑦ 质量手册;

⑧ 方针、目标;

⑨ 程序文件、作业指导书;

⑩ 合同;

⑪ 气象部门其他管理性文件和技术性文件。

7.2 内审员管理

7.2.1 内审员及内审组长的职责

(1)内审员的职责

① 在审核组长领导下,严格执行内审计划,按分工完成承担的内审工作;

② 策划承担的审核工作,制定现场审核检查/记录表;

③ 向被审核部门传达和阐述审核要求;

④ 记录审核证据和报告审核发现；

⑤ 及时向受审核部门报告不符合情况或提请受审核部门注意薄弱环节，开具不符合项报告；

⑥ 按组长要求验证纠正措施的实施效果；

⑦ 审核过程中应恪守客观、公正原则，对待工作必须勤奋、认真、礼貌、守时。

（2）审核组长的职责

① 负责内审活动的策划和组织实施工作，制订审核计划；

② 负责质量管理体系文件的审查，确认文件与质量管理体系标准的符合性；

③ 选择合适的注册内审员组成审核组；

④ 代表审核组起草和报告审核结果，编写审核报告；

⑤ 审批内审员制定的现场审核检查/记录表；

⑥ 检查内审员的审核工作，并在审核结果后做出客观、公正的评价；

⑦ 主持召开首次会议、末次会议和审核组内部沟通会议；

⑧ 审批内审员开具的不符合项报告单；

⑨ 向管理者代表和体系管理部门报告在审核过程中遇到的重大障碍，并提交管理者代表进行协调和处理；

⑩ 审核过程中应恪守客观、公正原则，对待工作必须勤奋、认真、礼貌、守时。

7.2.2 内审员的基本要求

① 具有一定的文化程度。

② 参加工作年限满足要求，具备专业技术或管理工作的经历。

③ 诚信、正直、谨慎，能保守秘密，具备较好的文字和语言表达能力，并能够客观、公正地陈述、表达和记录审核证据。

④ 工作态度认真，思路开阔，善于沟通，具备较强的观察力、判断和分析能力。

⑤ 必须参加过质量认证机构或培训机构组织的质量标准和内审培训，并经过考试获得培训合格证书。熟悉相关法律法规、体系运行和文件，掌握质量管理的基本知识。

⑥ 与被审部门无直接的责任关系，但对被审部门的业务要有一定了解。

⑦ 审核组长应比审核组员有较多的审核经验，具有组织管理整个审核工作的能力。

7.2.3 内审员队伍建设

（1）内部审核是企业贯彻 ISO 9001 标准管理的重要质量活动，是使质量管理体系不断完善和正常运行的重要控制手段，也是质量管理体系标准的要求。建立一支合格的内部质量审核员队伍是开展内部审核的基本条件。

（2）组建内审员队伍，应做好内审员的任命、考核与评价

其主要内容有：内审员的任命，应由各部门广泛推荐，经培训考核合格后，从中挑选适当的人员成为内审员候选人，并建立内审员候选人档案。再由内审员资格评定小组进行资格评定，资格评定合格者由组织审批任命为内审员。内审员数量应根据组织规模和结构确定。质量管理部门应定期公布内审员名单。

质量管理部门负责内审员的日常管理，建立内审员管理档案，包括任命文件、参加培训记

录(含内审员培训和其他业务培训记录)及审核表现、参加审核记录等。

质量管理部门每年对内审员进行一次考核,考核通过者择优任命为下一轮次的内审员,对于业绩突出者可给予激励;连续两次未参加内审/专项审核、年度考核不合格的,暂停/撤销内审员资格。

(3)内审员的培训要求

① 获得内审员资格的人员接受组织内部每年不少于一定课时的培训。

② 内审员定期参加外部培训,包括体系管理审核标准的培训。

③ 内审员优先参与公司开展第三方审核等外部交流活动。

④ 内审员优先获得质量管理体系的文件,及时学习,以保证水平和能力。

⑤ 内审员在任期内,应至少保持 2 次及以上现场审核经历,无故不参加内审活动且受聘期间无审核经历的内审员不得续聘。

7.3　内部审核

内部审核也称为第一方审核,是由组织自己或以组织的名义进行,审核的对象是组织自己的管理体系,验证组织的管理体系是否持续满足规定的要求并且正在运行。通过内部审核可以证实组织的管理体系运行是否有效,作为组织自我合格声明的基础,内部审核也为管理评审和纠正、预防措施提供信息。对组织来说,内审可以由自身开展,也可以由与受审核活动无责任关系的人员进行,以保证独立性。

组织实施内部审核的目的是为了确保质量管理体系发挥预期的作用,确保质量管理体系的持续适宜性、充分性和有效性,及时发现质量管理体系中的薄弱环节和潜在的改进机会。内部审核能够就体系是否符合质量管理体系标准的要求,为最高管理者和其他利益相关方提供保证。内部审核也是组织自我完善管理体系的一个非常有力的工具,组织可以通过内部审核来验证质量管理体系是否符合标准的要求和是否被有效地实施,通过纠正措施的落实来确保消除不合格原因,以防止类似事件的再次发生。

内部审核应覆盖组织所有的部门和过程,涉及输入、资源、活动、输出各环节,包括人员、技术、设备、材料、方法、环境、时间、信息及成本等多个要素,得出质量管理体系符合性、有效性、适宜性的评价结论。

7.3.1　内部审核的实施要点

气象观测质量管理体系内部审核的实施可以参照《质量管理体系 要求》(GB/T 19001—2016),该标准为管理体系审核提供了指南,包括审核原则、审核方案的管理和管理体系审核的实施,也对参与管理体系审核过程的人员的个人能力提供了评价指南。

内部审核策划及实施时应考虑以下方面。

(1)内部审核的总体策划

为确保内部审核的实施,组织应对内部审核进行总体策划,包括职责权限的分派,明确管理内审工作的职能部门,确保其独立行使职权。同时应建立内审员队伍,为内部审核提供所需的资源。

内部审核的策划主要由各级气象观测部门内质量管理体系负责部门组织并承担内部审核的管理工作,包括:确定内部审核准则,制定内部审核的程序,制定内部审核方案,策划、培训、考核及任命(由最高管理者授权)内审员,策划编制年度内部审核计划安排等。内部审核总体策划的结果应报请相应级别最高管理者批准。

内审总体策划时应考虑以往审核的问题以及中国气象局当前阶段对气象观测质量管理的关注点和相关要求,并考虑中国气象局《气象观测质量管理体系业务运行规定》中对内审员管理和审核管理的要求。

(2)确定内部审核准则

内部审核实施是按照相应的准则实施,内部审核的准则通常包括:组织现行有效的质量管理体系文件;GB/T 19001—2016标准规定的质量管理体系要求;适用的法律法规。如有特定需求时,客户的要求也可以作为内部审核的准则。

内部审核准则确定时,应考虑与气象观测业务相关的制度要求相结合,如汛期检查的要求等。

(3)内部审核方案的编制

内部审核方案主要内容包括:

① 审核的目标、准则、范围、频次和方法;

② 审核职责,包括内审人员的资格、职责和权限;

③ 审核前的准备工作,包括选择审核组长、组成审核组。

通过编制审核方案,可以确定审核的目标、范围和准则;确定审核方案的范围和程度;识别和评估审核方案的风险;明确审核中相关方的责任;确定所需的资源,包括审核组和审核员的要求。编制审核方案时,还应明确审核方法、如何管理和保持审核记录的要求。审核方案编制后应报送最高管理者批准。

各省级气象部门在策划内部审核方案时,由于其覆盖省级和市县级气象观测相关部门和业务,开展内部审核需要系统的策划。在满足业务规定的前提下:

① 审查方式方面,可以采用各单位自查加省级派审核组抽查及市县级单位互查等方式展开。按照《气象观测质量管理体系业务运行规定》的要求,全国范围抽查要做到在三年认证有效期内保证全国所有省(区、市)气象局及所有业务类别抽审全覆盖。省(区、市)气象局每年对辖区内体系覆盖的观测业务进行抽审,体系覆盖范围内省(区、市)气象局的直属单位每年应全部检查,被抽审的下级单位数目按照所管辖区内的下级单位总数开平方根后向上取整的方式确定,并尽量涵盖体系建设范围内所有业务类别。

② 审核时间安排方面,可以采用集中和分批次展开的方式进行。按照《气象观测质量管理体系业务运行规定》的要求,全国各级气象部门内审工作应结合每年汛期检查工作开展,编制内审报告并逐级上报,中国气象局直属单位和各省(区、市)气象局在本级内审结束后15日内报中国气象局综合观测司,不得迟于每年6月底,两次内审间隔时间应不超过12个月。

③ 市县级单位审核重点方面,可以采用全面审核或不同单位选取不同的审核重点最终覆盖全部要求的方式,即可以一次审核覆盖抽查市县单位的所有业务类型,或在不同市县抽取不同的业务类型最终达到业务类型全覆盖的方式开展。

④ 审核员的选派方面,可以由省级统一调派方式进行,或任命审核小组组长从内审员库中选取人员然后经省级体系主管部门确认的方式选派,当各单位自查开展内审时,审核组成员及审核计划也应报省级体系主管部门确认。

各省级气象部门内审的审核方案应报请省级最高管理者批准,并根据要求,必要时报送中国气象局备案。各省内审总体策划时,还可以考虑策划对所选派的审核员进行培训,以确保选取的审核员能系统了解内审开展的要求、要点和重点以及确保审核的一致性。

(4)组成审核组,指定审核组长

审核组由实施审核的一名或多名审核员组成,指派审核组中的一名审核员为审核组长。组成审核组时应考虑审核的目的、范围、准则和审核时间的安排。审核组应具备达成审核目的所需的整体能力;内审组成员应具备气象观测相关的专业知识和能力;审核人员的客观、公正性体现在与受审核部门无责任关系、利益关系,审核员不审核自己的工作。

按照《气象观测质量管理体系业务运行规定》的要求,内审员分省级和国家级内审员,省级内审员应是气象观测相关业务骨干,参加并通过由中国气象局直属单位和各省(区、市)气象局组织的培训和考试。国家级内审员从省级内审员骨干中选取,并经中国气象局直属单位和各省(区、市)气象局推荐,参加并通过由中国气象局综合观测司组织的培训和考试。因此各级气象部门在组建内部审核组时,应考虑审核组人员是否满足运行规定的要求。

内部审核组长由审核组中的一名审核员担当,通常由最高管理者或管理者代表指定,审核组长负责组织审核活动的开展和最终审核结论的决定,并对所有审核阶段的工作负责。审核组长选择时,应选择熟悉气象观测业务和质量管理体系要求,并有较丰富的管理经验,同时具备组织和领导审核组能力的人员。审核组长还应有较强的沟通协调能力。

各省(区、市)气象局观测业务主管部门开展内部审核策划时,如计划分组开展或由市县单位自查或互查方式开展审核,可以采取指派审核总组长及各分组或小组组长的方式,逐级负责所开展的审核活动和沟通。

(5)审核前的准备

① 组织文件评审:组成审核组后,审核组长应组织审核员对审核所涉及的气象观测管理体系文件的评审,收集过程、职能方面的信息,了解体系文件范围和程度的概况,提早发现可能存在的差距。

② 编制内审计划:内审计划是对一次审核活动具体的安排和描述。内审计划中应包括现场审核的人员、审核活动、审核时间和审核路线等方面的安排。审核计划中明确了审核组的审核内容和要求,为审核员编制检查表提供依据,审核计划也为受审核部门做好审核有关准备、沟通、协调提供依据。内审计划由审核组长根据审核方案的要求编制,由授权人审批后执行。省级气象观测质量管理体系由于涉及的地域广、部门多,其内审计划可以由省级主管部门编制的大计划和各市县级编制的分计划构成,内审计划编制时要考虑彼此时间的衔接、沟通、协调。

③ 准备工作文件:为确保内部审核的顺利实施,审核组还应准备相关的工作文件,如检查表、审核抽样方案、记录信息等的表格。其中,检查表作为审核员现场审核时的重要参考,审核组长应组织审核组成员编制相应检查表,检查表中应就审核的场所、部门、过程、活动(到哪儿查?),审核的对象(找谁查?),审核的项目或问题(查什么?),审核的方法(如何查? 包括抽查计划)等方面进行策划,为现场审核提供参考。

(6)审核活动的实施

内审工作一般可按如图 7.1 所示流程进行。

① 召开首次会议:首次会议的目的是确认审核计划,介绍审核活动的程序和方法。首次会议是现场审核的开始,是审核组与受审核部门的第一次沟通,首次会议一般由审核组长主持,组织的最高管理者以及与体系相关的部门领导及体系负责人应参加会议。

② 收集信息:在审核中,审核组应通过适当的方法收集证据,收集信息通常采用现场观察、访谈、查阅文件等方式开展,围绕审核目标、范围和准则收集相关信息,包括与职能、活动和

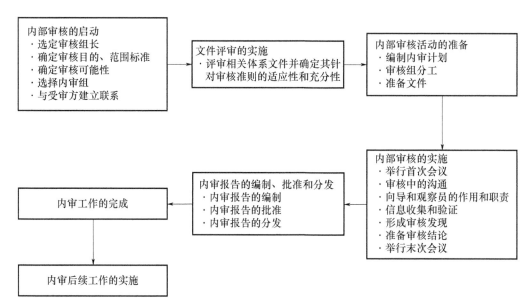

图 7.1　气象观测质量管理体系内部审核流程

过程间接口有关的信息。现场收集信息时,应确保信息真实可靠,能够反映现场工作客观开展现状,对于发现问题应及时记录。

气象观测由于存在涉及地域广、层级多等现实情况,审核组在收集信息过程中应考虑利用气象观测系统自动化程度高的特点,增加远程视频、开通临时账户网上信息检索、临时授权访问等方式收集审核证据,以提高审核效率,节省审核时间。审核组在收集信息过程中,应注意时间进度的控制。

③ 形成审核发现:审核发现是对照审核准则评价审核证据得出的结果,也就是根据收集的信息比对审核准则得出的审核结果。审核发现判断的依据是审核准则,而不是审核员个人的经验和偏好。审核发现包括组织质量管理体系符合或不符合审核准则的结果,对于不符合审核准则的应予以记录,如形成不符合项报告。

④ 得出审核结论:审核结论是对组织质量管理体系满足策划要求的情况,内外环境的变化,领导作用及全员质量意识,质量方针和质量目标的适宜性及实现情况,资源配置的适宜性及满足要求的能力,气象观测业务过程的受控情况、质量状况,顾客对产品及服务的满意情况,内审、管理评审的实施,不符合项和改进情况,体系中存在的薄弱环节等方面的综合性评价。审核结论是由审核组成员根据审核所获取的信息形成。审核结论包括采取纠正措施或改进措施的需要,并对措施的完成情况及有效性进行验证。在审核结论的基础上形成审核报告,并提交最高管理者。

⑤ 举行末次会议:末次会议由审核组长主持,是与受审核组织沟通审核发现,并公布审核结论。参加末次会议的人员同首次会议。

⑥ 后续活动:后续活动主要包括对审核发现的分析,以及对审核中提出的不符合项等事项的跟踪验证。根据《气象观测质量管理体系业务运行规定》(气测函〔2019〕143 号,见附录A),中国气象局综合观测司将根据中国气象局直属单位和各省(区、市)气象局的内审报告以及全国的抽审情况,组织编写全国体系总体内审报告,这也是后续活动的相关工作。

(7)审核方法与注意事项

内部审核组成员在现场实施审核时,应运用适当的审核技术收集审核证据,发现深层次的问题,保证审核的有效性和效率,满足审核目的要求。在具体实施审核时,应注意以下几方面。

① 面谈的技巧

面谈是收集信息、获取审核证据的一个重要手段;掌握和运用面谈的技巧也有助于营造良好的审核气氛;有利于与受审核方的交流与沟通。为确保面谈顺利开展,更高效地收集到有用信息,在面谈时应关注以下几方面。

选择合适的面谈对象:审核组应尽量与不同层次和职能的人员进行面谈,尤其是关注气象观测业务一线的工作人员,通过与各级具体业务实施人员的沟通获取具有代表性的信息。面谈时尽量在接受面谈人员正式工作场所、正常工作期间进行。

营造良好的面谈气氛:审核员在面谈中应营造良好的面谈气氛,消除面谈对象的紧张心情;询问和做记录的理由应加以解释;避免提出偏向性(诱导性)问题;面谈结果应进行归纳并同被询问人员共同评审;应向被询问人员的参与和合作表达感谢。

掌握提问的技巧:提问通常采用封闭式和开放式的方式。封闭式提问可用于简单的是或否来回答的问题,常用于对某一事实进行确认。开放式提问用于须对方进行说明、解释才能回答的问题。封闭式提问的特点是简单但信息量小,开放式提问的特点是信息量大,但耗时长。审核组成员应结合想获取的信息类型灵活采用两种方式。提问时应注意避免引导式提问,以防加入审核员个人主观意图或某种暗示而不能获得真实的信息,提问过程中要注意掌握主动权并控制好节奏,避免出现节奏被受审核方掌控或提供无用信息耗时的现象。

面谈时除语言表达准确清楚外,还应注意避免机械地按照检查表逐条提问,检查表是审核时的参考,但实际审核中应根据与被审核对象面谈的信息灵活调整谈话内容。面谈过程中,要善于倾听,注意听取面谈对象的回答,并做出适当反应;当回答偏离主题或发现不清楚的地方须追问时,应适时、礼貌地打断对方谈话;面谈的内容要验证并及时记录。

② 合理抽样

现场审核中,通常会采用抽样的方式获取审核证据,抽样时应注意对抽样要求提前做好策划。选取的样品应有代表性,要考虑气象观测各项业务、过程、阶段、时间段、岗位、多现场等因素选取代表性样品。抽样时通常采用随机抽样的方式选取样品,不要事先通知受审核方抽样样本,当受审核方提前准备样本的情况下,应增加现场临时抽样作为补充。

现场审核中发现新线索须追查时,可适当扩大抽样范围,进一步获取信息,但切忌不查出问题不罢休而随意扩大抽样的情况。

③ 对问题的跟踪及追溯

对发现问题的线索通常采用顺向跟踪或逆向追溯的方式查找原因或结果。顺向跟踪是根据问题线索,检查后续的过程。逆向追溯是根据问题线索,检查前一个过程。通过跟踪或追溯,以追查、核实和获取进一步信息,得到可靠审核证据。

(8)内部审核实施中常见问题和现象

① 未制定年度审核计划或审核方案,也未根据上年度审核报告确定本年度内部审核工作重点、审核次数、审核时间和审核方式(即滚动审核还是集中审核)。

② 内部审核范围未能覆盖气象观测管理体系所涉及的所有业务、服务、部门和标准的所有条款要求。

③ 内部审核实施计划未提前与受审核部门沟通,使审核活动与受审核部门在工作时间上

有冲突。

④ 审核人员不具备能力,未经过审核知识的培训,或审核员审核本部门,导致审核不能有效、客观、公正地反映质量管理体系的实际状况。

⑤ 检查表照抄标准条文,与本单位文件规定和实际情况不符,从而影响审核效果。

⑥ 不是由审核员随机抽样,而是让受审核方选取样本作为审核样本。

⑦ 不以客观事实作依据,而是以道听途说和审核员自己的主观推断作为不合格判定的依据。

⑧ 不能把握审核节奏,不能按时完成审核任务。

⑨ 不符合报告因事实依据不充分、不具体而产生异议;审核结论不能被受审核人员所接受。

⑩ 不合格的纠正流于形式,不能从根本上消除存在问题的原因,也未能达到举一反三的整改效果。

⑪ 纠正措施未付诸实施,或未按规定的要求实施,或未按期完成。

7.3.2　内部审核的实施示例

示例7.1：××中心质量管理体系××××年内部审核方案

> 为指导××××年质量管理体系的内部审核(以下简称"内审")工作的有效开展,特制定此方案。
>
> ××××年内审工作分两次进行,分别在7月中旬和8月中旬开展;审核人员由××人组成。
>
> **一、内部审核启动**
>
> (一)内部审核目的
>
> 评价各部门质量管理体系实施情况,包括符合审核准则的程度及有效性,同时为管理评审和第三方外部审核做准备。通过内部审核识别质量管理体系存在的问题,并进行改进完善。
>
> 负责单位(人员):×××。
>
> (二)内部审核范围
>
> 内部审核范围包括:与气象探测(技术研发、成果转化、观测试验、工程建设、前期质控、运行监控、装备保障、数据质量控制、计量等)相关的质量管理活动。
>
> 涉及管理层:最高管理者;
>
> 涉及部门:×××。
>
> (三)内部审核准则
>
> 本次审核的准则和依据包括三方面:
>
> (1)《质量管理体系要求》(GB/T 19001—2016);
>
> (2)气象观测适用的法律、法规、标准和其他要求;
>
> (3)××中心质量管理体系文件。
>
> 负责单位(人员):×××。

（四）内部审核时间

第一次内审时间：7 月 12 日至 7 月 20 日，其中：

7 月 12 日—7 月 13 日现场审核（具体安排见附件 1）

首次会议：××××年 7 月 12 日 09：00

末次会议：××××年 7 月 13 日 16：00

7 月 16 日—7 月 19 日整改及内审报告编写

7 月 20 日内部审核报告上报最高管理者

第二次内审时间：8 月 13 日至 8 月 23 日，详细审核计划后续制定。

负责单位（人员）：×××。

（五）内部审核组确定

内部审核工作确定审核组组长，一般由质量管理体系分管领导担任，特殊情况下可由分管领导委托相关管理处室主要负责人担任。

内部审核分组及组员配置由内审组长根据实际情况进行安排，每组由 5～7 名内审员组成。受审核部门或处室指派相应人员配合。

每一小组安排一名小组组长，负责各小组的总体审核工作。第一次内审时，小组组长由×××专业技术人员承担。

负责单位（人员）：×××。

（六）审核方式

主要采取面谈、对过程和活动的观察、查验文件等方式。

负责单位（人员/组织）：审核组。

（七）审核要求

（1）内审员不得审核自身负责的工作，以保证审核的客观性和公正性。

（2）现场审核按审核计划的日程安排，由受审核部门做好准备（包括文件和资料的准备），并按时在现场接受审核。

（3）有影响审核计划实施的任何问题请提前通知内部审核组组长，以便于协调和进行必要的变更。

负责单位（人员/组织）：审核组。

二、现场审核准备

（一）文件审核

审核员在审核组长的带领下对××中心已发布执行的质量管理体系文件，包括质量手册、程序文件、作业指导书和记录表等，从其体系文件的充分性、适宜性和有效性等方面进行审核。

负责单位（人员/组织）：审核组。

（二）审核计划

审核组长牵头编制审核计划，经审批后由业务处（质量办）下发至各单位，各单位依据审核计划做好相关准备工作。

负责单位（人员/组织）：审核组长。

（三）审核任务分配

审核组长根据审核计划将审核任务分配给审核小组，审核小组组长依据本小组总体任务细化小组成员具体审核任务。

负责单位(人员/组织):审核组长。

(四)编制检查表

审核员按照各自小组组长的审核任务分配情况,收集和评审与其审核任务相关的信息,编制检查表。具体模版参见附件2

负责单位(人员/组织):审核员。

三、现场审核实施

(一)举行首次会议

召开正式会议,审核组长与中心最高管理层、各职能处室和业务处室主要负责人、审核组所有成员参加,由审核组组长介绍审核计划。

负责单位(人员/组织):审核组长。

(二)收集审核证据

审核员主要按照检查表内容以适宜的审核方式获取与审核目的、范围和准则相关的信息,并对信息进行记录和验证。

负责单位(人员/组织):审核员。

(三)形成审核发现

各小组审核员根据审核准则和所获得的审核证据,确定审核发现。针对发现的不符合,详细描述不符合情况。具体模版参见附件3。

不符合项根据不符合的严重程度分为三级:建议项、一般不符合项和严重不符合项,其中:

建议项:不符合事实为轻微的不符合,不影响管理体系实现预期结果的能力;

一般不符合项:不符合事实为偶发性的不符合,不影响管理体系实现预期结果的能力;

严重不符合项:不符合事实为系统性的不符合,影响管理体系实现预期结果的能力。

负责单位(人员/组织):审核员。

(四)确定审核结论

审核组长对照审核目的及审核准则,审查审核发现和审核中获得的适用信息,并考虑审核过程中的不确定因素,组织审核组成员,就审核结论在审核组内达成一致,同时对需要的跟踪活动做出安排。

负责单位(人员/组织):审核组长。

(五)举行末次会议

召开末次会议,审核组长与中心最高管理层、各职能处室和业务处室主要负责人、审核组所有成员参加,由审核组组长总结本次内审工作并宣布审核结论,就不符合项整改时间与各受审核单位达成一致。

负责单位(人员/组织):审核组长。

四、审核后续活动

(一)审核报告编制及下发

内审工作结束后,由内部审核组长牵头组织编制审核报告,并按规定时间提交给业务处(质量办)。模版参见附件4。

负责单位(人员/组织):审核组长。

（二）不符合项跟踪验证

针对内审中开出的不符合项,受审核部门在规定时间内完成原因分析和整改;对未能及时整改的,提交原因说明。由业务处(质量办)牵头组织对不符合项进行跟踪验证。

负责单位(人员/组织):审核组长。

（三）内审材料归档

由审核组长负责,将审核准备、实施及审核结论等所有内审相关材料提交给业务处(质量办)。

负责单位(人员/组织):审核组长。

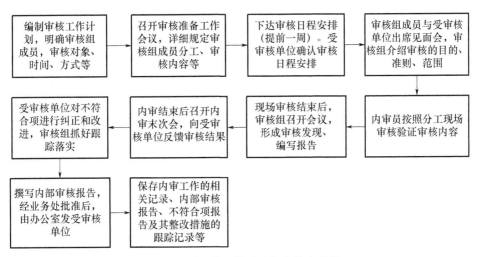

××中心质量管理体系内部审核流程图

附件:

附件 1:第一次内部审核计划表

首次会议:××××年 7 月 12 日 09:00

末次会议:××××年 7 月 13 日 16:00

整改及内审报告编写:7 月 16 日—7 月 19 日

内部审核报告上报最高管理者:7 月 20 日

注:首末次会议、整改情况报告会请最高管理者或其代表及与审核有关部门的管理人员或代表参加。

审核组长:×××

审核组副组长:×××

A 审核组成员:×××

B 审核组成员:×××

C 审核组成员:×××

第一次内部审核计划表

名称：××××年×××质量管理体系内部审核

审核 类型	■初次认证审核(第一阶段) □监督审核 □再认证审核(第阶段) □证书变更审核(第阶段) □机构间证书转换审核
审核 目的	■第一阶段审核:评价质量管理体系实施情况,管理体系运行有效性,提出改进建议 □变更:(由审核组长根据具体情况填写) □其他:为外部审核做准备
审核 范围	涉及的场所及地址:×××等 涉及的业务活动:数据业务、装备业务、技术发展、技术支撑、综合管理 涉及的时期:自××××年×月至本次现场审核结束日
审核 准则	■GB/T 19001-2016 idt ISO 9001:2015 ■管理体系文件化信息 ■适用法律法规 □特殊要求 □其他:

班次和班次时间	09:00—12:00；14:00—17:00
审核日期:	2018/07/12-13

姓名	组内身份	组别	组内成员
×××	组长	A	×××
……	……	B	×××
×××	副组长	C	×××

注1:审核组成员已声明与被审核方不存在任何利益关系,承诺将对受审核方的文件、资料以及在审核过程中所获得的信息保密,未经书面许可,不会向第三方透露。

注2:必要时,审核组长在征得贵方同意后,可调整本计划。

××月××日

时间	组别	审核内容/条款	受审部门
09:00—10:00	A+B+C	首次会	全体
10:00—12:00	A	审核过程:…… 审核内容及标准条款:……	主责:…… 配合:……
10:00—12:00	B	审核过程:…… 审核内容及标准条款:……	主责:…… 配合:……
10:00—12:00	C	审核过程:…… 审核内容及标准条款:……	主责:…… 配合:……
……	……	……	……

附件 2:内审检查表

内审检查表

过程名称		审核员		日期	
主要责任部门		接受审核人员		页次	
过程涉及部门					
过程的输入(要求、准则、规范)					
过程的输出(形成的记录证据)					
过程绩效指标					

工作项/标准条款	审核内容	审核记录	评价

附件 3:观察项和建议项清单

观察项和建议项清单

序号	描述
1.	
2.	
3.	
4.	
5.	
6.	
7.	

审核组长(签字):

附件 4：不符合项报告

×××质量管理体系内部审核不符合项报告

受审单位名称：		审核日期：	
受审核部门/过程：		性质：□严重□一般	
不符合项描述：			
判定依据：			
审核员（签字）：	审核组长（签字）：		受审核部门代表（签字）：
原因分析：			
受审核部门代表：	日期：		
纠正、纠正措施实施情况或纠正措施计划：（请提供相应见证材料）			
受审核部门代表：	日期：		
跟踪结论： □纠正和纠正措施可以接受且证实有效 □纠正和纠正措施计划可以接受,将在下次审核中验证有效性 □纠正和纠正措施不能接受,或纠正措施未有效实施			
审核员签名：	日期：		

附件 5：内部审核情况汇总表

×××质量管理体系内部审核情况汇总表

审核组别		审核时间	
审核范围	【按计划表所列审核范围名称填写】		
审核发现			
不符合项	不符合项总数		
	不符合项分布及不符合标准条款		
	不符合项具体表现		
	问题清单总数		
审核结论			
纠正措施 要求及建议			
说明			

附件 6：内部审核报告

××××××单位
质量管理体系内部审核报告

一、内审目的

二、内部审核范围

三、内部审核准备

四、内部审核时间

五、内部审核组成员

六、内部审核综述

七、内部审核结论

7.4　管理评审

质量管理体系建立初期,最后一个步骤是管理评审,这种由最高管理者亲自主持定期开展的活动是驱动质量管理体系不断向前发展的重要机制之一。管理评审的英文原文是"management review",其中,management 是管理层的含义,review 在英文中是评审、回顾的意思,顾名思义,管理评审其本身的含义是组织的管理层对一段时间以来体系运行情况的一次回顾总结,以确定后续的改进。

7.4.1　管理评审的实施要点

气象观测质量管理体系中的管理评审活动,一般以会议方式进行,需要注意以下几个方面的实施要点。

(1)管理评审一定要气象观测质量管理体系的最高管理者亲自主持,这既是标准的要求,也是为确保会议效果的保障手段之一。

(2)要避免会而不议,管理评审不是简单的总结报告会,要对标准中所列明的输入逐项进行充分的讨论和审议,要能够识别出做的好的地方,也要能识别出有待于进一步改进的地方。

(3)要避免议而不决,管理评审的输出并不是管理评审报告,报告仅仅是输出的载体,管理评审真正的输出是有关体系改进、变更以及资源需求的决议,这些决议需要得到落地实施并在下一次管理评审会议中作为输入。

(4)管理评审中有关质量管理体系绩效和有效性方面的信息不仅仅是当年的信息,也要包括这些信息的趋势,当然不排除某些信息,比如可能因为数据不足无法提供趋势方面的信息,但只要有可能就要将这些方面的趋势呈现出来。

(5)管理评审的输入涉及组织的众多部门,因此每次管理评审实施前,一定要周密策划和组织,争取到所涉及部门的积极参与,以获得充分的输入信息。

(6)最后,应有机制跟进管理评审所做出的相关决议的落地执行情况,并及时向最高管理者反馈,以有力推动质量管理体系的改进。

7.4.2 管理评审的实施示例

示例 7.2：管理评审模板示例

第一部分 管评会议通知

×××：

为评价本局气象观测质量管理体系建设成果和气象观测质量管理体系运行的适宜性、充分性和有效性……特定于××月××日开展气象观测质量管理体系管理评审工作,现将本次管理评审中各单位/过程汇报内容安排如下,请各单位积极准备：

1. 质量管理体系建设情况,包括体系建设背景、建设思路和成果、试运行情况(含风险和资源适宜性等方面的评价)、后期工作安排等总体介绍——相关单位;

2. 顾客满意和质量目标实现情况以及方针和目标的适宜性情况——相关单位;

3. 质量管理体系内审整改情况及问题——相关单位;

4. 重要外部供方(如设备维护、软件运维等)的绩效——相关单位;

5. 各单位/部门质量管理过程体系试运行报告(包括本单位/部门质量管理体系建设情况和运行效果、存在的问题和原因分析、对本单位和我局质量管理体系建设和运行的改进建议、"留废改立"等)——相关单位;

……

汇报形式为PPT,体系建设情况介绍限时××分钟,其他限时××分钟/人。同时请1～5部分提交文字材料。

所有材料请于××月××日下午下班前发送至×××。

××××

××××年××月××日

第二部分　管评会议

一、评审目的

评价××局气象观测质量管理体系建设成果和气象观测质量管理体系运行的适宜性、充分性和有效性,同时为 10 月份认证机构的第三方现场审核做准备。

二、评审内容

管理评审的评审内容按照 GB/T 19001—2016 标准要求,重点包括:

1. 质量目标的实现程度及方针和目标的适宜性;

2. 顾客满意和相关方的反馈;

3. 体系建设和运行效果(包括产品和服务的符合性、不合格及纠正情况、监视和测量结果、"留废改立"等);

4. 内部审核结果和整改情况;

5. 外部供方的绩效;

6. 资源的充分性;

7. 风险的识别情况和措施;

8. 改进的机会。

三、参加人员

最高管理者、管理者代表、各单位/部门主要负责人等

四、时间和地点

20××年××月××日××:××;　×××

五、会议主持

×××

六、会议内容

1. 管理者代表介绍会议情况(10 分钟)

2. 各部分汇报,顺序如下:(除体系建设情况××分钟外,其他 10 分钟/人)

• 质量管理体系建设情况,包括体系建设背景、建设思路和成果、试运行情况(含风险和资源适宜性等方面的评价)、后期工作安排等总体介绍——相关单位;

• 顾客满意和质量目标实现情况以及方针和目标的适宜性情况——相关单位;

• 质量管理体系内审整改情况及问题——相关单位;

• 重要外部供方(如设备维护、软件运维等)的绩效——相关单位;

• 各单位/部门质量管理过程体系试运行报告(包括本单位/部门质量管理体系建设情况和运行效果、存在的问题和原因分析、对本单位和我局质量管理体系建设和运行的改进建议、"留废改立"等)——相关单位;

……

3. 最高管理者做总结发言

第三部分　管评会议签到表

管理评审会议签到表

会议名称	×××质量管理体系20××年管理评审会议		
时间	20××年_____月_____日_____至_____		
序号	姓名	部门和职务	签名
1		最高管理者	
2		管理者代表	
3			
4			
5			
6			
7			
8			
9			
10			
11			
12			
13			
14			
15			
16			
17			
18			
19			
20			
21			
22			
23			
24			
25			
26			
27			
28			
29			

第四部分　管评报告

为评价××局质量管理体系建设成果和质量管理体系运行的适宜性、充分性和有效性,找出存在问题并不断改进,同时为第三方认证机构现场审核做准备。最高管理者和管理者代表于××××年××月××日组织召开了管理评审会议,对我局质量管理体系建设和运行效果进行了评审。

一、质量管理体系基本情况

建议内容:简单概括本单位/部门质量管理体系建设背景、覆盖的范围、业务等基本情况。

……

二、体系建立及试运行情况

建议内容:简单概括本单位/部门质量管理体系建设思路、进度情况、建设成果(如文件编制情况、废改立情况、试运行情况等)。

……

三、管评综述

建议内容:简单介绍管评计划安排、评审内容、召开情况包括评审内容等。

四、管评输入(建议从以下方面简要介绍)

1. 质量方针和目标的适宜性,包括变更的需求。

2. 顾客满意情况及分析。

3. 业务运行绩效及评价(包括业务相关质量目标的完成情况及评价)。

4. 内审及整改情况。

5. 不合格产品和服务及纠正情况。

6. 资源的充分性(包括人员、设备、资金配置等充分性)。

7. 风险识别及应对措施的情况。

8. 改进建议(包括体系改进和资源配置等的建议)。

9. "留废改立"清单。

10. 体系建设成效实例。

11. 下一阶段工作安排。

五、管评输出

……

六、管评结论

建议内容:对质量管理体系和建设情况进行总体评价。

最高管理者:

年　　月　　日

第8章 气象观测质量管理体系认证

8.1 我国的认证认可制度

8.1.1 认证认可的定义

认证,是指由认证机构证明产品、服务、管理体系符合相关技术规范、相关技术规范的强制性要求或者标准的合格评定活动。

按强制程度分为自愿性认证和强制性认证两种。如质量体系认证、环境体系认证、职业健康安全体系认证、CQC(China Quality Cetification Centre)标志认证都是自愿性认证,CCC(China Compulsory Certification)标志认证是强制性认证。

按认证对象分为体系认证和产品认证。例如,质量体系认证、环境体系认证、职业健康安全体系认证都是体系认证,CQC 标志认证、CCC 标志认证都是产品认证。

认可,是指由认可机构对认证机构、检查机构、实验室以及从事评审、审核等认证活动人员的能力和执业资格,予以承认的合格评定活动。

一般情况下,按照认可对象的分类,认可分为认证机构认可、实验室及相关机构认可和检验机构认可等。认可机构对于满足要求的认证机构、实验室及相关机构和检验机构予以正式承认,并颁发认可证书,以证明该机构具备实施认证、检测或校准和检验活动的技术和管理能力。

认证与认可是合格评定链中的不同环节,认证是对组织的体系、产品、人员进行的第三方证明,而认可是对合格评定机构能力的证实,二者不能互相替代。如果认证证书带有认可标识,表明认证的结果更加可信,可以有效提高消费者的购买信心。

8.1.2 认证认可基本制度和法律法规

2003 年 8 月 20 日国务院第 18 次常务会议通过,2003 年 9 月 3 日中华人民共和国国务院令第 390 号公布施行了《中华人民共和国认证认可条例》(2016 年 2 月 6 日第一次修正)。在中国境内从事认证认可活动,应当遵守《中华人民共和国认证认可条例》。

《中华人民共和国认证认可条例》确立了如下主要制度:

① 统一的认证认可监督管理制度;

② 统一的认可制度;

③ 自愿性认证和强制性认证相结合的认证制度;

④ 政府监督与行业自律并举的监督制度;

⑤ 认证机构的审批制度;

⑥ 检查机构、实验室资质能力评价制度;

⑦ 认证咨询机构和培训机构的监督管理制度。

与认证认可紧密相关的法律包括《中华人民共和国产品质量法》《中华人民共和国进出口

商品检验法》《中华人民共和国标准化法》等,国家质量监督检验检疫总局(现为国家市场监督管理总局)也颁布了配套的部门规章,如《认证机构管理办法》《认证证书和认证标志管理办法》《强制性产品认证管理规定》等。

8.1.3　认证认可机构

(1)中国国家认证认可监督管理委员会(CNCA)

是国务院决定组建并授权,履行行政管理职能,统一管理、监督和综合协调全国认证认可工作的主管机构,原隶属于国家质量监督检验检疫总局。2018 年 3 月,根据第十三届全国人民代表大会第一次会议批准的国务院机构改革方案,将国家认证认可监督管理委员会职能划入国家市场监督管理总局,对外保留牌子。

(2)中国合格评定国家认可委员会(CNAS)

是根据《中华人民共和国认证认可条例》的规定,由国家认证认可监督管理委员会批准设立并授权的国家认可机构,统一负责对认证机构、实验室和检验机构等相关机构的认可工作。

截至 2018 年 10 月 31 日,CNAS 认可各类认证机构、实验室及检验机构三大门类共计 14 个领域的 10452 家机构,其中,累计认可各类认证机构 174 家,累计认可实验室 9720 家,累计认可检验机构 558 家。

(3)中国认证认可协会(CCAA)

是由认证认可行业的认可机构、认证机构、认证培训机构、认证咨询机构、实验室、检测机构和部分获得认证的组织等单位会员和个人会员组成的非营利性、全国性的行业组织。依法接受业务主管单位国家市场监督管理总局、登记管理机关民政部的业务指导和监督管理。主要职能是认证人员注册和培训、加强认证认可行业社会责任监督和行业自律等。

CNCA、CAAS、CCAA 三家认证认可机构的标志见图 8.1。

中国国家认证认可监督管理委员会标志　　中国合格评定国家认可委员会标志　　中国认证认可协会标志

图 8.1　认证认可机构标志

8.1.4　质量认证的新发展

2018 年 1 月 26 日,国务院印发了《国务院关于加强质量认证体系建设促进全面质量管理的意见》(国发〔2018〕3 号),要全面贯彻党的十九大精神,以习近平新时代中国特色社会主义思想为指导,按照实施质量强国战略和质量提升行动的总体部署,运用国际先进质量管理标准和方法,构建统一管理、共同实施、权威公信、通用互认的质量认证体系,推动广大企业和全社会加强全面质量管理,全面提高产品、工程和服务质量,显著增强我国经济质量优势,推动经济发展进入质量时代。

《关于加强质量认证体系建设促进全面质量管理的意见》设定的质量认证的主要目标是：通过 3～5 年的努力,我国质量认证制度趋于完备,法律法规体系、标准体系、组织体系、监管体系、公共服务体系和国际合作互认体系基本完善,各类企业组织尤其是中小微企业的质量管理能力明显增强,主要产品、工程、服务尤其是消费品、食品农产品的质量水平明显提升,形成一批具有国际竞争力的质量品牌。

目前,全国已有多个省(区、市)印发了《加强质量认证体系建设促进全面质量管理实施方案》,贯彻《国务院关于加强质量认证体系建设促进全面质量管理的意见》,加强各地质量认证体系建设,开展质量提升行动,发挥质量认证在市场经济条件下传递信任、服务经济发展方面的作用。

8.2 获得认证的意义与作用

认证认可是国际上通行的规范经济、促进发展的重要手段,是组织提高管理与服务水平、保证产品和服务质量、提高竞争力的可靠方式。据 CNCA 统计,截至 2017 年,我国累计颁发有效证书 176.7 万张、获证组织 60.3 万家,其中质量管理体系认证 45.4 万张、42.9 万家*,颁发证书及获证组织数量连续多年位居世界第一。

获得认证的意义和作用具体体现在以下方面：
- 满足客户需求,提升客户满意度；
- 更多地考虑客户需求；
- 改进了管理和控制的方法；
- 工作标准和规范进一步明确；
- 工作程序更加清晰；
- 不合格服务的处置更加清晰；
- 提高了组织的质量意识；
- 将 PDCA 方法引入工作中,易于获得期望的结果；
- 加强了内部沟通和理解；
- 增强了客户和相关方的信心；
- 提升了组织的竞争力；
- 提高了数据的可靠性；
- 减少了不合格产品和服务的发生；
- 对投诉能够快速准确反馈,实施改进；
- 采用过程方法改善了部门的接口关系；
- 重复出现的问题减少；
- 提升了员工的能力；
- 提高了资源的利用效率；
- 关注更重要的事务；
- 树立了组织的对外形象；

……

管理体系认证不是一劳永逸的事,而是组织改进过程中的一项活动,组织应该通过不断改进

---

* 数据引自中华人民共和国政府网(http://www.gov.cn/xinwen/2017－09/08/content_5223665.htm)。

完善管理体系,使其与业务流程更好结合,提升组织绩效和顾客满意。但是还是有相当大的一部分获证组织把获得质量管理体系证书作为最终的目标,并没有真正把质量管理体系标准的要求落实到工作中,并没有发挥管理体系的作用,这种情况是和组织的最高管理者的不正确的思想意识密切相关的。只有从上到下增强质量意识,把质量管理体系作为组织的一项重要基础工作来抓,才能通过实施质量管理体系提高组织的管理水平,规范组织的运作,实现组织的可持续发展。

8.3　认证准备活动

管理体系认证审核是获得认证证书的前提条件。认证机构实施管理体系审核,主要依据 ISO 19011:2018《管理体系审核指南》标准的相关要求。2014 年,CNCA 发布了《质量管理体系认证规则》,2016 年对该规则进行了修订,新版认证规则于 2016 年 10 月 1 日起正式实施。《质量管理体系认证规则》依据认证认可相关法律法规,结合相关技术标准,对质量管理体系认证实施过程做出具体规定,明确认证机构对认证过程的管理责任,保证质量管理体系认证活动的规范有效。

8.3.1　初次认证的流程

认证流程如图 8.2 所示。

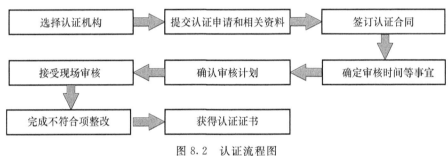

图 8.2　认证流程图

8.3.2　选择认证机构

认证机构的选择非常重要。随着我国认证行业的迅速发展,认证机构越来越多,可选择的余地越来越大。不同的认证机构管理水平参差不齐,品牌的知名度不同,证书在国际上的信任度也有较大差异。气象观测行业质量管理体系认证,目的之一是提高内部管理水平,实现业务流程标准化、管理标准化;目的之二是为了提升我国在 WMO 的地位,树立气象大国、气象强国的国际形象。基于这两个目的,必须选择在国内领先、国际知名的认证机构,与中国气象局的地位相匹配。此外,气象行业关系国计民生,涉及非常多数据信息,有明确的保密要求,所以选择无国外背景的国内的认证机构较为合适。

我国的认证机构均需要通过国家的批准和认可,并接受有关部门的监督。相对于咨询机构,认证机构要规范和权威。但认证机构之间也存在着差异,这种差异不仅表现在行业特点上,还表现在品牌、信誉、服务水平、市场占有率等方面。那么怎样选择合适的认证机构呢?可以从以下几个方面考虑。

(1)认证机构经批准或认可的业务范围。认证机构必须具有能够满足认证单位当前认证需求的资质(可向认证机构索取相关文件证明),这是基本条件。除此之外,要考虑将来的需要,比如说认证单位现在正在贯彻 ISO 9000 标准,那么今后随着认证单位的发展是否会导入其他管理体系。如有这种可能,则应该选择具备多项认证资质的认证机构。

(2)认证机构的服务质量。认证机构是一种中介服务机构,提供的服务水平由于其管理水平、历史、经济实力等因素不同而有较大的差异。一般地说,品牌好、知名度大的认证机构比较注重自身形象和服务质量。

(3)不要把选择认证机构的权利交给咨询机构。咨询机构一般在认证单位获证后即撤出,而企业获证只是认证工作的开始。获证后企业每年都要接受认证机构的监督审核或复评。所以说认证单位最好自主选择适合于自身的认证机构。

(4)综合考虑认证费用。除了收费报价外,认证单位还应考虑审核组的食宿、差旅费(基本上所有的认证机构都规定这些费用由认证单位承担)以及获证后日常联络工作的便利情况。

总之,如何选择认证机构是认证单位自主决策的问题,货比三家,准备充分,总能得到满意的结果。

8.3.3　需要提交给认证机构的资料

认证单位在选择了认证机构以后,按认证机构的要求填写并提交《认证申请表》,同时须提交以下资料:

(1)有效版本的管理体系文件。包括质量手册、程序文件,以及方针、目标、体系范围的文件(如已经包含在质量手册中可不另外提供)等;

(2)营业执照(副本)或机构成立批文的原件、复印件,并签章认可其与原件一致;

(3)组织机构代码证的原件、复印件,并签章认可其与原件一致(多证合一不适用);

(4)相关资质文件的原件、复印件,并签章认可其与原件一致(法律法规有要求时);

(5)相关质量标准清单;

(6)服务流程图;

(7)组织机构图;

(8)认证场所清单(适用于有多个相同或类似场所的情况,如下属市、县、区气象台站等);

(9)质量管理体系过程清单;

(10)认证机构认为有必要提供的其他资料。

以上资料可以先提供电子文档,现场审核时再提供书面文档给审核组。以上资料如果在现场审核前有变更,需要及时把变更后的资料提交给认证机构。

8.3.4　其他准备工作

(1)按照《质量管理体系认证规则》规定,现场审核前,质量管理体系已运行并且超过3个月,各部门需要保留管理体系运行的证据。

(2)在合同签订后,认证单位需要在体系主管部门内确定一人负责与认证机构沟通联络,在组织内部协调审核安排。认证机构委派审核组后,联系人与审核组长沟通,确定交通、食宿等相关事宜。

各部门负责人/工作人员应熟悉本部门/本岗位的工作职责、工作流程、体系过程,熟悉管理体系文件要求,清楚各项工作产生的记录和相关证据。

8.4　外部审核的配合

认证审核的目的是评价组织管理体系的符合性、有效性,以确定是否推荐认证注册。审核过程严格按照认证认可规则的要求、遵循固定的流程实施。在实施审核的全过程,所有接受审核的人员均应该保持"有则改之,无则加勉"的良好心态迎接审核,尽量把体系运行的真实情况展示给审核员,严禁弄虚作假,或者以抵触的方式面对审核。认证单位不应把发现问题的多少作为考核部门工作绩效的依据,也不能把发现不符合项的数量作为处罚个人的依据,而应该把每次审核当作学习的机会和改进的契机,不断完善管理体系。

8.4.1　确认审核计划

一般在现场审核前三天,认证机构审核组会把审核计划发给认证单位联系人确认。审核计划包括申请单位名称、地址、申请认证的范围、审核时间等信息,申请单位应仔细核对进行确认,一旦发现与申请信息或者之前沟通的信息不一致,应该立即反馈给审核组长。审核计划中还包括审核组成员、审核员的分工,申请单位如果认为安排的审核员对审核的公正性有影响、部门审核的时间安排与某些工作存在冲突,可以向审核组长提出调整要求。申请单位确认审核计划无误,以及所有问题得到解决后,单位代表在审核计划上签字并发给审核组长,审核将按确定的时间实施。

审核组在审核前将进行第一阶段非现场审核(主要是对文件审核,并确认相关信息),第一阶段审核报告、文件审核报告将发给认证单位确认。如果体系文件存在问题,申请单位修改体系文件并反馈给审核组长,然后才能实施现场审核。

示例 8.1:某气象局的认证审核计划

<table>
<tr><td colspan="3" align="center">审核计划</td></tr>
<tr><td colspan="3">项目编号:×××</td></tr>
<tr><td colspan="3">客户名称:×××气象局</td></tr>
<tr><td>审核类型</td><td colspan="2">□一阶段　■初次认证二阶段　□再认证　□监督　□证书变更　□其他:
注:结合审核请在相应类型后添加认证领域代码</td></tr>
<tr><td rowspan="6">审核目的</td><td colspan="2">□一阶段:评价客户基本情况和管理体系策划,确定第二阶段审核的可行性和重点;</td></tr>
<tr><td colspan="2">■初次认证:评价客户管理体系的实施情况,包括有效性,以确定是否推荐认证;</td></tr>
<tr><td colspan="2">□监督:评价客户管理体系的持续符合性和有效性,以确定是推荐保持认证;</td></tr>
<tr><td colspan="2">□再认证:确认客户管理体系作为一个整体的持续符合性和有效性,以及与认证范围的持续相关性和适宜性,以确定是否推荐再认证;</td></tr>
<tr><td colspan="2">□证书变更;</td></tr>
<tr><td colspan="2">□其他:</td></tr>
<tr><td rowspan="3">审核范围</td><td colspan="2">涉及的场所及地址:
×××
抽样的气象探测业务点现场:
×××气象局:×××
×××气象局:×××
×××气象局:×××
……</td></tr>
<tr><td colspan="2">涉及的产品/服务/活动:
×××气象局管辖范围内的气象探测业务管理</td></tr>
<tr><td colspan="2">涉及的时期:自××××年××月至本次现场审核结束日</td></tr>
</table>

<table>
<tr><td rowspan="7">审核准则</td><td colspan="3">■GB/T 19001—2016 /ISO 9001:2015 □GB/T 50430—2017</td></tr>
</table>

审核准则	■GB/T 19001—2016 /ISO 9001:2015 □GB/T 50430—2017
	□GB/T 24001-/ISO 14001;□GB/T 28001-/OHSAS 18001;
	□GB/T 22000- /ISO 22000;及相关专项技术要求;
	□GB/T 27341—2018 和 GB 14881—2014
	□CAC/RCP1-1969,Rev.4(2003)《食品卫生通则》及《HACCP 体系及其应用准则》
	□GB/T 22080- /ISO 27001;　　) □ISMS 适用性声明(版本:)
	■客户管理体系文件　　　　　　　■适用法律法规
	□客户特殊要求其他:

审核日期:××××年××月××日				专业代码	34.06.00
姓名	组内身份	组别	资格/注册编号		CQC 编号
××	组长	1	Q:审核员,2018-N1QMS-××××××		CQC××××
××	组员/专业	2	Q:审核员,2016-N1QMS-××××××/34.06.00		CQC××××
××	组员/专业	3	Q:审核员,2018-N1QMS-×××××/34.06.00		CQC××××
××	组员/专业	4	Q:审核员,2017-N1QMS-×××××/34.06.00		CQC××××
××	组员/专业	5	Q:审核员,2015-N1QMS-×××××/34.06.00		CQC××××

注1:审核组成员已声明与贵方不存在任何利益关系,且均已承诺将对有关贵方的文件、资料以及在审核过程中所获得的信息保密,未经贵方书面许可,不会向第三方透露。贵方若需了解这些人员的背景情况或对审核组组成有异议,可与我们联系,我们将提供相关信息或调整审核组(若3个工作日内贵方没有提出异议,我们将认为贵方接受该审核组)。

注2:贵方对审核过程中如有申诉、投诉或争议,可与我方联系,也可与CQC总部直接联系(专线电话:010-×××××××× 自动传真:010-×××××××× 申投诉信箱:××@××××××××)

注3:必要时,审核组长在征得贵方同意后,可调整本计划。

审核组长/日期:××　××××-×-×× 　审核项目管理人员/日期:×× 　××××-××-××

客户代表/日期:

附表:审核活动安排

日期/时间	组别	主要过程或活动及相关的标准条款	涉及的部门/场所
××××/××/×× 08:30—09:00	全体	首次会议	高层及各部门负责人
××××/9/3 09:00—17:30	1	组织内外部环境因素的确定及相关信息的监视与评审/4.1; 相关方需求的确定及相关信息的监视与评审/4.2; 管理体系范围及其过程的确定/4.3/4.4;体系变更管理6.3; 领导作用和承诺/5.1;质量方针5.2; 岗位、职责与权限的确定/5.3; 风险和机遇的确定及应对措施/6.1; 资源提供/7.1.1(计财处配合); 质量目标及相应措施的策划6.2; 质量管理体系绩效评价9.1.1,9.1.3; 管理评审9.3; 持续改进10。	××× 配合:×××

日期/时间	组别	主要过程或活动及相关的标准条款	涉及的部门/场所
×××/9/4 08:30—15:30	1	审核过程: 用户满意度管理 9.1.2; 知识管理 7.1.6/文件管理 7.5/沟通管理 7.4/办公设施管理; 网络安全保障、信息系统运行、办公设备管理 7.1.3/7.1.4。	××× 配合:×××
×××/9/3 09:00—15:30	2	过程:前期质控管理过程 站网管理(站址、场地、频率、探测环境)过程的控制 7.1.3,7.1.4; 采购/仓储供应管理(国家级应急物资采购管理与调拨管理、国家级雷达备件采购管理与调拨管理、气球探空仪储备供应)8.4,8.5.4; 观测装备出厂验收、装备元数据管理 7.1.3,7.5.3。	××× 配合:×××
15:30—17:30		过程:运行监控管理过程 ——元数据监控、装备状态监控、监控信息发布——9.1.1。	××× 配合:×××
×××/9/3 09:00—12:00	3	审核过程:人力资源管理 ——岗位设置、岗位及能力要求确定、人员招聘、人员培训、人员考核等过程的控制 7.1.1,7.2/7.3。	××× 配合:×××
×××/9/4 08:30—12:00		审核过程:工程建设过程 ——工程项目需求确定、项目设计、项目实施、项目验收等过程的控制; 工程外包方的管理 8.4/8.5,8.6/8.7。	××× 配合:×××
……	×	……	……
15:30—16:00	全体	审核组内部沟通、综合评定	有关部门
16:00—16:30		与客户交流,确认审核结论	高层领导
16:30—17:00		末次会议	同首次会议
过程的评审应考虑:输入、输出、职责、准则、绩效指标、目标、资源、监视测量、改进等的策划。			
备注××××/××/×× 17:30—18:00 交流当天审核发现。			

×××气象局质量管理体系外审分组及各组成员、向导等信息

审核组成员姓名	组别	向导姓名(电话)	陪审员
			×××、×××

各被审核单位联络人:

××室 ×××电话:

××室 ×××电话:

××室 ×××电话:

……

8.4.2 首次会议

审核前将召开由认证单位的最高管理层、各部门负责人及陪同人员参加的首次会议,所有参会人员在审核组提供的签到记录上签到。首次会议由审核组长主持,会议目的是介绍现场审核的相关要求。例如,介绍审核的目的、范围、准则,以及审核的流程、不符合项分类、如何得出审核结论、资源方面的需求等,如果认证申请单位对审核组长所讲的事项有不清楚的可以提出。审核组长可能会请申请单位最高领导或者管理者代表讲话,认证申请单位代表可以简要介绍本单位的情况,重点强调各部门应积极配合好审核组的工作,并安排审核的陪同人员。

8.4.3 审核实施

审核组按照审核计划分为多个审核小组实施审核,认证申请单位为每个审核小组至少安排一名陪同人员,陪同人员由熟悉相关部门工作的内审员担任为宜。

陪同人员的主要作用是:

① 作为向导和联络员,引导审核员到受审核的部门或场所,向审核员介绍受审核部门的负责人及相关人员。如果审核员临时调整计划,陪同人员与相关部门沟通确认;

② 在审核过程中进行记录。对审核员指出的问题,需要详细记录,方便后续改进;

③ 如果审核员开具不符合项报告,陪同人员需要与受审核部门共同确认不符合项报告中的描述是否与事实一致。

在审核各部门时,各部门的负责人一定要在场接受审核,如果有临时的情况导致审核到本部门时不在现场,可以与审核员沟通调整计划,如果在现场审核时确实不能留在单位,应指定熟悉部门情况的人员作为代表接受审核。

审核员一般先与部门负责人沟通,了解部门的职责、主要工作过程、资源配备情况等基本信息,然后对各个工作过程按 PDCA 或者 CAPD 的方式收集证据。审核员主要采用查阅资料、现场查看、询问岗位工作人员等方式获取信息,受审核部门可安排熟悉业务流程和体系工作的人员根据审核员的要求协助提供资料。

如果审核员指出某些方面工作不符合标准或者体系文件要求,部门负责人宜立即向负责此项工作的人员了解情况。如果审核员指出的问题无误,应欣然接受;如果对审核员指出的问题有异议,可以向审核员说明,但是不宜引起争论;如果对某些问题不能达成一致意见,部门负责人可以向本单位质量管理体系主管部门报告,由本单位质量管理体系主管部门与审核组沟通。

8.4.4 末次会议

末次会议的参加人员与首次会议相同,也需要签到。末次会议由审核组长主持,会议目的是向受审核单位报告审核情况、宣布审核结论。审核组将在会上将宣读不符合项报告以及改进事项,并对后续的工作进行说明。如果需要受审核部门负责人或者陪同人员确认不符合事实,应如实回答不符合项是否与实际情况一致。会议最后,审核组将请组织认证申请单位的最高领导或者管理者代表讲话。认证申请单位代表应首先感谢审核组为单位质量管理体系的完善指出了改进的方向,并对后续的不符合项整改等工作提出要求。审核组长宣布审核末次会议结束,也标志了本次现场审核结束。

8.5　不符合项的整改

现场审核结束后,审核组把不符合项报告和改进事项清单交给认证申请单位。改进事项尚未构成不符合项、但是如果不加以控制可能会出现不合格,认证申请单位应该实施整改,但是不需要给审核组提交整改资料。不符合项报告则需要认证申请单位分析原因,采取纠正措施,并把整改后的证实材料交给审核组确认,不符合项关闭后认证机构才能给申请单位发放认证证书。

8.5.1　不符合项及整改

不符合项分为两种:轻微不符合项、严重不符合项。

轻微不符合项是指不影响管理体系实现预期结果的能力的不符合。轻微不符合项的出现是孤立的、偶然的,不会对整个管理体系的运行构成较大影响。如未按标准要求操作、个别数据计算错误等。

严重不符合项是指影响管理体系实现预期结果的能力的不符合。严重不符合项可能是系统性的失效或者是区域性的失效,导致对相关方过程控制是否有效或者产品和服务能满足规定要求存在严重的怀疑。例如,标准中有对人员能力管理的要求,如果每个部门基本都没有实施,或者多项轻微不符合都与人员能力管理有关,就是系统性的失效,构成了严重不符合项;再比如,与某个部门相关的质量管理体系要求有多项,但是任何一项要求都没有实施,这个部门的体系工作基本是空白的,那么就构成了严重不符合项。

对认证审核中发现的不符合项,认证机构要求申请单位分析原因,并提出纠正和纠正措施。对于轻微不符合,要求认证申请单位在审核结束后最多不超过 3 个月期限内采取纠正和纠正措施;对于严重不符合,要求认证申请单位在审核结束后最多不超过 6 个月期限内采取纠正和纠正措施。认证机构对认证申请单位所采取的纠正和纠正措施及其结果的有效性进行验证。如果未能在以上期限内验证对不符合实施的纠正和纠正措施,则评定该认证申请单位不符合认证要求。

认证申请单位针对轻微不符合在采取纠正和纠正措施后,须向认证机构提交相应的证据;严重不符合则要在采取纠正和纠正措施后,通知认证机构安排审核员到组织现场验证。实施的证据必须充分,显示纠正措施已经完成或纠正措施正在按计划实施。

8.5.2　不符合项的纠正、原因分析和纠正措施

不符合项提交给认证机构的回复必须要由以下 3 个部分组成:纠正、原因分析和纠正措施。

(1)纠正必须包含的内容

① 已明确和包含不符合项的范围,要考虑不符合项影响有多大,整改的覆盖范围是哪些活动或者区域(例如,计量部门发出的校准报告数据有错误,那么整改的范围就延伸到该计量设备的使用部门);不符合项已被改正并且回复必须是过去式(例如,校准报告已经收回,而不是校准报告将会收回);认证申请单位已经通过检查整个体系来确定这个问题的范围(例如,是否有其他相同或者类似的数据错误的情况)。

② 如不能马上纠正,也可以回复不符合项纠正的计划,但是要确定哪个部门负责制定纠正措施、什么时间完成,要有具体的实施计划。

③ 如果不符合项的影响比较大,所有涉及的相关方,如内部其他部门、供应商、用户需要

就此问题进行充分沟通。

④ 纠正已实施的证据或计划实施的证据。

(2)原因分析必须注意的方面

① 原因分析不是简单地重复现象和直接原因。可以采用问五个为什么的方法,连续追问为什么,找到导致不符合发生的根本原因。

② 陈述事实,既不是辩解也不是把情况合理化。类似"忘记了""疏忽了"等都不能成为根本原因。

③ 包含深思熟虑的直接原因和真正的决定性根本原因分析(例如,工作人员没有执行程序是直接原因,而为何导致工作人员没有执行程序才是根本原因)。

④ 集中在单一原因。如果识别出了多种原因(例如,对工作人员培训不足,以及作业指导书的内容不适宜),那么相应地须提交多份纠正措施计划。

⑤ 最终的根本原因不要使人看完后有任何疑问,如果原因分析让人看完后有明显的质疑,那说明分析得还不够彻底。

(3)纠正措施或纠正措施计划必须包含的内容

① 针对根本原因的纠正措施。每一条原因都应该有对应的纠正措施,纠正措施应该覆盖所有的根本原因。

② 明确实施纠正措施的部门或者岗位。

③ 规定具体日期的实施计划。

示例 8.2:不符合项报告

不符合项报告	
受审单位名称:××××××	审核日期:××××年××月××日
受审核过程:外部供方管理控制过程	性质:□严重□一般
不符合项描述:(判标时应引用标准具体内容,如同时不符合多个标准时,也应同时做出判断) 查看外部供方 UPS 维保公司"易事特"的服务绩效评价,无法提供相关的绩效评价记录。	
判定依据:(判标时应引用标准具体内容,如同时不符合多个标准时,也应同时做出判断) 以上事实不符合 ISO 9001:2016 标准 8.4.1 条款"组织应基于外部供方按照要求提供过程,产品或服务的能力,确定并实施对外部供方的评价、选择、绩效监视以及再评价的准则,对于这些活动和由评价引发的任何必要的措施,组织应保留成文信息"的要求。	
审核员(签字):××× 审核组长(签字):××× 受审核单位代表(签字):×××	
原因分析: 对质量管理体系文件了解和执行程度不够。 受审核单位代表:××× 日期:××××年××月××日	
纠正、纠正措施实施情况或纠正措施计划:(请提供相应见证材料) 组织科室人员加强观测质量管理体系文件学习,补充完善对外部供方 UPS 维保公司"易事特"的服务绩效评价,在以后的工作中严格按照体系文件的要求做好相关记录。 受审核单位代表:×××× 日期:××××年××月××日	

跟踪结论：

☐ 纠正和纠正措施可以接受且证实有效

☐ 纠正和纠正措施计划可以接受，将在下次审核中验证有效性

☐ 纠正和纠正措施不能接受，或纠正措施未有效实施

审核员签名：×××　　　日期：××××年××月××日

8.6　获取认证及后续活动

8.6.1　获取证书

受审核方将不符合项及纠正措施实施的证据整理好，交给审核组长，审核组长确认符合要求后即可以关闭不符合项。审核资料经过认证机构合格评定人员评定，一般在认证决定以后30 个工作日内，受审核方就可以收到认证机构发放的正式审核报告和认证证书。

审核报告对审核情况进行了综述，按照质量管理体系标准的要求对受审核方的质量管理体系进行评价。审核报告应作为认证单位管理评审的输入资料，受审核方应该关注报告中提及的质量管理体系存在的不足和指出的改进方向，在质量管理体系改进时加以考虑。

认证证书(图 8.3)应至少包含以下信息。

(1)获证组织名称、地址和统一社会信用代码(或组织机构代码)。该信息应与其法律地位证明文件的信息一致。

(2)质量管理体系覆盖的生产经营或服务的地址和业务范围。若认证的质量管理体系覆盖多场所，表述覆盖的相关场所的名称和地址信息。

(3)质量管理体系符合 GB/T 19001/ISO 9001 标准的表述。

(4)证书编号。

(5)认证机构名称。

图 8.3　ISO 9001 质量管理体系证书的实例

（6）有效期的起止日期。

证书应注明：获证组织必须定期接受监督审核，并经审核合格此证书方继续有效提示信息。

（7）相关的认可标志及认可注册号（适用时）。

（8）证书查询方式。认证机构除公布认证证书在本机构网站上的查询方式外，还应当在证书上注明："本证书信息可在国家认证认可监督管理委员会官方网站（www.cnca.gov.cn）上查询"。目前，CNCA"认证信息查询系统"升级改造为"全国认证认可信息公共服务平台（认 e 云）"，可在此平台上查询认证结（图 8.4）。

图 8.4 全国认证认可信息公共服务平台网站首页

8.6.2 认证证书和认证标志使用

组织可以使用认证证书和认证标志进行广告宣传，但是不能违反法律法规或者组织的相关规定（证书和标志的使用管理规定文件一般会随证书发给组织）。

获证组织误用/滥用证书的主要形式如下：

① 错误使用证书或误用于证书覆盖范围外的体系；

② 在任何资料中有对证书的不正确宣传，利用管理体系认证证书、审核报告和相关文字、符号，误导公众认为认证证书覆盖范围外的管理体系、产品或服务获得认证；宣传认证结果时损害认证机构的声誉；

③ 未经许可使用证书；

④ 未经认证机构批准，擅自更改证书内容；

⑤ 证书被伪造、涂改、出借、出租、转让、倒卖、部分出示、部分复印。

获证组织误用/滥用标志的主要方式如下：

① 获证组织未按规定错误地使用获证组织标志，误用于证书覆盖范围外的体系和业务；

② 在任何资料中发现有对获证组织标志的不正确宣传，利用获证组织标志误导公众认为认证证书覆盖范围外的管理体系、产品或服务获得认证；宣传认证结果时损害认证机构的声誉；

③ 未获管理体系认证证书而使用获证组织标志。

如果组织误用/滥用认证证书、认证标志，可能会导致认证机构暂停或撤销该证书；严重时会承担相应的法律责任。

8.6.3 监督审核和再认证审核

认证证书的有效期为三年，每年一次监督审核，证书到期前进行再认证审核。

（1）监督审核

监督审核的目的是评价组织的质量管理体系的持续符合性和有效性，以确定是否推荐保持认证。初次认证后的第一次监督审核应在认证证书签发日起 12 个月内进行。此后，监督审核应至少每个日历年（应进行再认证的年份除外）进行一次，且两次监督审核的时间间隔不得超过 15 个月。

监督审核的时间应不少于认证审核日数的 1/3。

监督审核时至少应审核以下内容：

① 上次审核以来质量管理体系覆盖的活动是否有变更。

② 上次审核以来支撑体系运行的资源是否有变更。

③ 已识别的关键点是否按质量管理体系的要求在正常和有效运行。

④ 对上次审核中确定的不符合项采取的纠正和纠正措施是否继续有效。

⑤ 质量管理体系覆盖的活动涉及法律法规规定的，是否持续符合相关规定。

⑥ 质量目标及质量绩效是否达到质量管理体系确定值。如果没有达到，获证组织是否运行内审机制识别了原因、是否运行管理评审机制确定并实施了改进措施。

⑦ 组织对认证标志的使用或对认证资格的引用是否符合《认证认可条例》及其他相关规定。

⑧ 内部审核和管理评审是否规范和有效。

⑨ 是否及时接受和处理投诉。

⑩ 针对体系运行中发现的问题或投诉，是否及时制定并实施了有效的改进措施。

监督审核实施的流程与认证审核基本相同。认证机构根据监督审核报告及其他相关信息，做出继续保持或暂停、撤销认证证书的决定。

（2）再认证审核

再认证审核的目的是确认客户管理体系作为一个整体的持续符合性和有效性，以及与认证范围的持续相关性和适宜性，以确定是否推荐再认证注册。再认证审核时间应不少于认证审核人日数的 2/3。

再认证审核的流程与认证审核基本相同。认证机构根据审核报告及相关信息做出再认证决定，申请单位继续满足认证要求并履行认证合同义务的，换发认证证书。

8.6.4　证书变更

如果申请单位的质量管理体系发生改变，应根据情况向认证机构申请证书变更。在以下情况下，应进行证书变更：

① 申请单位名称增加、减少或者变更；

② 地址增加、减少或者变更；

③ 认证范围扩大、缩小或者变更；

④ 认证标准变更。

申请单位向认证机构提交变更申请时，还需要提交与变更相关的文件和资料。认证机构对变更申请进行评审，如果不需要现场审核，则直接提交资料进行合格评定；如果需要实施现场审核，按认证流程实施，审核资料通过合格评定后更换认证证书。

第9章 气象观测质量管理体系保持与改进

9.1 体系的保持

观测质量管理体系的建立,通过第三方认证或第二方审核,取得了质量管理体系认证证书,只能说明观测业务的质量管理体系满足了质量管理体系标准的最低要求,与体系运行有效不能简单划等号。质量管理体系的建立只是开始,保持和提高质量管理体系运行的有效性才是关键,发挥单位内部自身的能动性才是核心。质量管理体系的持续有效,靠的是质量管理体系的流程管理、闭环管理、从一而终,以此来指导我们的实际工作,并通过检查、跟踪、反馈来提高执行力,最终提高我们的观测业务质量。

质量管理体系的保持有两方面含义:一方面持续运行质量管理体系,坚持执行质量管理体系文件相关规定,形成各级人员规范的行为习惯,乃至最终在各单位构建起良好质量文化,形成全员参与、全员重视、全员执行的质量管理氛围,提高单位内部运作的效率及外部顾客的满意率;另外一方面针对质量管理体系运行期间质量目标和质量方针的调整、内外部环境和相关方需求期望的变化、组织架构和职责的变更等因素,对质量管理体系进行相应改进或调整,以确保质量管理体系的适宜性和有效性。

9.1.1 如何做好体系保持

(1)最高管理者应重视,质量管理体系有效与否,领导重视是关键。因为领导是单位文化的主导者及关键事项的决策者。领导应先解决思想认识问题,把体系认证作为提高质量管理体系水平的一次契机,借机找出单位质量管理中存在的漏洞和不足,消除为了证书而认证的错误思想。思想问题解决了,还应系统地学习认证的标准,非常清楚地把握标准所表述的质量管理的概念和原则,既忠诚又熟练地履行自己在质量管理体系中的管理职责,为质量管理体系的建立、实施、保持和改进提供必要资源。

(2)目标切实可行,管理体系的定义是各质量管理体系建设单位建立方针和目标以及实现这些目标的过程的相互关联或相互作用的一组要素。在实际中,不能将目标作为向外展示自己"高水平"的广告词,导致目标定得过高而无法实现。这就使质量目标考核走形式,弄虚作假,玩数字游戏。因此建立质量目标不要追求过高,要"跳起来够得到",保证切实可行。

(3)保持文件符合各单位的实际,文件和实际不符是"两层皮"的直接原因和主要表现。这样的文件可操作性大打折扣,况且单位内外部环境不断变化,因此单位要不断主动地修改文件,并鼓励基层岗位人员修改文件,保证质量管理体系文件符合单位的实际。

(4)职责明确合理、资源得到保障,质量管理体系的有效实施要靠单位的所有部门承担相关的管理职责,质量管理体系的运行和控制需要必要的资源。对于单位内职责不明确或者职责分配有分歧的过程,或者对于缺少必要的资源保障的过程,质量管理体系贯彻得都不好。职责不明确,工作没人做;职责分配不合理,工作不愿意做;缺少资源保障,工作没法做。所以

ISO 9001 标准中将"管理职责"和"资源管理"两个过程作为"运行"过程的前提条件先行提出。

（5）严格执行，全体员工都要不折不扣地履行自己在质量管理体系中的职责——执行。执行是一个单位发展的原动力，落实是质量管理举措发挥效力的保障。通过"执行"使过程输入转化成输出，实现增值活动，使质量管理体系的有效性得到切实体现。质量管理体系策划得再好，不按其实施，都是不能创造价值的。

（6）重视内审和管理评审，进行有效的内审和管理评审，是解决各质量管理体系建设单位内各级各类人员工作忙乱、乱忙的有效途径。应通过不间断的内审和一定频次的管理评审，及时发现质量管理体系运行中存在的问题并及时采取纠正和预防措施，保证质量管理体系的有效性。

（7）加强日常监督、持续改进，持续改进是质量管理体系的永恒话题。对质量管理体系的监督和改进非常重要。只有日常加强监督检查，包括对关键过程的过程审核及针对某个质量问题的专项审核，才能不断发现问题，有的放矢地实施改进，才能不断提高质量管理体系的有效性。

9.1.2　体系变更的原因

在运行期间内，可能会出现需要质量管理体系进行变更的情况，这种情况主要来自于以下几个典型的原因。

（1）质量管理体系的认证范围发生变化，主要包括增加或减少认证业务范围，例如，观测业务的内涵发生了变化，需要对认证业务范围进行调整，在原有认证范围的基础上增加或删减；或体系认证的范围从观测业务拓展到气象预报、专业气象服务、其他业务等，需要对认证业务范围进行调整。

（2）建立质量管理体系依据的标准本身发生了变化，我们目前建立的质量管理体系依据标准为 ISO 9001，例如，ISO 9001:2015 相对于 ISO 9001:2008 在结构和内容方面发生了重大变化，如果现有质量管理体系是依据 ISO 9001:2008 建立的，那么就应按照 2015 版标准的新要求对相应文件进行修订、完善，使其符合新版标准的要求，进而完成对质量管理体系的升级换版，重新申请考核认证。

（3）单位的组织机构进行了调整，原有的职责和权限发生变化，例如，主管观测业务的部门进行了调整、赋予观测业务的职责发生了变化、省级职责部分调整到市级或县级等，此时质量管理体系也应根据职责或权限的变化随之进行修订，如果体系变化较大，建议对现有质量管理体系进行换版。

（4）在原有体系的基础上，整合其他管理体系，此类情况：一是有助于认识和掌握管理的规律性，建立一致性的管理基础；二是多个体系具有许多共性，都遵循 PDCA 循环的规律，都按照计划（策划）、执行、检查、处置的工作思路实施管理，这便于认识和掌握管理的规律性，能在组织建立一致性的管理基础；三是有助于科学地调配人力资源，优化组织的管理结构，如各个体系都对人力资源有明确的要求，且要求组织明确规定岗位、职责与权限；单独建立管理体系时往往组织机构庞大，人员设置重叠；管理体系整合后，组织可结合各个标准的要求，统一考虑人员的岗位设置，提出综合性要求，同时重新设置和调整组织的管理结构；四是统筹开展管理性要求一致的活动，提高管理的效率和有效性。组织可统一策划管理体系的运行、统一进行文件修订、统一开展综合的内部审核（内审）和管理评审，结合三个标准的要求考虑纠正和预防措施等，可大大提高工作效率；五是利于降低管理费用，由于减少了文件数量，合理调配了资源，提高了工作效率，减少了内审管理评审及外部审核的频次等，组织的管理费用必然会大大降低。

管理体系整合可以更好地帮助各单位运作管理体系。例如,整合信息安全管理体系、健康管理体系,标准中一半以上的要求,尤其是基础性管理要求都是共同的,可将各体系中的共同部分抽出来形成共同要求,同时再保留那些不能合并的各体系的特殊要求,如作业指导书除了指导观测业务的内容外,还要包括信息安全、健康管理等相关要求,不必再另行文件。

(5)体系所涉及的区域发生变化,主要指观测业务所覆盖行政区域扩大或减小,例如,新增某市、县局或减少某市、县局,如果只是单纯的区域发生变化,认证业务本身无变化,此种情况质量管理体系修订范围较小,只需对相应部分进行补充或删减即可。

(6)观测业务本身发生重大变化,例如,观测系统、观测方法的革新,须对质量管理体系中所涉及的相关内容按照新的变化进行修订,包括质量手册、程序文件、作业指导书、法律法规等方面,此种变化较大的情况建议对质量管理体系进行换版。

(7)相关方需求的变化,相关方一般指接受或使用气象观测数据(输出)的组织、团体、个人,主要是中国气象局相关业务部门、省(区、市)气象局内部相互接收或使用气象观测数据活动中的单位以及最终使用观测数据及其各种承载媒介的社会党政机关、特定的企事业单位、社会团体、公民个人等。例如,随着上级对观测业务要求的提高、预报技术的发展带来的新的需求,专业气象服务面向政府、社会等新的需求所带来的如观测数据的格式、存储方式、传输实效等方面的变化。

(8)质量方针和质量目标的调整。一个组织的质量方针和质量目标不仅应与组织的宗旨和发展方向相一致,而且应能体现顾客的需求和期望。质量方针应能体现一个组织在质量上的追求,对顾客在质量方面的承诺,也是规范全体员工质量行为的准则,但一个好的质量方针必须有好的质量目标的支持。

质量方针随着单位的不断发展或外部需求的变化,应做适时调整,一是质量方针已不能反映企业最高管理者的质量意识或是已偏离企业的质量经营目的和质量文化。质量目标的调整一般是因为质量方针的调整、质量目标过高或过低。

质量目标的调整遵循以下原则:一是适应性,即质量方针是制定质量目标的框架,质量目标必须能全面反映质量方针要求和组织特点;二是可测量,即方针可以原则一些,但目标必须具体。可测量不仅指对事物大小或质量参数的测定,也包括可感知的评价。通俗地说,所有制定的质量目标都应该是可以衡量的;三是分层次,即"最高管理者应确保在组织的相关职能和层次上建立质量目标"。一个组织的质量方针和质量目标实质上是一个目标体系。质量方针应有组织的质量目标支持,组织的质量目标应有部门的具体目标或举措支持,只要每个员工都能完成本组织的目标,就应能实现本部门的目标,能实现各部门的目标,就能完成本组织的目标;四是可实现,即质量目标是"在质量方面所追求的目的"。这就是说现在已经做到或轻而易举就能做到的不能称为目标;另外,根本做不到的也不能称为目标。一个科学而合理的质量目标,应该是在某个时间段内经过努力能达到的要求;五是全方位,即在目标的设定上应能全方位地体现质量方针,应包括组织上的、技术上的、资源方面的以及为满足产品要求所需的内容。

对质量目标进行调整时,必须充分考虑实现质量目标所必需的过程和职责:一是再次系统识别并确定为实现质量目标所需的过程,包括一个过程应包括哪些子过程和活动;二是完善这些过程或子过程的逻辑顺序、接口和相互关系;三是再次明确这些过程的责任部门和责任人,并规定其职责;四是再次确定和提供实现质量目标必需的资源,主要包括人力资源和基础设施。

9.1.3　体系文件的变更

当发生上述情况时,需要对质量管理体系进行变更,变更往往会带来风险,如可能会出现某些工作没有明确的职责分配,工作文件前后的矛盾、混乱等。而如何进行这样的变更,以使变更所带来的风险最小,须关注以下几点。

(1)对变更进行综合评估,如变更目的及其潜在后果,便更有可能带来好的结果,也可能带来风险和挑战。必要时最高管理者可召开管理评审会议以确认进行这些变更的必要性。

(2)对体系所进行的变更事先要进行周密的策划,要保持质量管理体系的完整性,变更策划则应系统考虑,要注意其充分性。一般典型的做法是制定体系变更的计划安排。

(3)配置充分的资源进行这些变更,充分评估资源的可获得性,体系变更后,关键资源是否可获得并满足要求。

(4)对变更期间的工作进行明确的过渡安排,避免工作出现真空。

(5)对相关职责权限的分配或重新分配,分配时应避免职责权限重叠、交叉不清或空白。

9.1.4　环境、相关方变化的监视

各级气象部门的气象观测业务,其所处的内外部环境总是处在变化的状态,包括相关法规政策的变化,观测技术、装备等方面的更新,以及机构改革等,而这些变化可能会给各级气象部门的质量管理体系产生风险,也可能带来机遇,各级气象部门所建立的质量管理体系要根据这些变化进行相应的调整,包括工作流程、质量方针、质量目标、组织架构、管理体系文件等。也要针对这些变化所带来的风险和机遇制定与落实相应的应对措施。

9.1.5　内部审核、管理评审的实施

内审和管理评审是质量管理体系运行的重要活动。内部审核有时也称为第一方审核,由组织自己或以组织的名义进行,审核的对象是组织自己的管理体系,验证组织的管理体系是否持续地满足规定的要求并且正在运行。它为有效地管理评审和纠正、预防措施提供信息,其目的是证实组织的管理体系运行是否有效,可作为组织自我合格声明的基础。在许多情况下,尤其在小型组织内,可以由与受审核活动无责任关系的人员进行,以证实独立性。通过内审,可以确定和促进各部门、各岗位对相关管理体系文件规定的执行;质量管理体系在运行期间,可以通过集中或分时段滚动式的方式进行质量管理体系的内审,而且对于各级气象部门而言,可以组织省、市、区县直至气象台站不同层级的内部审核活动,也可以通过有效协调,组织不同省份之间的内部审核。

管理评审就是最高管理者为评价管理体系的适宜性、充分性和有效性所进行的活动。管理评审的主要内容是组织的最高管理者就管理体系的现状、适宜性、充分性和有效性以及方针和目标的贯彻落实及实现情况组织进行的综合评价活动,其目的就是通过这种评价活动来总结管理体系的效果,并从当前效果考虑找出与预期目标的差距,同时还应考虑任何可能改进的机会,并在研究分析的基础上,对组织在市场中所处地位及竞争对手的业绩予以评价,从而找出自身的改进方向。管理评审并非仅仅是对一段时间内体系运行情况的总结,应注意上次管理评审决议的落实情况以及两次管理评审期间内外部环境所发生的变化,确定整个体系需要

改进的方向。

9.1.6 骨干队伍的持续建设

保持骨干队伍,特别是内部审核员队伍的稳定,是质量管理体系有效运行的保障因素之一,因为人员流动、职能调整等原因,需要考虑体系骨干队伍的持续建设问题,可以采取的典型方式是建立人员培养计划,扩大内部审核员的涵盖面,对现有内部审核员进行有关质量管理体系的持续培训,不断更新和提升能力。

9.1.7 质量管理体系的培训

为保证质量管理体系的保持,组织必须通过持续的教育和培训,使职工意识到:

① 满足顾客、法律法规和质量管理体系文件要求的重要性;

② 违反这些要求所造成的后果;

③ 本岗位的重大环境因素及改进提高带来的环境效益;

④ 自身的职责,以及紧急情况的处理与响应要求;

⑤ 自己从事的活动对单位发展的相关性,以及如何为实现质量目标和环境目标做出贡献;

⑥ 鼓励员工参与质量管理体系管理和环境管理,为实现质量目标和环境目标做出贡献。

通过对全员的持续培训、教育,使每位职工都牢固树立起质量意识,以保证体系流程能充分体现单位管理风格和特点,达到管理体系的进一步完善和高效运转,最终实现质量目标和满足客户需求。

9.2 体系的改进

改进是质量管理永恒的主题,质量管理体系在建立完成后,各级气象部门还应根据体系运行的情况、内外部环境、顾客的需求等因素的发展和变化对体系进行调整和优化,以持续提升质量管理体系的绩效,ISO 9001:2015 标准中与改进相关的要求主要体现在标准的第 10 章。

质量管理体系的改进主要体现在相关流程绩效的不断提升、对所出现问题的解决、设定并实现更高的质量目标、对业务流程有效性和效率的优化等。具体工作主要体现在以下几个方面。

(1)对管理评审决议的落实

管理评审是整体上推动质量管理体系改进的有力机制,具体反映在每次管理评审的输出之一——有关改进机会的决定和措施,因此需要对这些决定和措施采取有效的机制加以落实,各级气象部门领导班子应对这些决定的落实情况予以充分重视,可以采取相关负责人定期汇报进展的方式体现关注程度,推动这些决定的落实。

(2)不符合项的整改

通过内部审核、外部审核以及其他工作检查等方式,可能会发现质量管理体系所存在的各类问题,比如文件规定的执行方面、文件规定的适宜性方面等,这些问题往往会以不符合项的形式展现出来,各级气象部门的领导层应充分重视对这些问题的整改,一般来说,这些不符合的整改有三个需要关注的地方:

① 整改的及时性。有些问题具有时效性,有些问题可能存在若不及时整改会导致更大范

围内问题出现的风险,因此,应重视问题整改的及时性,尽可能以最快的速度完成对问题的整改;

②整改的彻底性。这方面主要指对所发现的问题,不能仅仅看表面,应该分析其背后深层次的原因,为了防止问题的再次发生,要针对问题的原因采取措施;

③举一反三。某个问题可能不仅仅是在一个环节存在,所以针对所发现的问题要进行举一反三,防止这个问题在其他环节出现。

(3)其他改进的措施

为推动质量管理体系不断提升,气象部门领导层还应考虑设置各类专项改进机制,并制定适当的激励措施,对各种改进和提升给予认可和奖励,这种正强化可以有效营造积极向上的氛围,使全员积极、主动地投入改进提升的活动中,这有利于流程质量以及效率方面的改进。

第10章 气象观测质量管理体系信息系统

10.1 概述

推进气象领域质量管理体系建设工作是中国气象局落实党中央、国务院战略部署及十九大精神的重要举措,也是我国气象事业对标国际、提高国际话语权的必然要求。

2017年中国气象局明确,要"推进以质量管理为核心的观测业务技术体制改革",并以气象观测质量管理体系为抓手,推进观测各项工作的标准化、规范化和制度化。按此要求,2018年9月,前期试点的五家单位(中国气象局气象探测中心、国家卫星气象中心、陕西省气象局、上海市气象局及中国气象局上海物资管理处)均完成了体系建设,通过了ISO 9001质量管理体系认证。在前期试点建设基础上,2019年全面推进观测质量管理体系建设工作,并分两批次启动了全国观测质量管理体系的建设。

通过各试点单位前期建设过程中归纳总结发现,观测质量管理体系建设和试运行过程中普遍存在如下问题。

(1)无法共享质量管理信息资源。常规的、已经固化的体系文件以纸质版或在公文系统中的电子文档为主,此种形式的文件一方面查询利用效率低,另一方面对体系文件的修订不便捷;除此之外,质量管理文件、作业指导书、过程监控及各种质量工作记录信息无法及时共享,给质量管理体系各级的一体化运行带来障碍。

(2)无法及时监控各单位质量管理情况。由于缺乏有效的监控平台和工具,要想准确掌控各单位质量管理工作的实施和进展,必须按照传统方式实地检查或者开展内审,工作繁重,执行效率低。

(3)无法有效体现质量管理体系基于事实的决策优势。现阶段还没有有效的质量信息采集和数据分析工具,无法对质量管理体系运行中的大量事实数据进行处理,以支撑持续改进质量管理体系。

(4)没有一个有效支撑质量管理体系运行的信息系统平台。大量的质量管理工作都是人工进行处理,效率低下,问题发现与响应滞后。

为有效解决上述问题,防止实际开展业务工作与体系文件之间的"两张皮"现象,避免信息孤岛和质量信息传递、处理、统计与分析效率低等问题,质量管理体系运行须以信息化手段作为支撑实现数据流、业务流驱动的全程高时效的管控。基于上述背景,在进行全国观测质量管理体系建设的同时,启动了观测质量管理体系信息系统的开发建设工作。

10.2 功能及界面设计

气象观测质量管理体系信息系统以业务过程质量管理为根本出发点,按照ISO9001体系业务过程及条款要求,以观测质量管理体系文件为载体,基于信息化手段实现对观测各业务环节的"留痕"管理、过程风险管理、过程绩效评价管理、体系文件的管理以及内审、管理评审、外部审核等环节的管理等,针对各项业务过程进行梳理,形成产品化平台,将 ISO 体系的 PDCA 模型支持改进机制融合到系统业务逻辑中,实现全流程过程管理以及 ISO 体系持续改进机制。系统中主要功能模块或子系统按照 PDCA 的理念进行设计。

10.2.1　系统的基本功能

(1)业务过程的留痕管理。气象观测质量管理体系信息系统实现与现有气象观测相关业务系统的对接,能够调取对质量管理活动有关的数据、图表、文件等功能,并能够提供支持业务系统应用所需的相关质量管理信息。

(2)体系文件管理。建立支持各级气象部门与各地区气象局之间的质量管理体系所需文件、手册和作业指导书查询框架;建立基于认证管理系统,可以按照设定参数或配置表,支持对各级各类用户添加、删除、修改和授权;支持有权限的质量管理者代表、内审员对手册、作业指导书进行建议、修改和审批。

(3)质量管理体系评价管理。在总体质量目标的大框架下实现各业务过程绩效评价结果的统计分析,提供分析评价报告。

(4)质量管理体系的内审、管理评审、外部审核等管理。内审员管理;支持质量管理体系活动开展所需的信息发布、信息汇交、信息传递等功能,为领导、决策层及时进行质量管理活动判断和决策提供了全面信息支持。

(5)质量管理工作监控、日志记录功能和质量管理信息管理。便于问题分析查找和检查体系实施符合性,掌控体系运行情况。支持个性化设置系统采用自定义的工作台界面,用户可以根据自己的需要自定义设置质量管理平台内容,界面友好、操作便捷,功能合理、实用,减少重复工作量、提高工作效率。

系统实现质量管理体系分级管理,建立职能管理部门、国家级、省级及省以下的权限分级管理,各级不同的业务模型的配置管理,实现分级集中统一部署与个性化兼顾的应用模型。

系统各项功能如图 10.1 所示。

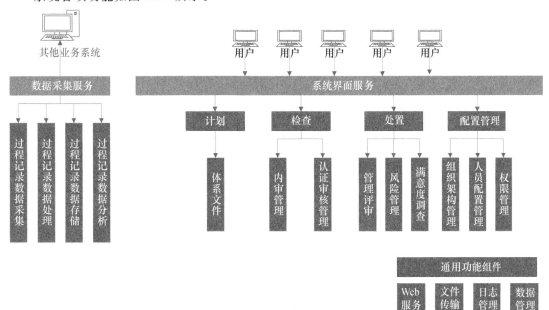

图 10.1　系统功能结构示意图

10.2.2　各子系统详细功能

(1)数据采集。为实现质量管理体系的有效运行和持续改进,信息系统协助完成各项工作的计划、执行、检查、改进,并收集和自动处理全过程的各类质量信息。由于其他业务系统中已经存在观测业务记录数据,因此为了避免系统使用人员的重复工作,系统提供数据采集服务,将已有系统中存在的业务流程数据通过数据采集的方式采集到本系统中作为系统的基础数据,采集过程中对数据进行自动匹配和转化。

(2)体系文件管理。体系办(质量办)/质量管理体系主管部门根据业务过程编写质量体系文件并发布。管理员通过发布后的体系文件关联体系文件。

(3)内审管理。体系办(质量办)/质量管理体系主管部门定期对指定单位组织内审,制定内审计划,下发受审单位,由审核组成员录入核查记录,审核组长在现场审核结束后,召开会议,编写审核报告并将审核报告上传到系统。在内审结束后召开末次会议,向受审核单位反馈审核结果及不符合项信息,并将审核结果上传到系统。如存在不符合项,则编制不符合项报告,提交整改措施。

(4)外部审核。由体系办(质量办)/质量管理体系主管部门上传审核计划,将审核计划进行公示,受审单位可查看公示的审核计划。审核结束后,体系办(质量办)/质量管理体系主管部门上传审核报告。

(5)管理评审。体系办(质量办)/质量管理体系主管部门编制管理评审计划,录入信息审批后上传评审材料,提交管理者代表并发起管理评审的实施,管理评审的实施以会议形式进行,根据管理评审计划创建评审会议,在会议结束后,由体系办(质量办)/质量管理体系主管部门用户上传管理评审报告。管理者代表组织有关人员对措施的实施情况和效果进行跟踪验证。

(6)风险管理。主责部门负责人根据业务从风险库选取风险点,由主责部门负责人对风险点做等级评估,录入风险应对措施,评价人对风险点做出有效性评价。

(7)满意度评价。由体系办(质量办)/质量管理体系主管部门/办公室等相关用户根据当年实际工作和调查的需要,编制用户满意度调查方案,定制调查问卷后分发,并将最终的调查结果上传到系统。

气象观测质量管理体系信息系统是一个供国、省、地、县四级从事气象观测质量管理工作的业务人员和管理人员使用的"管理"系统,非"业务"系统,更确切说是一个"业务管理"系统。系统中的角色包括:各级最高管理者、各级管理者代表、日常质量管理体系相关工作组织者(如质量管理体系主管部门、体系办、质量办等相关人员)、体系高层管理人员(如中国气象局综合观测司相关人员)、各级内审员、各过程负责人、主要相关方人员等。

系统为全封闭管理系统,部署在气象部门内网环境,各级用户采用 B/S 方式应用,系统登录界面如图 10.2 和图 10.3 所示。

质量管理体系信息系统中通过业务、支撑、管理三大过程的数据信息采集及质量目标执行情况的监控,实现质量工作状况的"可知";通过对质量管理三大业务过程流程的标准化梳理,实现质量过程管理的"可控";通过对质量管理计划、质量目标的层层分解、达成率统计、监控,及重大质量问题整改的监控管理等,实现质量管理工作的全面"可管";通过对质量目标业绩指标的全面量化,为管理层决策提供量化的数据支持,实现质量管理"可谋"。

图 10.2　系统登录界面

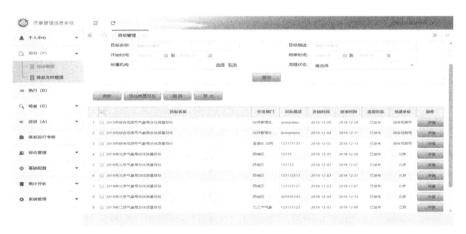

图 10.3　系统功能应用布置示意图

10.3　业务流程设计

气象观测质量管理体系信息系统基于"PDCA"循环理念组织各项工作,包含目标管理、体系文件管理、业务过程管理、内审管理、外部审核、绩效考核管理、管理评审和风险管理全部过程,并收集和整理全过程的各类质量信息,开展用户满意度评价。全流程跟踪过程管理模块可查阅执行文件,监控催办督办情况。整体业务流程如下。

从计划阶段(P)的目标管理开始,由体系办(质量办)/质量管理体系主管部门编制总体质量目标,经审批后下发至各职能部门。各职能部门根据目标和业务过程,编制本部门的质量目标和重点工作实施方案,经审批后选择业务过程。体系文件管理,由相关用户编写体系文件并提交审批,审核通过后发布体系文件,发布后的体系文件关联业务过程,进入执行阶段(D)。

执行阶段从创建业务过程流程开始,根据体系文件配置业务过程生成结果的节点,配置完成后在该业务流程下创建业务模板,系统根据创建的业务模板标识与子系统同步节点的执行结果数据或文件;执行完结后汇总,进入检查阶段(C)。

检查阶段分为内审管理、外部审核管理和绩效考核。内审管理指体系认证单位定期对指定单位组织内审,制定内审计划,下发受审单位,由审核组成员录入核查记录,审核组长在现场审核结束后,召开会议,编写审核报告并将审核报告上传到系统。审核组长在内审结束后召开末次会议,向受审核单位反馈审核结果及不符合项信息,并将审核结果上传到系统。如存在不符合项,则编制不符合项报告,提交整改措施。外部审核管理指体系认证单位上传审核计划,将审核计划进行公示,上传审核报告。绩效考核由依据指标库制定绩效考核计划,经过审批后,分发受审单位上传材料,上传绩效考核报告,再次审批,最后形成绩效考核结果;检查完成后进入处置阶段(A)。

改进有管理评审、风险管理和满意度评价管理。管理评审是编制管理评审计划,提交审批。由体系办(质量办)/质量管理体系主管部门用户上传评审材料,提交管理者代表并发起管理评审的实施,根据管理评审计划创建评审会议,在会议结束后,上传管理评审报告并提交审批。管理者代表组织有关人员对措施的实施情况和效果进行跟踪验证。风险管理是主责部门负责人根据业务从风险库选取风险点,提交审批。对风险点做等级评估,提交审批后录入风险应对措施,由评价人对风险点做出有效性评价。满意度评价管理由体系办(质量办)/质量管理体系主管部门/办公室等相关用户根据当年实际工作和调查的需要,编制用户满意度调查方案,定制调查问卷,经审批后分发,并将最终的调查结果上传到系统。

参考文献

陆梅.ISO 9001:2015 质量管理体系审核员培训教程[M].北京:中国质检出版社,中国标准出版社,2017.

国家质检总局课题组,2012.探索:基于质量管理体系的政府部门执行力建设研究[M].北京:中国质检出版社.

国家质量监督检验检疫总局,中国国家标准化管理委员会,2003.质量管理体系文件指南:GB/T19023—2003[S].北京:中国标准出版社.

国家质量监督检验检疫总局,中国国家标准化管理委员会,2013.政府部门建立和实施质量管理体系指南:GB/Z 30006—2013[S].北京:中国标准出版社.

国家质量监督检验检疫总局,中国国家标准化管理委员会,2013.管理体系审核指南:GB/T 19011—2013[S].北京:中国标准出版社.

国家质量监督检验检疫总局,中国国家标准化管理委员会,2015.管理体系认证机构要求:CNAS—CC01(ISO17021):2015[S].北京:中国标准出版社.

国家质量监督检验检疫总局,中国国家标准化管理委员会,2016.质量管理体系要求:GB/T 19001—2016[S].北京:中国标准出版社.

国家质量监督检验检疫总局,中国国家标准化管理委员会,2016.质量管理体系基础和术语:GB/T 19000—2016[S].北京:中国标准出版社.

世界气象组织,2017.国家气象水文部门和其他相关服务提供方质量管理体系实施指南[R].WMO-No.1100.

中国气象局,2019.中国气象局关于印发气象观测质量管理体系建设总体方案的通知(气发〔2019〕10 号).

中国气象局综合观测司,2019.观测司关于印发气象观测质量管理体系文件模板的通知(气测函〔2019〕19 号).

宗蕴璋,顾荣,2016.质量管理[M].西安:西安电子科技大学出版社.

Feigenbaum A V,1991.全面质量管理[M].杨文士等译.北京:机械工业出版社.

Juran J M,1987.质量控制手册[M].上海:上海科学技术出版社.

WMO,2017.Guide to the Implementation of a Quality Management System for National Meteorological and Hydrological Services[R].

附　　录

附录 A　气象观测质量管理体系业务运行规定

中国气象局综合观测司

综合观测司关于印发气象观测质量管理体系业务运行规定的通知

各省（区、市）气象局，卫星中心、信息中心、探测中心：

　　为保证全国气象观测质量管理体系业务工作有效开展并持续改进，落实体系运行职责，充分发挥体系建设与运行的效益，我司组织制定了《气象观测质量管理体系业务运行规定》（第一版），现予以印发。

　　各单位气象观测质量管理体系获得第三方出具的质量管理体系认证证书后，应按照《气象观测质量管理体系业务运行规定》（第一版）开展业务运行工作。

中国气象局综合观测司

2019 年 11 月 21 日

气象观测质量管理体系业务运行规定

（第一版）

第一章　总　　则

第一条　为保证全国气象观测质量管理体系（以下简称"体系"）业务工作有效开展并持续改进，强化落实体系运行职责，充分发挥体系建设与运行的效益，特制定本规定。

第二条　本规定所称体系适用于中国气象局管辖范围内的综合气象观测业务。

第三条　本规定确定了全国体系的组织管理、体系文件管理、内审员管理、审核管理、培训管理、体系信息系统管理和应用，以及体系考核等相关职责和任务，相关单位遵照执行。

第二章　组织管理

第四条　体系实行中国气象局和省（自治区、直辖市）气象局两级管理，国、省、地、县四级严格按照体系文件要求开展相关工作。

第五条　中国气象局综合观测业务分管领导负责审定体系总体质量方针、目标和建设范围，主持全国体系管理评审（简称"管评"），负责体系总体运行评价结果审定，以及协调资金投入和重大问题决策等。

第六条　中国气象局综合观测司（简称"观测司"）负责全国体系总体规划设计、运行管理、监督指导和考核评价，每年组织开展全国范围体系内部审核（简称"内审"）、管评和第三方外部审核（简称"外审"），提出资源投入建议，协调解决体系运行中的重大问题。

第七条　国家卫星气象中心（简称"卫星中心"）、中国气象局气象探测中心（简称"探测中心"）和各省（区、市）气象局主要负责人负责审定本单位的体系质量方针、目标和建设范围，负责本单位体系建设和运行评价，参与全国体系总体运行评价，以及协调本单位资源投入和重大问题决策等。

第八条　卫星中心负责组织对全国体系中卫星观测相关内容提供技术支持和运行情况的分析评估，及本单位体系运行、管理和评价工作。

第九条　探测中心负责组织全国体系中除卫星观测以外的观测业务运行的技术指导和整体运行情况的分析评估，承担体系信息系统的建设和运行管理，协助观测司开展全国范围体系内审、管评和外审。负责组织本单位体系运行、管理和评价工作。

第十条　国家气象信息中心（简称"信息中心"）负责组织对全国体系中数据传输、存储等相关内容提供技术指导及本单位体系运行、管理和评价工作。

第十一条　中国气象局上海物资管理处（简称"上海物管处"）负责对全国体系中探空仪等设备供应等相关内容提供技术指导及本单位体系运行、管理和评价工作。

第十二条　省（区、市）气象局观测业务主管部门负责组织辖区内体系运行、管理及评价工作。

第三章　体系文件管理

第十三条　体系文件管理包括体系文件的编制、修订、审核、发布和宣贯。

第十四条　观测司负责组织编制、审核并发布全国体系文件,中国气象局直属单位(在本规定中指卫星中心、信息中心、探测中心和上海物管处,以下相同)和各省(区、市)气象局依据观测司发布的体系文件,结合本级业务需求,编制、审核并发布各自体系文件,并报观测司备案。

第十五条　中国气象局直属单位和各省(区、市)气象局负责收集并向观测司上报全国体系文件修订需求信息以及相关标准、规范和制度的"废、改、立"清单;观测司根据修订需求组织全国体系文件和相关标准、规范和制度的修订工作,并适时发布。

第十六条　中国气象局直属单位和各省级单位依据观测司发布的体系文件和相关标准、规范和制度,结合本级业务需求,依据权限组织修订本级体系文件和相关规范、制度,并发布实施。

第十七条　观测司组织对体系文件的适宜性、充分性和有效性进行不定期抽查,其结果作为管评材料。

第十八条　各级气象部门应及时组织相关人员开展多种形式的体系文件宣贯活动。

第四章　内审员管理

第十九条　体系内审员分为省级内审员和国家级内审员两级。

第二十条　省级内审员在气象观测相关业务技术骨干和管理骨干中选取,并涵盖各类观测业务,参加由中国气象局直属单位或各省(区、市)气象局组织的培训,考试合格后获得省级内审员资格。中国气象局直属单位和各省(区、市)气象局观测业务管理部门和业务单位、各地级气象部门以及各县级气象部门须至少有1名内审员。因工作调动等导致单位不足1名内审员时,应尽快增选人员参加内审员培训并取得资格。

第二十一条　国家级内审员在省级内审员骨干中遴选,经中国气象局直属单位和各省(区、市)气象局推荐,参加由观测司组织的培训,考试合格后获得国家级内审员资格。

第二十二条　省级内审员主要职责:

(一)按要求开展省级年度内审和不符合项改进跟踪等;

(二)体系日常运行情况监督,问题收集和反馈;

(三)参与省级体系文件修订;

(四)协助开展省级管评和外审;

(五)配合完成省级体系运行的考核评估工作。

第二十三条　国家级内审员除履行上述省级内审员主要职责外,还应履行如下职责:

(一)按要求开展年度全国抽审和不符合项改进跟踪等;

(二)参与全国体系文件修订;

(三)配合开展全国总体管评;

(四)配合完成全国体系总体运行的考核评估工作。

第二十四条　各级内审员每三年一届。若内审员连续两年未参加过任何内审活动将失去内审员资格。

第二十五条　观测司负责对国家级内审员工作完成情况进行监督和考核;中国气象局直属单位和各省(区、市)气象局的业务主管部门负责对本单位内审员工作完成情况进行监督和考核。考核结果作为下一届内审员资格确定的参考条件。内审员履职情况应作为内审员年度工作考核的重要依据。

第五章　审核管理

第二十六条　审核管理包括内审、管评和外审,每年各至少开展 1 次。

第二十七条　体系内审工作应在管评之前完成,实行分级分类管理原则,具体为:

(一)内审可采取本级单位自审、单位间互审和上级单位抽审等方式开展。单位自审应采取本级单位内部的部门间交叉审核的方式。

(二)全国各级气象部门内审工作应结合每年汛期检查工作开展,编制内审报告并逐级上报。中国气象局直属单位和各省(区、市)气象局在本级内审结束后 15 日内报观测司,且不得迟于每年 6 月底前,两次内审间隔时间一般应为 12 个月。

(三)观测司组织国家级内审员进行全国范围抽审,由探测中心承办,体系覆盖范围内的中国气象局直属单位和被抽查省(区、市)气象局的业务主管部门和相关直属单位每年应全部审核,且须在三年认证有效期内确保全国所有省(区、市)气象局及所有业务类别抽审全覆盖。

(四)省(区、市)气象局每年对辖区内体系覆盖的观测业务进行抽审,体系覆盖范围内省(区、市)气象局的直属单位每年应全部审核,被抽审的下一级单位数目按照所管辖区内的下级单位总数开根号后向上取整的方式确定,并涵盖体系建设范围内所有业务类别。

(五)观测司根据中国气象局直属单位和各省(区、市)气象局的内审报告以及全国的抽审情况,组织编写全国体系总体内审报告,作为全国体系总体管评的材料。

第二十八条　全国体系管评工作应在外审之前完成,实行分级管理,各级管评会可以电视电话会议形式召开或结合相应级别的其他会议同步召开,具体为:

(一)中国气象局直属单位和各省(区、市)气象局每年 9 月底前完成本单位管评,编写管评报告,经本单位负责人审核后报观测司。

(二)观测司在年底前组织完成全国体系总体管评,并根据中国气象局直属单位和省(区、市)气象局的管评报告、全国内审情况、体系文件抽查情况以及全国管评会议上的决策等,编写全国体系总体管评报告。

第二十九条　外审包括年度监督审核、再认证审核和特殊审核,由观测司组织探测中心申请并委托第三方认证机构开展全国体系外审并编制外审总结报告,各单位根据第三方认证机构要求配合做好外审工作。

第三十条　各级气象部门要支持审核工作,提供相应资源,创造有利条件,并配合审核员获取真实信息。

第三十一条　各级气象部门应针对内审、管评及外审中发现的问题及风险制定改进措施和应对方案,及时整改或持续跟踪整改进度,并针对共性问题推广相应改进措施和应对方案。

第三十二条　各级气象部门当组织结构和观测业务发生重大调整或出现重大问题等时,一般也应进行内审、管评或特殊审核。

第六章　培训管理

第三十三条　培训是体系运行的重要组成部分,包括管理者培训、内审员资格培训、内审员持续培训和全员培训。培训可单独开展或结合其他相关培训开展。

第三十四条　管理者培训每年至少开展一次,培训内容应包括质量管理体系标准解读和体系文件宣贯等。

第三十五条　内审员持续培训每年至少开展一次,培训内容应包括质量管理体系标准解读、体系文件宣贯、内审知识和质量管理方法技术等。

第三十六条　各级气象部门的全员培训每年可分级、分批、按计划有序开展。当体系文件进行重大调整和改动时,必须开展全员培训,培训内容应包括质量管理体系标准解读和体系文件宣贯等。

第七章　体系信息系统管理和应用

第三十七条　探测中心承担体系信息系统的维护、升级工作,建立健全体系信息系统平台业务运行、安全防护、故障处理和应急响应等相关管理制度,并定期开展体系信息系统使用培训。

第三十八条　各省(区、市)气象局应基于体系信息系统做好本地化应用,完成信息维护、填报等工作。

第三十九条　中国气象局直属单位和各省(区、市)气象局的业务主管部门基于体系信息系统填报内审和管评结果,上传评审报告及整改材料。

第四十条　各级业务人员、管理人员、内审员应通过体系信息系统及时反馈体系运行中的业务流程问题、体系文件问题以及标准、规范和制度的适用性问题等。

第八章　体系考核

第四十一条　体系考核指标包括体系文件管理、内审员管理、培训管理、审核管理和持续改进等(具体见附件)。

第四十二条　观测司每年组织开展全国体系业务运行考核工作,纳入年度目标考核,并综合内审、管评、外审以及单位和内审员的工作考核情况组织编写并发布年度体系运行情况通报。

第四十三条　中国气象局各直属单位及各省(区、市)气象局观测业务主管部门负责对各自体系运行工作进行考核评价。考核频次和时间结合各自实际情况自行确定。

第四十四条　中国气象局直属单位和各省(区、市)气象局可根据实际情况建立本单位的奖惩机制。

第九章　附　　则

第四十五条　中国气象局直属单位和各省(区、市)气象局在中国气象局统一规划下建设的体系业务运行和管理应当遵守本规定。

第四十六条　各级气象部门可根据本规定和实际需求,制定本级体系业务运行规定或实施细则。

第四十七条　本规定由中国气象局综合观测司负责解释。

本规定自印发之日起生效。

附件：

体系考核指标

序号	考核指标		考核内容	评分标准
基本分项(100分)				
1	体系文件管理(10分)		体系文件按照需求和要求编制修订	按需求修订得8分，未修订不得分；当无修订需求时得8分
			体系文件审核后发布	经审核后发布得2分，未审核发布不得分
2	内审员管理(15分)		中国气象局直属单位和各省(区、市)气象局观测业务管理部门和业务单位、各地级气象部门以及各县级气象部门须至少有1名内审员	完全达到指标要求得10分，达到指标要求的80％以上得8分，达到指标要求的60％以上得6分，否则不得分
			参加内审活动的省级内审员具备相应资质	具备资质且在有效期内得5分，否则不得分
3	培训管理(15分)		按要求组织管理者和全员进行体系知识和体系文件宣贯培训	完成培训且参训人数覆盖率达100％得10分，完成培训且参训人数覆盖率达80％以上得8分，完成培训且参训人数覆盖率达60％以上得6分，未组织培训或参训人数覆盖率未达60％不得分
			按要求组织内审员进行持续培训	完成培训且参训人数覆盖率达100％得5分，完成培训且参训人数覆盖率达80％以上得4分，完成培训且参训人数覆盖率达60％以上得3分，未组织培训或参训人数覆盖率未达60％不得分
4	审核管理(40分)	内审	按要求完成内审	完成得5分，未完成不得分
			按要求提交内审报告	按时提交得5分，未按时提交得3分，未提交不得分
		全国抽审	按要求配合完成抽审	按要求完成得5分，未按要求完成不得分(未被抽审到的单位得5分)
			抽审结果评价	若被抽审单位无严重不符合项则得5分，每发现1个严重不符合项扣1分，最多扣5分(未被抽审到的单位得5分)
		管评	按要求完成管评	完成得5分，未完成不得分
			按要求提交管评报告	按时提交得5分，未按时提交得3分，未提交不得分
		外审	配合第三方机构按要求完成外审	按要求完成得5分，未按要求完成不得分(未被外审到的单位得5分)
			外审结果	通过得5分，不通过不得分(未被外审到的单位得5分)
5	持续改进(20分)		针对内审、管评和外审中发现的风险和问题，进行分析并提出预防和整改措施或计划安排	完成得10分，未完成不得分(可体现在内审、管评和外审报告中)
			按要求落实整改措施或计划安排	按要求100％落实得10分，落实80％及以上得8分，落实60％及以上得6分，落实60％以下或未落实不得分(需要提交落实情况证明)

加分项(10 分)

序号	考核内容	评分标准
1	提交标准、规范和规章的"废、改、立"清单和建议	提交并被中国气象局采纳视情加 2～3 分,提交但未被采纳加 1 分,未提交不得分
2	提交流程优化、运行机制改进、风险防控等建议	提交并被中国气象局采纳视情加 2～3 分,提交但未被采纳加 1 分,未提交不得分
3	制定并实施了内审员监督考核制度及奖惩机制	制定并实施得 2 分,未制定或完成制定但未实施不得分
4	国家级内审员积极参加全国性体系工作	完成国家级内审员职责 2 项或 2 项以上的得 2 分,完成 1 项的得 1 分,否则不得分

附录 B 观测质量管理体系各层级过程

气象观测质量管理体系根据单位所属的层级不同,其体系相关的过程也不同,根据 2017 年气象观测质量管理体系建设试点的结果,可以分为国家局层面、省市县层面和直辖市层面的过程库。

B.1 国家局层面过程库

以中国气象局气象探测中心为例,对其相关过程的关联关系和过程工作内容进行介绍如下(附表 B.1,B.2)。

附表 B.1 中国气象局气象探测中心质量管理体系过程

过程类别	过程名称	主责部门	相关部门
管理过程(G)	风险和机遇应对控制	党办、业务处	风险评估技术小组、各业务处室
	人力资源管理控制	人事处	相关处室
	办公设备管理控制	业务处、办公室	保障室、计财处
	知识管理控制	成果室	相关处室
	沟通管理控制	质量管理体系归口管理部门	各部门
	文件管理控制	业务处	相关处室、办公室、研发室
	外部供方管理控制	计财处	相关处室
	用户满意管理控制	办公室	相关处室
	内部审核控制	业务处	内审组、受审核部门
	管理评审控制	业务处	相关职能部门
	监督、检查与改进控制	业务处	相关处室
	内部审计管理控制	党办(纪检审计室)	相关处室
业务过程	技术发展控制	业务处、成果室、研发室、基地室、工程办	
	观测试验控制	基地室	省级/试验基地、技术委员会、计量站、业务处、业务处室和创新团队、成果转化室、设备生产厂家和外单位
	成果转化控制	成果转化室	中国气象局科技司、孵化/转化单位
	装备质量控制	保障室	业务处、计财处
	数据业务控制	质量室	保障室、业务处、成分室、用户部门、设备商、国家气象信息中心、省局、台站
	数据质量控制	质量室	保障室、成分室、业务处、省局、设备商
	产品加工制作	质量室	业务处、成分室、用户部门
	站网设计与评估	研发室	保障室、质量室、基地室、计量站、业务处
	装备前期质控	保障室	业务处、计财处、研发室、国家级库房

过程类别	过程名称	主责部门	相关部门
业务过程	运行监控	保障室	质量室、业务处、成分室、GNSS/MET团队
	装备保障	保障室	业务处、计财处、成分室、GNSS/MET团队
	评估考核与改进	保障室	中国气象局综合观测司、业务处、质量室、成分室
	站网管理	保障室	中国气象局综合观测司、业务处、研发室
	装备元数据管理	保障室	业务处、质量室、其他业务处室
	运行监控信息发布	保障室	
	大型设备故障件检测	保障室	社会化维修公司
	科技项目管理	成果室	项目承担部门/个人、计财处、党办
	工程建设	计划财务处	办公室、业务处、人事处、党委办公室(纪检审计室)、责任处室或为项目实施而组建的机构
支撑过程	装备准入(技术审查)控制	业务处、基地室	测试单位、保障室、有关业务单位
	气象观测标准体系	标准化办公室、研发室	各业务单位
	国家级气象计量业务控制	计量站	国家级气象计量业务机构、委托机构、工程中心成果室、办公室、计财处、业务处
	信息支撑控制	保障室	相关业务处室
	机房管理	保障室	
	检定检测	基地室	业务处、检测单位、试验基地、有关业务单位、申请单位
	现场踏勘	基地室	申请单位
	资料审查、审查报告编制与归档	基地室	业务处、保障室、申请单位
	标准制修订	标准化办公室	各相关单位、标委会、政策法规司、负责起草单位
	标准规范应用及评估	研究室标准化团队	各单位、业务处、标准办
	量值传递	计量站	委托机构、成分室、基地室
	建立计量标准	计量站	国家级气象计量业务机构、业务处
	保持标准量值	计量站	国家级气象计量业务机构及委托机构、办公室、计财处
	全国气象计量业务计划控制	计量站	成分室、基地室、委托机构、业务处、省级气象计量业务机构
	省级气象计量业务质量督察	计量站	业务处、省级气象计量业务机构
	国家级气象计量业务能力建设	计量站	成果室、成分室、基地室

附表 B. 2　相关过程的关联关系和过程说明

业务类别	一级工作项	二级工作项	三级工作项	工作过程说明
Y01 技术发展	技术研发	研发计划制定		根据上级单位的系统设计方案以及收集的业务运行技术问题,分类整理,依据时效需求和任务轻重缓急统筹编制研发计划。
		研发计划评审		组织专家对编制的研发计划在技术可行性、业务需求迫切性和经费合理性进行评审。
		研发任务发布		根据不同任务属性,站网研发任务由中心站网团队牵头开展预研,装备和方法向企业、科研院所等单位公开发布;装备研发由有意向的企业和科研院所开展预研,方法类研发由中心相关技术团队、企业和科研院所开展预研。
		研发任务预研	站网设计	站网设计与评估的主要任务是分析用户需求,评估当前观测能力,评估能力与需求的差距,分析观测技术发展及布网能力,提出当前观测站网优化方案,提出新的观测技术、观测设备布设方案,产生观测站网布局评估分析产品。
			装备研发	由有意向企业按照企业研发流程实施,根据发布的任务要求开展技术调研和编制研发设计方案。
			方法研发	中心相关技术团队承担的任务依据签订的团队任务书开展实施。有意向的企业和科研院所按照本单位研发流程实施,根据发布的任务要求开展调研和编制研发设计方案。
		研发实施	站网	依据站网设计任务开展的研发活动。
			装备	依据签订的任务书开展规定的研发活动。
			方法	依据签订的任务书开展规定的研发活动。
		结题报告评审		依据任务书要求,对研发任务形成的报告组织专家进行评审。
	观测试验	试验计划制定		根据业务处、成果室或重点工程办下达的试验计划编写任务,对观测试验进行需求分析,收集整理相关处室提出的业务装备/方法改进需求、新装备/方法试验需求和成果中试与孵化需求;业务处室和创新团队负责提出业务装备改进需求,以及新装备、新方法试验需求。
		观测试验实施		根据试验设备对外场的需求确定试验布局,编制试验方案,开展实验室静态测试、外场试验和试验总结,提交总结报告。
		观测试验基地运行		按照年度计划开展试验基地建设,组织各基地按照年度任务要求开展试验运行,评估试验效果。
		TESOME 平台	外场试验	气象观测设备测试和试验过程管理,以及数据收集、监控、显示、查询。
			数据分析	试验数据分析软件系统,对试验数据进行处理,满足试验任务要求所做的分析评估过程。
	成果转化	形式审查		对职务科技成果进行形式审查,在网上按照"气象科技管理信息系统"要求提交形式审查申请,其中包括成果内容、技术文档及相关信息。
		成果转化应用		组织对完成认定的成果实施转化过程。
		成果归档		对成果全套材料分类归档过程。

续表

业务类别	一级工作项	二级工作项	三级工作项	工作过程说明
Y01 技术发展	工程建设	申报立项		根据中心气象现代化建设、自身能力建设需求和上级主管部门项目申报指南,组织提出基本建设项目立项计划和需求。
		建设实施		组织项目实施单位、项目负责人签订任务书,明确年度任务和考核要求等,分解落实项目建设任务和管理责任。项目实施单位履行合同建设内容,按照进度和质量要求,组织项目建设和过程管理。
		验收评价		项目的完成情况、须改进的问题、能否投入业务运行、有无推广价值。
Y02 装备质量管理	前期质控	站网管理	站址管理	指按照气象观测站网综合布局规划、台站管理办法及站址选址相关标准等规范性文件,进行台站迁移、新建、撤销的审批及技术审查的管理。
			场地管理	是指按照气象观测台站场地建设、场地管理等规范性文件进行的台站场地管理。
			频率管理	指依据国家级行业部门的相关规范性文件,对气象观测台站观测设备所使用的无线电频率进行管理。
			探测环境管理	指按照气象观测台站探测环境保护条例等规范性文件,对气象台站探测环境进行的报告、评估等方面的台站探测环境管理。
		采购/仓储供应管理	国家级仓储	1)探测中心负责国家级应急物资采购管理与调拨管理、国家级雷达备件采购管理与调拨管理、气球探空仪储备供应。2)国家级应急物资详见《气象应急物资储备备目录(2015版)》,国家级雷达备件详见《新一代天气雷达三级备件清单》。
			省级仓储供应	
			整机采购	
		测试验收	出厂测试	保障室按照国家/气象行业标准以及中国气象局相关规范性文件,编制《出厂验收测试大纲》,明确测试依据、要求、内容、方法、流程、合格判据等技术要求,并根据实际需要适时修订。经业务首席审核后,报业务处审核后上报观测司。
			试运行管理	
			现场测试	保障室审核省级报送的现场测试申请材料,经审核通过后按照《现场验收测试大纲》的要求制定测试方案,形成测试专家组。审核内容包括:试运行期间是否出现重大故障,预测试结果是否满足指标要求等。测试专家组一般由探测中心、省局观测处、省局装备中心等技术人员组成,也可根据实际情况调整。测试专家组按照《现场验收测试大纲》和测试方案开展现场测试,形成现场测试意见,通过后由各省组织现场验收。
			现场验收	

业务类别	一级工作项	二级工作项	三级工作项	工作过程说明
Y02 装备质量管理	前期质控	装备元数据管理		元数据管理流程起点为业务处,数据质量室职责为制定元数据标准,保障室进行相应的"元数据管理",重点是与前期质控相关的元数据要素。省级"元数据管理"作为出口,承担数据管理、上报等职能,经过保障室的完整性初审后进入国家级"装备元数据管理",其他业务处室通过保障室进行"元数据应用",通过保障室与其他业务部门"准确性评估"来不断完善元数据。具体内容详见《装备元数据管理作业指导书》。
	运行监控	国家级运行监控	国家级元数据监控(策划项)	依据《综合气象观测系统运行监控业务职责流程(试行)》(气测函〔2010〕235号)、《元数据标准》和《装备元数据管理作业指导书》等相关文件要求,运行监控值班人员负责对元数据完整性、准确性和连续性进行实时检查,对异常情况及勘误反馈进行核查,并依据《综合气象观测系统运行监控信息发布办法》(气测函〔2011〕162号)将核查结果以信息发布的形式通报给站网管理岗位,同时报送给观测司、业务处、质量室、省级监控和厂家等。元数据监控结果还将作为数据依据提供给评估与考核。
			装备状态监控管理	运行监控科值班人员通过对设备运行状态参数、报警信息及观测数据的实时采集,借助系统集成的数据质量控制算法及设备运行状态判定方法,依据《综合气象观测系统运行监控业务职责流程(试行)》(气测函〔2010〕235号)、《国家级装备保障实时业务职责与流程》、《国家级运行监控业务设备故障处理流程》及《运行监控值班技术手册》等文件要求,实时监控设备运行状态异常情况,并依据《综合气象观测系统运行监控信息发布办法》(气测函〔2011〕162号)对核实后的异常情况进行发布,同时作为数据依据提供给评估与考核。
			监控信息发布	运行监控科值班人员依据《综合气象观测系统运行监控信息发布办法》(气测函〔2011〕162号)、《运行监控信息发布工作指导书》等文件要求,汇总运行监控过程中经核查的异常情况,并以此编制运行监控信息发布通报材料,按照《运行监控信息发布工作指导书》中规定的时间,通过短信、Notes等方式向观测司、相关业务单位、中心领导、业务处、相关业务处室、保障室各岗位、省级监控及厂家等单位发布通报,具体发布方式及各项要求见《运行监控信息发布工作指导书》。
		省级运行监控	省级元数据监控	涵盖算法申请、受理、测试、初评、准入、退出。
			省级装备状态监控管理	
			省级装备业务过程监控	
			省级监控信息发布	
	装备维护	国家级维护	大气成分、温室气体设备维护	探测中心负责对国家级大气成分设备、温室气体设备进行维护,并对装备维护过程进行监控。

业务类别	一级工作项	二级工作项	三级工作项	工作过程说明
Y02装备质量管理	装备维护	省级维护	一类装备维护	
	装备定标	国家级定标	专项定标	是指根据重大气象服务、突发事件等专项工作对天气雷达定标的要求,适时启动的定标。
			收集、归档技术审查与评估(策划项)	技术审查是指对全国天气雷达定标数据的抽查和分析,指导省级技术保障部门和雷达站对定标工作中发现的雷达系统异常情况及时处理,对长时间存在定标或观测数据异常等问题的雷达站开展现场技术核查。
		省级定标	一类装备年巡检、年维护定标	
			专项定标	是指根据重大气象服务、突发事件等专项工作对天气雷达定标的要求,适时启动的定标。
			技术审查与评估	技术审查是指对全国天气雷达定标数据的抽查和分析,指导省级技术保障部门和雷达站对定标工作中发现的雷达系统异常情况及时处理,对长时间存在定标或观测数据异常等问题的雷达站开展现场技术核查。
	装备维修	国家级维修	技术支持(策划项)	保障室通过电话热线和省级上报的技术支持请求,开展技术支持工作。依托运行监控平台,对气象设备的在线运行状态、报警文件、维护维修活动等信息进行收集,开展在线故障诊断,填报《故障诊断单》上传到综合气象观测业务系统。对于相对复杂的故障,利用在线故障诊断无法解决时,利用远程接入等手段,实现故障设备的远程接管,完成远端操作,进一步剥离故障,获取故障设备在线测试信息,必要时可借助现场仪表接入进行远程测试,定位故障并给出诊断结果,填报《故障诊断单》上传到综合气象观测业务系统。对于严重复杂的故障,可启动专家会诊的方式,多方同时在线,对故障设备进行远程接管、远程测试等全方位分析判断,定位故障并给出诊断结果,填报《故障诊断单》上传到综合气象观测业务系统。
			现场维修	主要是指大气成分室实验室设备、温室气体本地站设备的维修。
			实施大修	保障室根据装备评估与考核结果,对达到大修年限的天气雷达,编制《大修技术方案》,经业务首席审定后报业务处,业务处审核后报观测司。各省根据观测司批复的方案具体开展大修工作。
		省级维修	技术支持	
			现场维修	
			实施大修	
	装备故障件修复	国家级故障件修复	(策划项)	是指利用维修测试综合业务平台,开展维修后更换下故障组件的检测与修复,达到技术指标要求,从而提高备件利用效率。

续表

业务类别	一级工作项	二级工作项	三级工作项	工作过程说明
Y02 装备质量管理	装备故障件修复	省级故障件修复		
	装备报废	整机报废		指对达到装备规定使用年限,或者因技术升级等原因更新换代的设备,开展技术评估和资产评估,确定不宜再使用的,按照相关资产管理规定进行报废处理。
		备件报废		
	评估与考核	装备业务质量检查		指对各省(区、市)装备保障工作情况进行检查,保证投入业务使用的气象装备能够按照行业标准运行及维护维修。
		装备质量监督		指对获得《气象专用技术装备使用许可证》的厂家进行主要生产环节、关键器件技术指标、验收测试等方面的抽查,严把装备准入关,确保装备性能的可靠性、数据的准确性和业务的稳定性。
		装备运行评估		指通过业务可用性、平均无故障工作时间等指标对各类气象装备在规定运行时间内的正常运行、例行维护、故障维修等信息进行汇总。
		装备运行考核	考核通报	指根据装备运行评估结果,对各类气象装备进行业务质量定量考核评价。
	改进	装备业务质量改进		按照观测司下达的任务要求,保障室根据制定的改进方案,组织各省(区、市)进行装备业务质量提升,挑选具有代表性的台站进行试运行并验证。
		装备质量改进		按照观测司下达的任务要求,保障室根据制定的改进方案,组织相关生产厂家进行装备质量提升,随机抽样进行试运行并验证。
Y03 数据质量管理	数据质量控制	获取监视	数据获取	从数据平台、CIMISS数据库获取观测数据,统计数据获取率。
			时间检验	检验观测数据是否符合业务规范规定的时间要求。
		质量控制运行		依据《数据质量室业务值班职责流程》,每日利用质控系统对观测数据进行国家级实时自动质控,统计观测数据正确率和观测可用率。
		诊断勘误	诊断分析	基于自动质控的结果,每日利用雷达拼图监视系统进行人工诊断,对明显存在质量问题的数据进行人工勘误。
			数据勘误	使用雷达拼图监视系统进行人工质控,质控成功后将质控前后图片截屏保存。对于出现次数多或持续时间长的坏图的雷达台站进行屏蔽单站处理,填写单站坏图屏蔽记录表并记录值班日志。
		数据评估改进		编制数据质量的评估报告,包括统计分析、原因分析、改进建议等内容,向管理部门提交改进建议。
	产品加工制作	产品制作	基本产品制作	利用"综合气象观测产品系统"和其他各类观测数据产品系统实时进行产品制作,生成各类基本产品。
			综合产品加工	利用"综合气象观测产品系统"自动生成组合风场、降水分析场、地面流场、能见度分析场、气温分析场、气压分析场、冰雹组网产品以及各类产品叠加的组网产品等综合产品。

业务类别	一级工作项	二级工作项	三级工作项	工作过程说明
Y03 数据质量管理	产品加工制作	产品服务	任务启动	上级下达、主动提出、用户需要,下达服务任务,启动服务流程。
			制作服务材料	必要时组织领导、专家会商,针对需要形成服务产品内容、方法等。
			推送服务	审核、签发、发布(报、送、传)。
		产品测试与改进	产品测试	对"综合气象观测产品系统(测试版)"综合产品进行测试,对综合产品进行测试。
			产品改进	根据业务需要,不定期组织进行改进。
			产品反馈	向用户单位推送基本产品和综合产品,用户单位不定期向其"产品制作"环节反馈需求。
Z 技术支撑	装备准入管理	资料审查	资料初审	1)基地室接受任务后,根据装备的类型选择相关领域专家组建审查组进行审查; 2)审查组对申请材料逐项审查。资料审查对申请材料的要求包括基本要求、首次申请审核要求和延续申请审核要求; 3)审查组对补正材料进行审查,申请材料齐备且满足要求后,审查组编制受理意见,经基地室负责人审核后提交业务处,业务处核准后在行政审批系统提交受理意见。
			受理后的资料审查	1)审查组按照《气象专用技术装备使用许可管理办法》及国家标准、气象行业标准或国务院气象主管机构规定的技术要求进行资料审核; 2)审查组通过行政审批系统记录审查结果。
		检定检测	测试方案制定	1)测试单位根据被试产品的有关标准或规定的技术要求,编制测试方案; 2)确定实验室测试或外场测试的测试项目和测试方法; 3)确定测试所用标准器和测试设备; 4)确定数据处理方法和合格评定准则等。
			实验室测试	1)设备交接和现场抽样; 2)按照测试方案的要求逐项对设备进行功能、性能、环境适应性测试并记录测试结果,若测试结果合格,按照测试方案继续测试,否则,终止对被试设备的检定检测; 3)所有测试项目完成后,测试结果录入 TESOME 系统。
			外场测试	1)申请单位和试验基地完成对设备的安装调试; 2)开始外场测试试运行,外场测试试运行通过后正式开展外场测试; 3)在开展外场测试期间,测试数据的收集、设备状态监控、故障和维护信息管理、数据查询和显示及数据处理与分析由 TESOME 平台完成。
			测试报告编制	1)测试单位利用 TESOME 平台处理分析数据,编写测试报告初稿; 2)测试单位编制完成测试报告后交由基地室审核; 3)审核通过后,如需专家论证测试报告,由测试单位组织专家进行论证; 4)报告通过专家论证后,测试单位将测试报告和专家论证意见交基地室存档。

续表

业务类别	一级工作项	二级工作项	三级工作项	工作过程说明
Z技术支撑	装备准入管理	现场踏勘		1)如果申请材料的质量管理体系、生产、储存、检测、售后服务等内容不明确或有存疑,审查组编制现场踏勘告知函,经基地室负责人审核后提交业务处,业务处核准在行政审批系统提交; 2)审查组赴申请单位进行现场踏勘,由2名及以上业务技术人员同时进行,且有申请单位人员在场。
		审查报告编制与归档		1)审查组编制审查报告,参考现场踏勘和检定检测情况,包括审查的技术资料、文件,重点内容的审查情况和审查结论三部分; 2)审查组将审查报告提交给基地室,基地室可根据需要组织专家论证,技术审查报告由审查组组长、装备测试首席、副处长、处长把关后提交业务处; 3)业务处完成审核后提交中心审批,报送气象主管部门。
		气象观测标准体系管理		1)编制气象观测标准体系评估计划; 2)开展国内外相关标准和业务技术发展动态调研工作,重点关注世界气象组织在气象观测业务领域的发展动态; 3)编制气象观测标准体系分析评估报告; 4)提出气象观测标准体系框架的改进建议; 5)组织专家审议,提交评估报告和标准体系框架建议稿。
	标准规范	观测标准制修订		1)标准需求信息征集;标准化办公室及标准化办公室所挂靠管理的各标委会应实时收集各业务部门标准化需求意见与建议; 2)标准立项;明确标准立项条件,明确第一起草人条件,明确标准立项流程; 3)标准制修订;标准制定分为征求意见稿、预审稿、送审稿、报批稿、复核及发布6个阶段。标准化办公室是组织编制小组完成标准制修订工作,审核标准编制小组提交的征求意见稿、预审稿、送审稿、报批稿4阶段材料,协调沟通标准编制小组与标委会、职能司、各级标准主管部门及专家之间的联系与反馈; 4)标准批准与发布阶段;标准化办公室应对收到的标准报批材料进行审核。符合要求的,报送标委会;不符合要求的,退回负责起草单位,修改后再次审核,直至符合要求为止。时间周期为10个工作日。审核通过的报上一级机构进入批准与发布流程。
		标准规范应用及评估		1)标准库建立;从标准化办公室获取最新标准信息,对标准库进行定期更新维护,保证标准的时效性。标准库按照标准的分类细则进行编目,并包含各类别标准适用领域、名称、编号、发布及更新时间、起草人、条款细则等相关信息; 2)合规性检查;收集整理在用标准、规范及规定、制度等文件,开展标准规范合规性检查,检查内容包括:是否在标准库中,是否为最新发布的标准规范,是否能作为标准规范发布,是否按最新的标准规范条款的要求及时更新; 3)标准规范更新;通过标准管理流程进行最新标准、规范的收集;根据最新下发标准更新探测中心标准库。

续表

业务类别	一级工作项	二级工作项	三级工作项	工作过程说明
Z技术支撑	装备计量检定	量值传递		1)编制《国家级气象计量业务计划表》，并向各国家级气象计量业务机构及委托机构下达当年度检定、校准及检测计划； 2)各机构在接到国家气象计量站下达的计划后，应在距检定、校准、检测任务实施不短于20个工作日前通知用户送检(校、测)仪器或样品； 3)各机构按照相应的计量检定规程、计量校准规范、国家标准、行业标准或经过合法化程序的自编工作程序开展检定、校准或检测，并对检定、校准和检测数据审核无误后，编制检定、校准、检测证书或报告，报国家气象计量站审核； 4)国家气象计量站应在接收报告审核申请后5个工作日内，完成报告审核。对于合格的报告予以签发，对于不合格的报告退回各机构重新开展实验或重新出具报告； 5)经国家气象计量站审核签发的结果报告，由各机构进行归档。各机构收到国家气象计量站签发的报告后向用户发放仪器(样品)及数据报告。
		建立计量标准		1)计量标准建标申请流程 各国家级气象计量业务机构根据业务需求向国家气象计量站提出计量标准建标计划；国家气象计量站应在20个工作日内完成建标计划审核，发放《建标计划审批单》。依据JJF1033《计量标准考核规范》的规定开展实验，并编制建标申请材料。完成后报送国家气象计量站；对于未来面向社会开展计量服务的计量标准，国家气象计量站以本站名义向国家质量监督检验检疫总局提交建标申请。 2)计量标准建标的控制 提出建标计划前，应完成所涉及的仪器设备的配置和环境条件的建设；建标实验和材料编制应严格遵守JJF1033《计量标准考核规范》的规定。
		保持标准量值		1)保持标准量值业务流程 各国家级气象计量业务机构及委托机构制定所保持的计量标准的核查及量值溯源计划； 国家气象计量站应在20个工作日内完成计划审核；各国家级气象计量业务机构按计划组织实施； 核查结果不符合要求的计量标准，相关机构暂停适用，并将其及时列入量值溯源计划，报国家气象计量站批准后提前溯源； 各国家级气象计量业务机构及委托机构对国家气象计量站审批通过的量值溯源计划，须采用国际比对方式执行的，应制定《国际比对实施方案》，报中心办公室审批；中心办公室对国家级气象计量业务机构及委托机构提出的《国际比对实施方案》进行审核； 各国家级气象计量业务机构及委托机构自行按计划开展量值溯源活动。 2)计量标准量值保持业务的控制 计量标准量值溯源、期间核查的周期、计划时限以及数据记录处理等具体工作，应符合国家气象计量站发布的《质量手册》(GQJ(G)-SC01-16)和《程序文件》(GQJ(G)-CX(01-39)-16)的规定。

业务类别	一级工作项	二级工作项	三级工作项	工作过程说明
Z 技术支撑	装备计量检定	全国气象计量业务计划控制	国家级业务计划进度控制	1)各国家级气象计量业务机构及委托机构按国家气象计量站下达的存量业务要求,每年 12 月 15 日前编制下年度的《检定、校准、检测及环境试验计划》,报国家气象计量站审核。对于因增量业务建设和增(改)型业务建设所形成的存量业务的增加,及时对《检定、校准、检测及环境试验计划》进行修订,修订后的计划报国家气象计量站审核; 2)国家气象计量站进行计划审核后,汇总编制《国家级气象计量业务计划表》,报中心业务处审批后下发国家级气象计量业务机构及委托机构; 3)国家级气象计量业务机构及委托机构每月 10 日前向国家气象计量站报送检定、校准、检测进度; 4)国家气象计量站依据计划和进度对国家级气象计量业务机构及委托机构业务进展情况进行考核,向任务拖延机构发放《进度拖延整改通知》。
			省级业务计划进度控制	1)每年 11 月 15 日各省级气象计量业务机构编制检定、校准、检测计划,并报国家气象计量站审批,国家气象计量站应在 10 个工作日内完成计划审批; 2)各省级气象计量业务机构每月 10 日前向国家气象计量站报送检定、校准、检测进度; 3)国家气象计量站依据计划和进度对各省级气象计量业务机构业务进展情况进行考核,向任务拖延机构发放《进度拖延整改通知》。
			发布全国气象计量业务进度周期报告	1)每年 7 月 30 日前,国家气象计量站根据全国气象计量业务进展情况编制当年 1 月 1 日至 6 月 30 日期间的《全国气象计量业务进度半年报》;每年 1 月 31 日前,国家气象计量站根据全国气象计量业务进展情况编制上一年度《全国气象计量业务进度年报》; 2)中心业务处对国家气象计量站报送的周期报告审核合格后,向全国发布。
		省级气象计量业务质量督察		1)国家气象计量站于每年 1 月 30 日前制定本年度质量督察计划,经中心业务处批准后,根据省级气象计量业务机构的情况制定质量督察方案; 2)省级气象计量机构接到《督察通知单》后,编制文档材料,于规定的现场督察实施之日前不短于 10 个工作日报国家气象计量站审查; 3)文档材料审查合格的,国家气象计量站组织进行现场检查; 4)国家气象计量站于检查结束后 15 个工作日内对检查合格的,编制完成《现场督察报告》; 5)国家气象计量站组织制定依据 JJF1117《计量比对》的要求制定《计量比对方案》; 6)国家气象计量站根据现场督察和计量比对的结果,于每年 1 月 31 日前,编制完成上一年度《全国气象计量业务质量年报》。

业务类别	一级工作项	二级工作项	三级工作项	工作过程说明
Z技术支撑	装备计量检定	国家级气象计量业务能力建设		1）国家气象计量站依据《××气象计量业务建设技术方案》《××气象计量业务建设布局方案》，以及《××气象计量业务改进方案》对建设任务进行分解； 2）相关国家级气象计量业务机构编制国家级能力建设可行性研究报告； 3）管理部门负责项目审批； 4）相关国家级气象计量业务机构开展能力建设； 5）能力建设完成后，国家气象计量站组织开展能力验证，并将能力验证结果报送中心业务处； 6）经能力验证满足业务要求的建设项目，中心业务处下达《业务能力确认通知》。
	信息支撑	数据传输		气象装备保障室接收由气象信息中心 CIMISS 系统实时推送的数据，包括：雷达数据、风廓线雷达数据、雷电定位数据、探空数据、地面观测数据、风能数据、土壤水分观测数据、GNSSmet 观测数据、大气成分观测数据。
		数据共享		1）气象装备保障室服务器接收数据后按照数据类型实时将数据推送给 ASOM 业务系统及相关业务处室； 2）业务处室如需变更接收数据的种类，应向探测中心业务处提出申请，经业务处审批后，交由保障室调整共享数据的类型。
		数据存储		保障室将从 CIMISS 接收的数据，按照数据类别，分别存储在 ASOM 系统数据库、数据共享平台数据库、雷达基数据数据库中。

B.2 省市县层面过程库

以陕西省气象局为例，省市县层面过程库见附表 B.3。

附表 B.3 陕西省气象局质量管理体系过程

过程类别	过程名称	主责部门	相关部门
管理过程	识别省局环境和相关方的需求和期望	最高管理层、观测处	省局相关内设机构和直属单位、各市（县、区）气象局
	质量管理体系的策划和建立、应对风险和机遇及变更控制	最高管理层、观测处	省局相关内设机构和直属单位、各市（县、区）气象局
	质量目标和过程绩效指标的控制	最高管理层、观测处	省局相关内设机构和直属单位、各市（县、区）气象局
	质量管理体系的绩效评价与改进（分析和评价、顾客满意、内部审核、管理评审）	最高管理层、观测处	省局相关内设机构和直属单位、各市（县、区）气象局
	人力资源管理	人事处省干部学院	省局相关内设机构和直属单位、各市（县、区）气象局的人力资源部门
	组织知识的管理	科技预报处、人事处	省干部学院、省局相关直属单位、各市（县、区）气象局

续表

过程类别	过程名称	主责部门	相关部门
管理过程	基础设施和运行环境管理	大探中心、信息中心、各市县区局技保部门	省局办公室各单位办公室
	文件信息化管理	观测处	省大探中心、省信息中心、各市（县、区）局
业务过程	观测业务系统运行的策划	观测处	省大探中心、省信息中心、各市（县、区）局
	识别和确定观测数据产品和服务的要求	省信息中心	省大探中心、各县（市、区）气象局数据采集部门
	观测业务科研开发过程管理	科技预报处、观测处	观测处、省大探中心、省信息中心等
	站网管理	大探中心、各县区局台站	观测处、各市局
	储备供应管理	大探中心	各市（县、区）局
	维护维修管理	大探中心、各县区局台站	各市（县、区）局
	运行监控管理	各县区局台站	观测处、大探中心、各市（县、区）局
	雷达定标管理	大探中心、各市局	观测处、各县区局
	装备报废管理	大探中心、各县区局台站	各市局
	装备业务质量检查	大探中心、各县区局台站	观测处、各市局
	装备运行质量考核通报	大探中心	各市局
	装备业务质量改进建议	大探中心	各市局、各县区局
	外部供方管理（含探测设备、工程及维修维护等服务的采购）	大探中心	各市局、各县区局
	获取监视	信息中心	各县区局台站
	质量控制	信息中心	各县区局台站
	诊断勘误	信息中心	各县区局台站
	数据存储	信息中心	各市局
	外部供方管理（含数据信息设备、工程及维修维护等服务的采购）	信息中心	各市局、各县区局
支撑过程	业务准入管理过程	大探中心	观测处、信息中心、各市局
	标准/规范管理	政策法规处	观测处、大探中心、信息中心、各市（县、区）局
	装备计量检定管理	大探中心	各市局
	沟通过程	观测处	大探中心、信息中心、各相关内设机构、各市（县、区）局

B.3 直辖市层面过程库

以上海市气象局为例,市、区(县)县层面过程库见附表 B.4。

附表 B.4 上海市气象局质量管理体系过程

过程类别	过程名称		主责部门	相关部门
管理过程(MP)	MP01 战略分析规划与体系策划建立	MP01-01 风险分析与战略规划	最高管理层	计划财务处
		MP01-02 体系总体策划		观测预报处
	MP02 绩效评价与分析改进	MP02-01 考核评估与分析改进	最高管理层	各部门
		MP02-02 内部审核与整改		
		MP02-03 管理评审与改进		
运行过程(OP)	OP01 项目导入	OP01-01 可研立项	各单位	观测预报处
		OP01-02 项目实施		
	OP02 业务准入		观测预报处	各单位
	OP03 观测数据管理	OP03-01 数据采集运控	各站点	数据管理科
		OP03-02 数据质控传输	数据管理科	
		OP03-03 数据归档	信息档案科	
		OP03-04 市级运控	信息运控科	
		OP03-05 元数据管理	探测科	数据管理科
	OP04 观测装备保障	OP04-01 市级采购	探测科	检定科
		OP04-02 台站采购		
		OP04-03 市级维护		
		OP04-04 台站维护		
		OP04-05 市级维修		
		OP04-06 台站维修		
		OP04-07 市级标定		
		OP04-08 台站标定		
		OP04-09 报废管理		
支持过程(SP)	SP01 人力资源管理		局办公室	各单位办公室
	SP02 文件档案管理		观测预报处局办公室	信息档案科
	SP03 办公设施环境管理		局办公室	各单位办公室
	SP04 外供方管理		各单位	计划财务处
	SP05 仓储管理		观测预报处	

附录 C　气象观测质量管理体系文件模板示例性文件

C.1　气象观测质量管理体系文件格式与体例要求

C.1.1　编写格式要求

C.1.1.1　拟稿要求

(1)结构层次顺序:第一层为"一、",第二层为"(一)",第三层为"1.",第四层为"(1)";

(2)引用文件应先引用标题,后引用发文字号(或文件编号);

(3)文件中使用非规范化简称,应先用全称,并注明简称;

(4)文件中数字应当使用阿拉伯数字;

(5)文中日期应按顺序注明"年、月、日"。

C.1.1.2　字体及字号

(1)标题:方正小标宋简体,二号字,行间距离为固定值33磅;

(2)结构层次的标题,第一层,如"一、""二、",用黑体三号字;第二层,如(一),用楷体 GB 2312,三号字;第三层,如"1",用仿宋 GB 2312,三号字;第四层,可按照正文字体字号;

(3)正文:仿宋 GB 2312,三号字,行间距离为固定值27.5磅。

(4)文件的附件标题:仿宋 GB 2312,三号字;

(5)岗位职责说明书标题可用仿宋 GB 2312,三号字。栏目中内容是仿宋 GB 2312,四号或小四号字;

(6)页码:宋体,四号字,左右交错,区分奇偶页。

具体编写时字体字号可以根据需要自行确定。

C.1.2　文件编码标识

C.1.2.1　文件类型

C.1.2.1.1　文件的媒介形式

可以是纸质、电子媒介(包括各类文档、图像、语音等,如光盘、软盘、网络等)或它们的组合。

C.1.2.1.1.1　内部文件

(1)质量手册、程序文件、工作指导文件、工作记录;

(2)公文。

C.1.2.1.1.2　外来文件

(1)法律法规;

(2)技术标准、规程、规范、指南等;

(3)上级单位文件;

(4)其他单位文件。

C.1.2.2 文件的标识

C.1.2.2.1 质量手册

C.1.2.2.2 程序文件

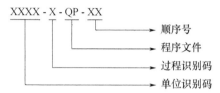

顺序号为 2 位阿拉伯数字,按 01,02,…顺序排列。

C.1.2.2.3 工作指导文件

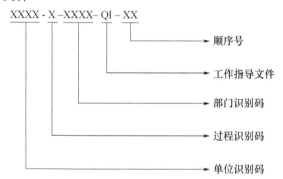

工作记录编码格式:

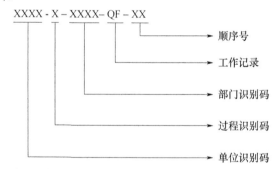

识别码包括过程识别码、单位识别码和部门识别码。过程识别码分别为 Y、G 和 M,代表业务过程、支撑过程和管理过程三大核心过程;单位识别码为单位名称缩写,其中省级用省拼音首字母＋省行政区域代码,如探测中心为 MOC、上海为 SH31、陕西为 SX61;部门识别码为本单位所属下级部门名称缩写,如探测中心下属部门,各省气象局下属相关处室、业务中心,各地市州气象局及下属台站、科级单位和机构等,具体编码由各单位根据实际情况自行确定。

表格随文件一同下发的,按相关文件的标识实施管理。

C.1.2.2.4 公文

按照中国气象局发文发电的标题、文号、主办单位等信息进行管理。

C.1.2.2.5 外来文件

外来文件适用原文件编号。

C. 2　中国气象局综合观测司关于印发气象观测质量管理体系文件模板的通知

中国气象局综合观测司

气测函〔2019〕19 号

综合观测司关于印发气象观测质量管理体系文件模板的通知

北京、河北、辽宁、安徽、福建、江西、河南、海南、重庆、贵州省（市）气象局：

　　为推进气象观测质量管理体系第一批推广建设工作，按照《中国气象局关于印发气象观测质量管理体系建设总体方案的通知》（气发〔2019〕10 号）要求，我司组织编制了气象观测管理体系文件模板（见附件），请你单位参考该模板，并结合自身观测业务实际情况，做好本单位气象观测质量管理体系文件编制工作。

　　附件：气象观测质量管理体系文件模板（略）。

综合观测司

2019 年 2 月 12 日

C.3 观测质量管理体系文件架构及编写说明

一、体系文件架构

各省（区、市）气象局质量手册一册，程序文件一套，作业指导书多份	省级单位：作业指导书（多个）
	地级单位：作业指导书（多个）
	县级单位：作业指导书（多个）

二、各省（区、市）气象局体系文件模版说明

质量手册：全省一册。须附程序文件清单。

程序文件：全省一套，观测业务按核心业务过程、支撑过程和管理过程分别编写程序文件，明确省、地、县职责分工、业务流程及各级间业务接口。须附作业指导书清单。

作业指导书：各单位根据程序文件中的职责划分，结合本级实际业务情况，依据业务类别和岗位分工，所编写的操作层面指导文件。编写时须与相关单位做好接口对接。

体系文件编码规则详见《中国气象局气象观测质量管理体系（QMS-O-CMA）总体框架》。

各级单位具体内容为：

1. 省级单位作业指导书：包括省级各单位各岗位的各项具体工作；

2. 地级单位作业指导书：包括市级各单位各岗位的各项具体工作；

3. 县级单位作业指导书：包括县级各单位各岗位的各项具体工作。

4. 直辖市气象局按省级、县级模式编写各自体系文件。

注意：

① 体系文件架构原则上不允许变动；

② 每一类体系文件中具体内容各单位须结合本单位实际业务类别和各级业务分工、岗位职责划分、各环节业务风险点特征、质量目标与各级各类业务过程绩效目标分解情况等进行各自体系文件的编写，以达到本地化运行的目的；

③ 质量手册、程序文件和作业指导书仅是模板范例，请各省级单位按照实际情况进行增减。

C.4 观测质量管理体系文件模板目录

（1）质量手册——1 册

××××-QM 质量手册

（2）控制程序——33 个

①（业务和支撑过程）——19 个

××××-Y-QP-×× 数据质量控制程序

××××-Y-QP-×× 数据采集控制程序

××××-Y-QP-×× 信息网络控制程序

××××-Y-QP-×× 储备供应控制程序

××××-Y-QP-×× 数据运行监控程序

××××-Y-QP-×× 气象观测项目建设控制程序

××××-Y-QP-×× 用户反馈控制程序

××××-Y-QP-×× 站网管理控制程序

××××-Y-QP-×× 观测业务科研开发控制程序

××××-Y-QP-×× 观测业务系统运行管理程序

××××-Y-QP-××	观测信息存储程序
××××-Y-QP-××	观测数据产品制作控制程序
××××-Y-QP-××	观测设备维修控制程序
××××-Y-QP-××	观测设备维护控制程序
××××-Y-QP-××	观测设备运行监控管理程序
××××-Y-QP-××	观测设备运行质量通报管理程序
××××-Y-QP-××	计量检定控制程序
××××-Z-QP-××	标准规范控制程序
××××-Z-QP-××	观测业务准入和退出管理程序

②（管理过程）——14个

××××-G-QP-××	不合格工作控制程序
××××-G-QP-××	人力资源管理控制程序
××××-G-QP-××	内部审核控制程序
××××-G-QP-××	外部供方管理控制程序
××××-G-QP-××	文件控制程序
××××-G-QP-××	用户满意管理控制程序
××××-G-QP-××	目标和绩效指标分解考核程序
××××-G-QP-××	管理评审控制程序
××××-G-QP-××	纠正和预防措施控制程序
××××-G-QP-××	组织知识管理程序
××××-G-QP-××	考核评估控制程序
××××-G-QP-××	记录控制程序
××××-G-QP-××	质量监督考核程序
××××-G-QP-××	风险和机遇识别控制程序

（3）作业指导书——66个

××××-Y-QI-××	IT设备管理作业指导书
××××-Y-QI-××	区域自动气象站维修台站级作业指导书
××××-Y-QI-××	区域自动气象站维修市级作业指导书
××××-Y-QI-××	数据质控作业指导书
××××-Y-QI-××	设备报废作业指导书
××××-Y-QI-××	设备计划台站级作业指导书
××××-Y-QI-××	L波段探空雷达定标作业指导书
××××-Y-QI-××	L波段探空雷达维修省级作业指导书
××××-Y-QI-××	L波段雷达维修市（台站）级作业指导书
××××-Y-QI-××	仓储物资管理作业指导书
××××-Y-QI-××	信息收集处理作业指导书
××××-Y-QI-××	储备库设施环境管理作业指导书
××××-Y-QI-××	区域气象站现场核查作业指导书
××××-Y-QI-××	国家级自动气象站检定市级作业指导书
××××-Y-QI-××	国家级自动气象站检定省级作业指导书

××××-Y-QI-××	国家级自动气象站维修台站级作业指导书
××××-Y-QI-××	国家级自动气象站维修市级作业指导书
××××-Y-QI-××	国家级自动气象站维修省级作业指导书
××××-Y-QI-××	大气成分站标校作业指导书
××××-Y-QI-××	大气成分站维修台站级作业指导书
××××-Y-QI-××	大气成分站维修市级作业指导书
××××-Y-QI-××	大气成分站维修省级作业指导书
××××-Y-QI-××	实验室内务管理作业指导书
××××-Y-QI-××	报表制作审核作业指导书
××××-Y-QI-××	探测设备运行监控台站级作业指导书
××××-Y-QI-××	探测设备运行监控省级作业指导书
××××-Y-QI-××	故障处理指导书
××××-Y-QI-××	新一代天气雷达定标台站级作业指导书
××××-Y-QI-××	新一代天气雷达定标省级作业指导书
××××-Y-QI-××	新一代天气雷达维修台站级作业指导书
××××-Y-QI-××	新一代天气雷达维修省级作业指导书
××××-Y-QI-××	检定、校准偏离处理作业指导书
××××-Y-QI-××	检定、校准数据作业指导书
××××-Y-QI-××	检定、校准物品作业指导书
××××-Y-QI-××	检定、校准策划作业指导书
××××-Y-QI-××	检定、校准结果质量控制作业指导书
××××-Y-QI-××	检定、校准证书和印章管理作业指导书
××××-Y-QI-××	气象台站新建迁建台站级作业指导书
××××-Y-QI-××	气象台站新建迁建市级作业指导书
××××-Y-QI-××	气象台站新建迁建省级作业指导书
××××-Y-QI-××	气象探测环境保护台站级作业指导书
××××-Y-QI-××	气象探测环境保护市级作业指导书
××××-Y-QI-××	气象探测环境保护省级作业指导书
××××-Y-QI-××	气象计量数据和证书管理作业指导书
××××-Y-QI-××	测量不确定度评定作业指导书
××××-Y-QI-××	测量设备期间核查作业指导书
××××-Y-QI-××	测量设备溯源作业指导书
××××-Y-QI-××	监控告警作业指导书
××××-Y-QI-××	自动土壤水分站核查作业指导书
××××-Y-QI-××	自动土壤水分站维修台站级作业指导书
××××-Y-QI-××	自动土壤水分站维修市级作业指导书
××××-Y-QI-××	自动土壤水分站维修省级作业指导书
××××-Y-QI-××	观测信息存储作业指导书
××××-Y-QI-××	观测设备维护台站级作业指导书
××××-Y-QI-××	观测设备维护省级作业指导书

××××-Y-QI-××	计算机网络维护作业指导书
××××-Y-QI-××	设备计划市级作业指导书
××××-Y-QI-××	设备计划省级作业指导书
××××-Y-QI-××	设备调拨市级作业指导书
××××-Y-QI-××	设备调拨省级作业指导书
××××-Y-QI-××	设备采购市级作业指导书
××××-Y-QI-××	设备采购省级作业指导书
××××-Y-QI-××	闪电定位仪维修台站级作业指导书
××××-Y-QI-××	闪电定位仪维修市级作业指导书
××××-Y-QI-××	闪电定位仪维修省级作业指导书

C.5　质量手册示例

×××气象局	文件编号:××××-QM
	文件名称:质量手册
	版本/修改次:20××/××
	实施日期:20××年××月××日

质量手册

版本号	20××.××
编制人	
审核人	
批准人	

20××年××月××日发布   20××年××月××日实施

发布单位:×××气象局

×××气象局	文件编号:××××-QM
	文件名称:质量手册
	版本/修改次:20××版/0 次
	实施日期:20××年××月××日

文件修改记录

修改章节条款说明	修改页码	修改日期	审核人

×××气象局	文件编号:××××-QM
	文件名称:质量手册
	版本/修改次:20××版/0 次
	实施日期:20××年××月××日

×××气象局气象观测质量管理《质量手册》
编写说明

　　根据 GB/T 19001-2016 idt ISO 9001:2015《质量管理体系要求》和 WMO《国家气象和水文部门实施质量管理体系指南》标准的要求,由×××组织相关人员,编制了×××气象局气象观测质量管理《质量手册》,文件编号为:××××-QM。

　　×××气象局气象观测质量管理《质量手册》是各单位开展质量管理的纲领性文件,它规定了×××质量管理体系的各项管理过程、业务过程、支撑过程的原则、职责和活动顺序,×××应按照×××气象局气象观测质量管理《质量手册》要求组织实施。

　　本文件的发放由×××归口管理。

　　本文件编写组组长:×××

　　本文件主要起草人:×××　×××　×××　×××

×××气象局	文件编号:××××-QM
	文件名称:质量手册
	版本/修改次:20××版/0 次
	实施日期:20××年××月××日

颁布令

　　×××气象局依据 GB/T 19001-2016/ISO 9001:2015《质量管理体系要求》、我国相关法律法规、×××气象局气象观测质量管理《质量手册》20××版的要求,结合×××气象局实际,制定了《×××气象局气象观测质量体系文件》,现予以发布。

　　本体系文件是×××省气象局质量管理体系建立和运行的纲领性文件,同时也是全局观测质量管理活动的规范性文件和行为准则,其既可作为局观测业务内部审核的准则和内部员工的培训教材,也可作为第三方认证审核的依据。

　　质量管理体系文件自发布之日起生效,全体人员务必认真学习并遵照执行。

××(职务):×××(姓名)

20××年××月××日

×××气象局	文件编号:××××-QM
	文件名称:质量手册
	版本/修改次:20××版/0 次
	实施日期:20××年××月××日

0.1　体系负责人任命书

为确保×××气象局质量管理体系按 GB/T 19001-2016/ISO 9001:2015《质量管理体系要求》标准建立、实施、保持,并持续改进其有效性,结合×××气象局实际情况,特任命×××同志为×××气象局体系负责人,并授权其以下的职责和权限:

1. 确保×××气象局观测质量管理体系得到有效的建立、实施和保持;

2. 及时向×××报告观测质量管理体系运行的情况,包括持续改进的需求;

3. 通过组织各种教育活动,确保×××气象局职工的质量意识和满足客户要求的意识得到不断提高;

4. 就×××气象局观测质量管理体系的有关事宜负责对外联络。

×× (职务):××× (姓名)

20××年××月××日

×××气象局	文件编号:××××-QM
	文件名称:质量手册
	版本/修改次:20××版/0 次
	实施日期:20××年××月××日

0.2　管理者代表任命书

　　为确保×××气象局观测质量管理体系按 GB/T 19001-2016/ISO 9001:2015《质量管理体系要求》标准建立、实施、保持,并持续改进其有效性,结合×××气象局实际情况,特任命×××同志为×××气象局管理者代表,并授权其以下的职责和权限:

　　1、确保全局观测质量管理体系所需的过程得到建立、实施和保持;

　　2、向局最高管理者报告质量管理体系的业绩和改进需求;

　　3、通过组织各种教育活动,确保在全局体系范围内提高职工的质量意识和满足客户要求的意识;

　　4、领导和监督局各单位质量管理体系负责人的工作。

×××气象局局长:×××

20××年××月××日

注:管理者代表非必须,各气象局根据自身实际情况确定。

×××气象局	文件编号:××××-QM
	文件名称:质量手册
	版本/修改次:20××版/0 次
	实施日期:20××年××月××日

0.3 ×××气象局观测业务简介

　　××气象局是×××直属事业单位,承担××气象观测系统的技术保障、×××业务,并依据××质量技术监督主管机构授权对社会开展气象计量业务……。

　　××气象局主要职责……(来自于三定方案)。

　　××气象局下设……部门(处级)、科室(科级)*……

　　××××年底,共有人数××人,其中,硕士学位××人,大学本科学历××人,大专学历××人;副高级职称专业技术任职资格××人,中级职称任职资格××人……

　　……

　　地址:×××××　　　　　　　　　邮编:×××××

　　电话:×××××　　　　　　　　　传真:×××××

　　网址:×××××

---

　　*:各气象局根据自身实际情况完善,所列的单位处室描述是针对气象观测相关的处室和单位。

×××气象局	文件编号:××××-QM
	文件名称:质量手册
	版本/修改次:20××版/0 次
	实施日期:20××年××月××日

0.4　质量方针 *

示例:

观测精准　服务高效　注重科技　持续创新

质量方针的释义:

观测精准:各类观测数据要满足代表性、准确性、比较性要求,数据的空间和时间分辨率要满足顾客及预报服务部门人员的需求。

服务高效:观测数据采集、传输、质控、产品制作等环节要快速高效,准确的观测数据能够快速到达预报、服务人员桌面,当观测设备、通信网络发生故障时,保障人员能够快速反应,及时修复。

注重科技:作为高科技业务,要紧盯科技前沿,及时吸收、采纳各类先进技术,不断提高观测水平。

持续创新:各级管理、观测人员,要具有改革的意识,创新的思维,在观测设备、观测方法、观测产品等方面不断创新。

＊:各省(区、市)气象局根据中国气象局观测业务"及时、准确、可靠、高效"的质量方针、自身发展战略、定位要求制定符合自己实际情况的质量方针。

质量方针制定原则:

① 适应组织的宗旨和环境并支持其战略方向;

② 为建立质量目标提供框架;

③ 包括满足适用要求的承诺;

④ 包括持续改进质量管理体系的承诺。

×××气象局	文件编号:××××-QM
	文件名称:质量手册
	版本/修改次:20××版/0 次
	实施日期:20××年××月××日

0.5　质量目标

示例:

根据×××气象局制定的观测业务发展战略方向及质量方针,同时借鉴国外同行业的先进经验,×××气象局综合观测质量管理体系20××—20××年总体质量目标含多个方面,包括:

1. 观测业务工作运行效率

(1)保障活动及时率(不低于××%)

(2)故障修复及时性(不低于××%)

(3)重大活动气象观测保障活动零事故

(4)……

2. 观测业务系统运行可靠性

(1)业务可用性(国家级自动站不低于98.5%)

(2)仪器装备运行稳定性(业务可用性)

(3)……

3. 观测业务数据和服务质量

(1)数据传输及时率(不低于85%);

(2)数据可用性(不低于98%);

(3)数据存储的完整性、及时性和安全性

(4)……

4. 服务对象满意度

(1)用户满意度(不低于××%);

(2)用户反馈处理及时率(不低于××%);

(3)……

5. 站址环境

(1)选址(不低于××%);

(2)站址环境保护

(3)……

6. 计量

(1)国家站检定率(不低于××%);

(2)重大装备检定率

(3)标准器溯源(100%)

(4)计量实验室 CMA 认证通过率

(5)⋯⋯

7. 仓储供应

(1)常规备件储备率

(2)重大器件储备率

(3)装备器件供应及时率

(4)易损件返修率

(5)故障件修复率

(6)⋯⋯

8. 标准规范

(1)标准规范执行率(不低于××％)

(2)⋯⋯

9. 人才

(1)特殊岗位持证率及有效性;

(2)⋯⋯

10. 年度重点任务完成率

(1)年度预算执行率(不低于××％)

(2)年度重点工作完成率

(3)⋯⋯

11. ⋯⋯

(1)⋯⋯

注:以上质量目标为省级目标,各地市级及县级根据自身实际情况分解省级质量目标,并把目标分解清单写在《部门质量目标/过程绩效指标分解表》。

质量目标制定原则:

a)与质量方针保持一致;

b)可测量;

c)考虑适用的要求;

d)予以监视;

e)予以沟通;

f)适时更新。

×××气象局	文件编号:××××-QM
	文件名称:质量手册
	版本/修改次:20××版/0 次
	实施日期:20××年××月××日

1　总　　则

(1)本质量手册规定了××气象局观测质量管理体系的要求,是局观测质量管理体系的法规性、纲领性文件,是全局气象观测质量管理体系文件的组成部分。

(2)质量手册是内部审核及第二方、第三方审核,评价××气象局观测质量管理体系的依据。

(3)建立实施本手册的目的是贯彻××气象局的质量方针,实现质量目标,提高全局气象观测的技术保障服务质量,用以证实本局有能力稳定地提供满足客户和适用的法律法规要求的产品和服务,并通过观测质量管理体系的有效应用,包括质量管理体系改进、应对风险和机遇措施实施、自我完善,追求卓越等,从而达到履行合规义务的能力,使得客户及相关方满意,以提升××气象观测业务质量管理的绩效。

1.1　规范性引用文件

××气象局观测质量管理体系策划过程中引用了以下规范性引用文件,本手册发布时,所示版本均为有效版本:

(1)GB/T 19000—2016 idt ISO 9000:2015　《质量管理体系基础和术语》

(2)《中华人民共和国气象法》2016 版

(3)WMO《国家气象和水文部门实施质量管理体系指南》2017 版

(4)……

注:各气象局根据自身实际情况界定。

1.2　术语和定义

本《××省气象观测质量管理手册》采用《质量管理体系基础和术语》(GB/T 19000—2016)等标准给出的术语和定义以及××省气象局的专用术语和定义。

(1)×××:……

(2)×××:……

(3)……

注:各气象局根据自身实际情况界定。

×××气象局	文件编号:××××-QM
	文件名称:质量手册
	版本/修改次:20××版/0 次
	实施日期:20××年××月××日

2　质量管理体系覆盖范围

2.1　管理体系组织架构与职能定位

示例:

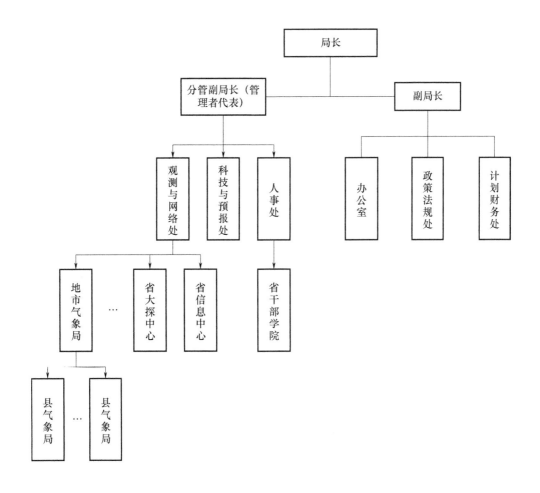

(1)省气象局最高管理者:……

(2)气象局相关内设机构:……

(3)×××:……

×××省(区、市)气象局观测质量管理体系职能分配表如下:

GB/19001 标准条款	最高管理者	办公室	观测与网络处	科技与预报处	计划财务处	人事处	政策法规处	省信息中心	省大探中心	省干部学院	各市县(区)局
4.1 理解组织及其环境	☆	△	▲	△	△	△	△	△	△	△	△
4.2 理解相关方的需求和期望	☆	△	▲	△	△	△	△	△	△	△	△
4.3 确定质量管理体系的范围	☆	△	▲	△	△	△	△	△	△	△	△
4.4 质量管理体系及其过程	☆	△	▲	△	△	△	△	△	△	△	△
5.1 领导作用和承诺	☆	△	△	△	△	△	△	△	△	△	▲
5.2 质量方针	☆	△	△	△	△	△	△	△	△	△	△
5.3 组织的角色、职责和权限	☆	▲	△	△	△	△	△	△	△	△	△
6.1 应对风险和机遇的措施	☆	△	▲	△	△	△	△	△	△	△	▲
6.2 质量目标及其实现的策划	☆	△	▲	△	△	△	△	△	△	△	▲
6.3 变更的策划	☆		▲	△	△	△	△	△	△	△	▲
7.1.1 资源总则	☆	△	▲	△	△	△	△	△	△	△	△
7.1.2 人员	☆	▲	△	△	△	△	△	△	△	△	▲
7.1.3 基础设施	☆	△	▲	△	△	△	△	▲	▲	△	▲
7.1.4 过程运行环境	☆	△	▲	△	△	△	△	▲	▲	△	△
7.1.5 监视和测量资源	☆		▲	△	△	△	△	▲	▲	△	▲
7.1.6 组织知识	☆	△	△	▲	△	▲	△	△	△	△	△
7.2 能力	☆	△	△	△	△	▲	△	△	△	▲	▲
7.3 意识	☆	△	▲	△	△	▲	△	△	△	▲	▲
7.4 沟通	☆	△	▲	△	△	△	▲	△	△	△	▲
7.5 形成文件的信息	△	△	▲	△	△	△	▲	△	△	△	△
8.1 运行策划和控制	☆	△	▲	△	△	△	△	▲	▲	▲	▲
8.2 产品和服务的要求	☆		▲	△	△	△	△	▲	▲	▲	▲
8.3 产品和服务的设计开发	☆		▲	△	△	△	△	▲	▲	▲	△
8.4 外部提供过程、产品和服务的控制	☆		△	△	△	△	△	▲	▲	△	▲
8.5.1 生产和服务提供	☆	△	▲	△	△	△	△	▲	▲	▲	▲
8.5.2 标识和可追溯性	☆		▲	△	△	△	△	▲	▲	△	▲
8.5.3 顾客或外部供方的财产	☆		△	△	△	△	△	▲	▲	△	▲
8.5.4 防护	☆		△	△	△	△	△	▲	▲	△	▲
8.5.5 交付后活动	☆		△	△	△	△	△	▲	▲	△	▲
8.5.6 变更的控制	☆		▲	△	△	△	△	▲	▲	△	▲
8.6 产品和服务的放行	☆		△	△	△	△	△	▲	▲	△	▲
8.7 不合格输出的控制	☆		△	△	△	△	△	▲	▲	△	▲
9.1.1 监视、测量、分析和评价总则	☆	△	△	△	△	△	△	△	△	△	△
9.1.2 顾客满意	☆		△	△	△	△	△	▲	▲	△	▲
9.1.3 分析与评价	☆	△	▲	△	△	△	△	△	△	△	▲

续表

GB/19001 标准条款	最高管理者	办公室	观测与网络处	科技与预报处	计划财务处	人事处	政策法规处	省信息中心	省大探中心	省干部学院	各市县（区）局
9.2　内部审核	☆	△	▲	△	△	△	△	△	△	△	△
9.3　管理评审	☆	△	▲	△	△	△	△	△	△	△	△
10.1　改进总则	☆	△	▲	△	△	△	△	▲	▲	△	▲
10.2　不合格与纠正措施	☆	△	▲	△	△	△	△	▲	▲	△	▲
10.3　持续改进	☆	△	▲	△	△	△	△	▲	▲	△	▲

注：表中图示：☆——领导职责　▲——主管部门职责　△——协助部门职责。

注：请各省（区、市）气象局根据本单位实际情况及第三方咨询机构建议进行填写职能体系分配表。

2.2　体系覆盖范围
2.2.1　覆盖的业务/活动范围
×××气象局从内外部环境、合规性义务、相关方及其期望和需求、质量方针和目标、组织架构与职能定位、业务运行与管理，以及监督检查与改进等方面进行质量管理体系策划，结合本气象观测业务运行特点和管理要求，确定×××气象局观测业务质量管理体系覆盖范围。

1、综合气象观测质量管理。……

2、综合气象观测业务运行。……

3、综合气象观测技术发展。……

4、综合气象观测数据应用支撑等。……

5、其他与综合观测保障业务相关的行政、计财、人事、审计、外供方采购等工作。

6、……

2.2.2　涵盖的主要单位
涵盖主要部门有省级内设机构、省级直属单位、×××地级气象局、×××县级气象局…

2.2.3　场所位置
×××省气象局注册地址：×××××

运营地址：×××××（电话：×××××）

×××省级直属单位注册地址：×××××

运营地址：×××××（电话：×××××）

×××地级气象局注册地址：×××××

运营地址：×××××（电话：×××××）

×××县级气象局注册地址：×××××

运营地址：×××××（电话：×××××）

……

注：如单位较多，可在质量手册后单独附表。

×××气象局	文件编号:××××-QM
	文件名称:质量手册
	版本/修改次:20××版/0 次
	实施日期:20××年××月××日

3 质量管理体系组织环境

3.1 管理者承诺

最高管理者应通过以下活动,对建立、实施管理体系并持续改进其有效性和遵守有关法律法规及其他要求的承诺提供证据:

(1)对×××气象局观测质量管理体系的有效性负责;

(2)确保制定观测质量管理体系的质量方针和质量管理目标,并与×××气象局的环境和战略方向相一致……

(3)……

3.2 以顾客为关注焦点

质量管理体系最高管理者应通过各种方法证实如何做到以顾客为关注焦点的领导作用和承诺,通过:

(1)确定、理解并持续满足顾客要求以及适用的法律法规要求;

(2)……

3.3 战略分析规划

3.3.1 主要的风险与机遇

主要的风险和机遇表现在:

(1)以科学需求与业务需求为牵引的观测规划、站网布局与统筹持续发展的能力须进一步增强,观测系统建设设计中不同观测手段的互补、协同的综合利用能力不足。

(2)……

3.3.2 应对风险与机遇的主要战略措施

主要的应对举措:

➢ 强化科学规划,强化执行观测行动计划,强化项目导入标准化;

➢ ……

注:业务过程风险的识别应该在控制程序和作业指导书中予以体现。

×××气象局	文件编号:××××-QM
	文件名称:质量手册
	版本/修改次:20××版/0 次
	实施日期:20××年××月××日

4　质量管理体系各过程及关系

　　×××气象局由×××组织各部门、各单位按质量管理体系标准的要求建立观测质量管理体系、识别和确定各项管理的过程及其相互作用,加以实施和保持,并持续改进。

4.1　质量管理体系过程及框架

　　省气象局由观测处组织省局相关内设机构和直属单位、相关市(县、区)气象局按质量管理体系标准的要求建立观测质量管理体系、识别和确定各项管理的过程及其相互作用,加以实施和保持,并持续改进,具体架构示意图如下。

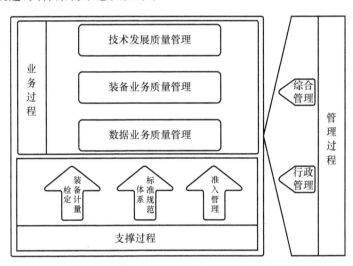

×××气象局观测质量管理体系过程关系及类别示意图

　　过程关系注解:业务过程是气象观测之根本;支撑过程为业务过程提供必要的标准规范、装备计量检定和准入等软性支撑;管理过程是对各项业务过程和支撑过程进行总体的管理、资源提供和监视和测量。

　　注:各气象局根据自身业务情况制定满足自身要求的总体架构。

4.2　质量管理体系过程关系

　　观测质量管理体系总体过程关系图为:

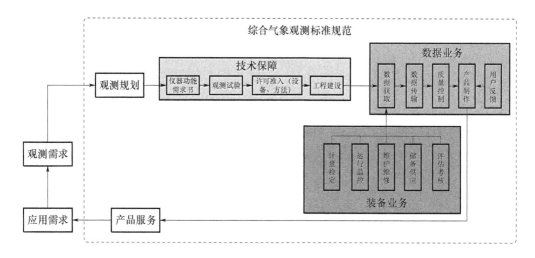

注：各气象局根据自身业务情况制定自己的过程模块和清单制定过程关系图。

4.3 管理体系过程清单

业务类别	过程名称		主责部门	相关部门	涉及 ISO 9001:2015 标准条款	绩效目标
	一级过程	二级过程				
管理过程（G）	行政管理（G01）	识别省局环境和相关方的需求和期望	×××	×××		
		质量管理体系的策划和建立、应对风险和机遇及变更控制	×××	×××		
		质量目标和过程绩效指标的控制	×××	×××		
		质量管理体系的绩效评价与改进	×××	×××		
		……	×××	×××		
	综合管理（G02）	人力资源管理	×××	×××		
		组织知识的管理	×××	×××		
		基础设施和运行环境管理	×××	×××		
		……	×××	×××		
业务过程（Y）	技术发展管理（Y01）	观测业务系统运行策划	×××	×××		
		识别和确定观测数据产品和服务的要求	×××	×××		
		观测业务科研开发过程管理	×××	×××		
		建设项目管理	×××	×××		
		……	×××	×××		
	装备业务管理（Y02）	站网管理	×××	×××		
		储备供应管理	×××	×××		
		维护维修管理	×××	×××		
		运行监控管理	×××	×××		
		雷达定标管理	×××	×××		
		装备报废管理	×××	×××		
		装备业务质量检查	×××	×××		
		装备运行质量考核通报	×××	×××		

续表

业务类别	过程名称		主责部门	相关部门	涉及 ISO 9001:2015 标准条款	绩效目标
	一级过程	二级过程				
业务过程（Y）	装备业务管理（Y02）	装备业务质量改进建议	×××	×××		
		外部供方管理(含设备、工程及维修维护等服务的采购)	×××	×××		
		装备计量检定管理	×××	×××		
		……	×××	×××		
	数据业务管理（Y03）	获取监视	×××	×××		
		质量控制	×××	×××		
		诊断勘误	×××	×××		
		数据存储	×××	×××		
		外部供方管理(含设备、工程及维修维护等服务的采购)	×××	×××		
		用户反馈	×××	×××		
		……	×××	×××		
支撑过程（Z）	×××(Z01)	业务准入和退出管理过程的控制	×××	×××		
	×××(Z02)	标准/规范管理	×××	×××		
	……	……	×××	×××		

注：各气象局根据自身业务情况制定各自过程模块、过程级别和过程清单。

为更好地实施体系建设和运行,结合省局业务实际运行状况和观测质量管理体系的管理要求,对具体管理过程的实施要求。

×××气象局	文件编号:××××-QM
	文件名称:质量手册
	版本/修改次:20××版/0 次
	实施日期:20××年××月××日

5　管理过程描述

5.1　识别××省气象局的环境和相关方需求和期望
......

5.2　质量管理体系策划和建立、应对风险和机遇、变更控制
......

5.3　质量目标和过程绩效指标的控制
......

5.4　质量管理体系的绩效评价与改进
......

5.5　人力资源的管理
......

5.6　组织知识的管理
......

5.7　基础设施和运行环境管理
......

×××气象局	文件编号:××××-QM
	文件名称:质量手册
	版本/修改次:20××版/0次
	实施日期:20××年××月××日

6　业务过程描述

6.1　技术发展质量管理
......

6.2　装备业务质量管理
......

6.3　数据业务质量管理
......

×××气象局	文件编号:××××-QM
	文件名称:质量手册
	版本/修改次:20××版/0 次
	实施日期:20××年××月××日

7　支撑过程描述

7.1　业务准入和退出管理

......

7.2　标准规范管理

......

×××气象局	文件编号:××××-QM
	文件名称:质量手册
	版本/修改次:20××版/0 次
	实施日期:20××年××月××日

8　质量管理体系监督检查

8.1　日常运行监视和测量

……

8.2　内部审核

……

8.3　管理评审

……

×××气象局	文件编号:××××-QM
	文件名称:质量手册
	版本/修改次:20××版/0 次
	实施日期:20××年××月××日

9　质量管理体系运行有效性评价

最高管理者为了确保能够定期获得适当的数据和信息以评价管理体系运行符合性及有效性,同时为了能够及时识别体系改进的需求并推动不断循环的持续改进,以持续提升管理体系绩效,建立了对管理体系的运行结果进行系统化评价的机制。

管理体系的监测、分析评价与改进机制主要包括:定期绩效(质量目标)监测、定期业务例会、用户满意度监测、内部审核及管理评审等涵盖不同层级、不同频次的多种具体实施形式,并分别建立了《考核评估控制程序》《内部审核管理程序》《管理评审管理程序》等相关制度予以指导、管理和控制。

……

×××气象局	文件编号:××××-QM
	文件名称:质量手册
	版本/修改次:20××版/0 次
	实施日期:20××年××月××日

10　质量管理体系改进控制

　　建立全方位的监督检查系统,基于党委会、常务会议、办公会议、专题协调会议、月例会、专题调研、专项检查、工作总结、财务审计、用户反馈、用户满意度调查、绩效考核、内部审核、管理评审等监督检查结果,并采用适当的数据分析、统计技术,发现潜在风险,及时采取纠正预防措施,持续改进质量管理体系的有效性。

　　同时,通过满足顾客及相关方要求及应对未来的需求和期望,不断改进技术保障业务质量,通过采取纠正、纠正措施、预防或减少不利影响、突破性变革、创新和重组、持续改进等活动,确定和选择改进机会,采取必要措施,改进×××观测质量管理体系的绩效和有效性,以持续满足要求和增强顾客满意。

　　制定《××××-G-QP-××纠正和预防措施控制程序》,×××负责组织各部门开展日常的质量体系的改进活动,并负责重大纠正和预防措施的跟踪验证。

　　……

×××气象局	文件编号:××××-QM
	文件名称:质量手册
	版本/修改次:20××版/0次
	实施日期:20××年××月××日

11 附　录

11.1　程序文件清单

序号	文件类型	文件编号	程序文件名称	编制(主责)单位(部门)
1	管理过程	××××-G-QP-××	不合格工作控制程序	业务科
2		××××-G-QP-××	风险和机遇识别控制程序	业务科
15		……	……	……
16	业务过程	××××-Y-QP-××	数据采集控制程序	业务科
17		××××-Y-QP-××	数据质量控制程序	业务科
33		……	……	……
34	支撑过程	××××-Z-QP-××	标准规范控制程序	业务科
35		××××-Z-QP-××	观测业务准入和退出管理程序	业务科
36		……	……	……
……	……	……	……	……

注:各气象局根据自身业务实际情况编制各自控制程序。体系文件编码规则详见《中国气象局气象观测质量管理体系(QMS-O-CMA)总体框架》。

11.2　作业指导书清单

序号	文件编号	作业指导书名称	编制(主责)单位(部门)
1.	××××-Y-QI-××	气象台站新建迁建台站级作业指导书	县级气象局
2.	××××-Y-QI-××	气象台站新建迁建市级作业指导书	地级气象局
3.	……	……	……

注:各气象局根据自身业务实际情况编制各自作业指导书。体系文件编码规则详见《中国气象局气象观测质量管理体系(QMS-O-CMA)总体框架》。

11.3　记录文件清单

序号	表格名称	表格编号	表格载体	填写岗位	保存期(年)	保存地点
1	部门质量目标/过程绩效指标分解表	××××-QF-××-××	电子	办公室	3	办公室
2	国家级自动站故障维修单	××××-QF-××-××	电子	器材科	3	技保科

续表

序号	表格名称	表格编号	表格载体	填写岗位	保存期（年）	保存地点
3	×××县(区)气象局仪器故障报告表	××××-QF-××-××	纸媒体	器材科	3	技保科
4	……	……	……	……	……	……

注:各气象局根据自身业务实际情况编制各自记录表单。

11.4　规范性文件清单

序号	文件名称	文件编号	法律法规			技术标准		中国局		×××局		×××	
			国家	主管部门	省、市	国标	行标	管理类	操作类	管理类	操作类	管理类	操作类
一	法律法规类												
1	中华人民共和国气象法	CQC-FG-01	■										
2	气象专用技术装备使用许可管理办法	中国气象局令第28号		■									
……	……	……											
二	技术标准类												
1	气象资料分类与编码	QX/T 102-2009					■						
2	自动气象站观测规范	GB/T 3703-2017				■							
……	……	……											
三	中国气象局规范性文件												
1	降雪加密观测文件传输规定	气测函〔2009〕282号							■				
2	地面气象要素数据文件格式(V1.0)	气测函〔2012〕24号							■				
……	……	……											
四	×××局规范性文件												
1	××省国家级地面自动气象站保障管理办法(试行)	××发〔2010〕152号								■			
……	……	……											
五	×××规范性文件												
1	关于做好降雪和电线积冰观测工作的通知	××函〔2010〕82号											■

11.5　接口清单

序号	类别	单位名称	流程图编号	流程图名称
1	转人			
2				
……		……		
1	转出			
2				
……		……		

注:此处的接口仅指国与省以及省与市之间共有业务的通用接口,如装备质量管理中国、省之间设备的维修接口。

×××气象局	文件编号:××××-QM
	文件名称:质量手册
	版本/修改次:20××版/0 次
	实施日期:20××年××月××日

C.6　程序文件示例

×××气象局	文件编号:××××-Y-QP-××
	文件名称:观测设备维修程序文件
	版本/修改次:20××版/××次
	实施日期:XX××年××月××日

观测设备维修程序文件

版本号	20××.××
编制人	
审核人	
批准人	

20××年××月××日发布　　　　20××年××月××日实施

发布单位:×××气象局

×××气象局	文件编号:××××-Y-QP-××
	文件名称:观测设备维修程序文件
	版本/修改次:20××版/××次
	实施日期:××××年××月××日

文件修改记录

修改条款说明	修改页码	修改日期	审核人

×××气象局	文件编号:××××-Y-QP-××
	文件名称:观测设备维修程序文件
	版本/修改次:20××版/××次
	实施日期:××××年××月××日

1 目　　的

本程序规定了×××省气象局对气象观测设备进行维修的管理要求,确保维修的及时性、规范性。

2 范　　围

本程序适用于本辖区内纳入综合气象观测业务质量考核的自动气象观测设备、新一代天气雷达、探空雷达、风廓线雷达、自动土壤水分、区域自动站、闪电定位仪、大气成分等设备的故障维修过程管理。

3 术　　语

(1)故障单:指气象观测设备发生故障后,台站业务人员通过×××省运行监控业务系统填报的单据,包括故障开始、结束时间,各级故障维修过程,维修人员信息,更换备件情况等。

(2)现场维修:指气象观测设备发生故障后,各级保障人员到故障设备现场进行维修的详细过程。

(3)实验室维修:指气象观测设备不能正常运行、已更换备用设备时,在实验室对更换下的设备进行检测、维修的过程。

4 职　　责

4.1　省级

(1)响应市级气象局和台站对观测设备故障的申报和提出气象观测设备故障国家级维修申报;

(2)现场维修;

(3)申报维修报告、汇报维修情况;

(4)负责全省维修技术指导和培训。

4.2 市级

(1)负责受理台站自动站故障报告;

(2)申请相关资源,开展现场维修;

(3)向厂家(省气象局)申请远程技术指导;

(4)编写维修报告、汇报维修情况;

(5)负责全市维修技术指导和培训。

4.3 县级(台站级)

(1)现场设备诊断、维修;

(2)观测设备故障流程管理;

(3)编写维修报告、汇报维修情况。

5 工作程序

设备维修执行省、市、县三级维修保障体制。

设备出现故障时,县气象局保障人员第一时间开展维修,填报故障单;规定时间内维修未果时,向市局保障中心提交故障报告单;保障中心受理故障报告后,相关人员远程指导县局开展维修;在远程技术指导县级维修未果情况下,及时准备现场维修用备件、测试维修仪器仪表,调配备件或车辆进行现场维修;规定时间内市级维修未果时,向省级提出远程指导申请或者要求省级到达现场维修,省级现场维修期间碰到无法解决故障,向厂家申请远程技术指导或请求厂家到站进行现场维修,直至设备恢复运行。

应急、主汛期期间大型设备现场维修进展须及时汇报相关领导和省局运行监控值班人员。

完成故障维修后,县级完善维修内容、关闭故障单,完成本次维修。省级和市级根据要求完成维修报告。

省级在接到市级送修的故障件、现场维护、维修更换下的故障件后,在规定时间内对故障件进行检测、维修风险评估和修复。在开始维修前填写实验室维修记录。市级送修的故障件无论属于评估后的不值得修复、无法维修和修复,均返回市局,并告知缘由。省级故障件无法修复的进行报废,修复的进行入库。

6 过程绩效的监视和考核

目标名称	计算公式或方法	目标值	考核频次	监视部门
各类设备现场维修及时率	省市县各级在接到现场维修请求后,在规定时限内排除故障	100%	每年	观测处、业务科
实验室维修及时率	省级在对故障件进行登记后30个工作日	100%	每半年	技术保障科

7 过程风险和机遇的控制

风险	应对措施	执行时间	负责部门/人	监视方法
故障申报不及时,输入信息不完整,导致故障维修不及时	1. 进一步完善申报制度,强化市县级保障人员申报意识 2. 加强观测设备技术保障(含运行监控、维护维修)业务培训,年内开展一次	7—8月	业务科、技保中心、县(区)气象局	加强维修及时率考核
检测手段、维修能力不足,造成风险评估出错或可以修复但无法修复	加强省级维修测试平台建设,提高保障人员维修能力	每次	技术保障科	加强建设、培训

8 相关支持性文件(18个)

(1)新一代天气雷达维修台站级作业指导书
(2)新一代天气雷达维修省级作业指导书
(3)国家级自动气象站维修台站级作业指导书
(4)国家级自动气象站维修市级作业指导书
(5)国家级自动气象站维修省级作业指导书
(6)L波段探空雷达维修市(台站)级作业指导书
(7)L波段探空雷达维修省级作业指导书
(8)自动土壤水分站维修台站级作业指导书
(9)自动土壤水分站维修市级作业指导书
(10)自动土壤水分站维修省级作业指导书
(11)区域自动气象站维修台站级作业指导书
(12)区域自动气象站维修市级作业指导书
(13)闪电定位仪维修台站级作业指导书
(14)闪电定位仪维修市级作业指导书
(15)闪电定位仪维修省级作业指导书
(16)大气成分站维修台站级作业指导书
(17)大气成分站维修市级作业指导书
(18)大气成分站维修省级作业指导书

9　流程图

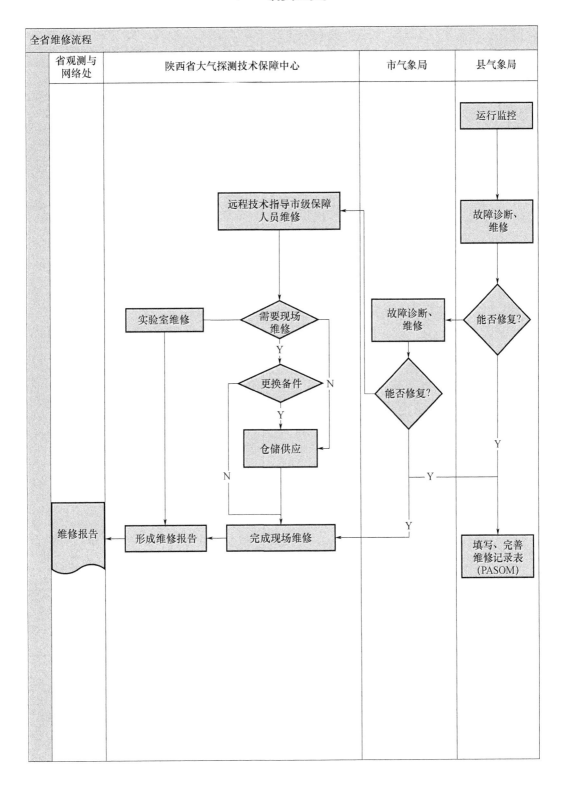

全省维修流程

省观测与网络处　陕西省大气探测技术保障中心　市气象局　县气象局

运行监控 → 故障诊断、维修 → 能否修复?

远程技术指导市级保障人员维修

实验室维修 ← 需要现场维修 → 故障诊断、维修

更换备件 N

能否修复?

仓储供应 N

Y

维修报告 ← 形成维修报告 ← 完成现场维修

填写、完善维修记录表（PASOM）

×××气象局	文件编号:××××-Y-QP-××
	文件名称:观测设备维修程序文件
	版本/修改次:20××版/××次
	实施日期:××××年××月××日

C.7 作业指导书(或工作指导文件)示例

×××气象局	文件编号:××××-Y-QI-××
	文件名称:新一代天气雷达维修省级作业指导书
	版本/修改次:20××版/×次
	实施日期:20××年×月×日

新一代天气雷达维修省级作业指导书

版本号	20××.××
编制人	
审核人	
批准人	

20××年××月××日发布　　　　20××年××月××日实施

发布单位:××××省气象局

文件修改记录

修改条款说明	修改页码	修改日期	批准人

1　目　　的

为了确保新一代天气雷达现场维修的及时性、规范性，提高新一代天气雷达稳定运行，特制定本作业指导书。

2　范　　围

适用于新一代天气雷达的现场维修。

3　术　　语

无

4　职　　责

4.1　技术保障科
（1）承担或组织开展新一代天气雷达一般故障维修业务，按照业务流程和规定，及时向上级部门报告设备运行及故障情况；
（2）在维修时段内，配合上级保障部门或厂家的远程指导开展设备测试与故障排查、排除工作。
（3）负责本省新一代天气雷达维修业务的指导和技术支持，业务人员技能培训及维修新技术的推广；
（4）负责建立本省新一代天气雷达维修档案，编制装备更新、大修计划和技术方案；
（5）承担本省重大故障应急处置职责。
4.2　器材供应科
及时响应技术保障科现场维修时提出的备件调拨申请。
4.3　办公室
及时响应技术保障科开展现场维修时提出的车辆申请。

5　工作程序

技术保障科在接到台站技术支持申请后，在远程技术指导维修未果情况下应及时准备好维修用备件、测试维修仪器仪表到达现场进行处理；无维修用备件时向器材供应科提出备件申请；维修需要车辆时，还应及时向办公室提出现场维修的用车申请；并在规定时限内排除故障。

在规定时限内排除故障或确定无法排除故障以及故障级别超出本级职责时,由国家级保障部门在规定时限内组织完成故障修复。

故障排除后,观察运行状况,设备运行未出现异常,则本次维修完成,由完成维修的人员负责填写维修单。

维修过程中有更换备件的,完成维修后应及时登记备件的消耗信息。

6   过程绩效的监视和考核

目标名称	计算公式或方法	目标值	考核频次	监视部门
平均故障持续时间（小时）	当月设备故障时间总和/当月设备故障总次数	48 小时内	每月	技术保障科

7   过程中的风险和机遇的控制

风险	应对措施	执行时间	负责部门/人	监视方法
故障申报不及时,输入信息不完整,导致故障维修不及时	进一步完善申报制度,强化保障人员申报意识。加强观测设备技术保障(含运行监控、维护维修)业务培训,确保业务人员熟悉观测设备结构、原理等	每次	观测设备维修业务相关管理部门、业务部门	加强沟通及时指导定期培训

8   相关文件

(1)《新一代天气雷达系统功能规格需求书》(气办发〔2010〕43 号)

(2)《综合观测司关于印发新一代天气雷达系统出厂和现场验收测试大纲的通知》(气测函〔2018〕70 号)

(3)《新一代天气雷达观测规定》(气测函〔2005〕81 号)—附件

(4)《新一代天气雷达观测规定(第二版)》(气测函〔2018〕171 号)—附件

……

9   记   录

(1)新一代天气雷达设备维修单(附件 1)

(2)新一代天气雷达故障维修记录表(附件 2)

(3)新一代天气雷达故障维修单(PASOM 中填报)

10　流程图

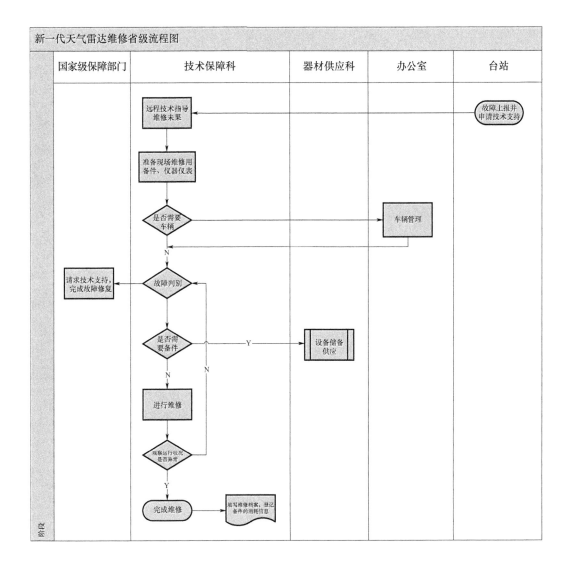

新一代天气雷达维修省级流程图

附件1:天气雷达设备故障维修单

台站号		台站名	
型号	CB	维修级别	□站□ 省□ 厂家
开始时间	年月日时分	结束时间	年月日时分
故障部位及原因(如标注"其他",请在后面补充说明内容)	故障部位(请在"□"内打钩) □发射机(速调管)发射机(触发器组件) □发射机(低压电源组件) □发射机(灯丝电源组件) □发射机(高压充电组件) □发射机(整流滤波组件) □发射机(油箱) □接收机 □天馈(汇流环) □天馈(旋转变压器) □天馈(旋转关节) □伺服(工控机) □信号处理系统 □DAU □RDA 计算机 □RPG 计算机 □PUP 计算机 □RDA 软件 □RPG 软件 □PUP 软件 □其他_____	故障原因(请在"□"内打钩) □天线动态错 □软件死机 □器件打火 □老化 □接触不良 □温湿环境 □信号干扰 □雷击 □未接地 □供电 □缺少维护 □通信中断 □安装不当 □电脑病毒 □电脑死机 □其他_____	

更换备件	名称	数量	来源地
			□站 □省 □国家级
			□站 □省 □国家级
			□站 □省 □国家级
			□站 □省 □国家级

故障现象(如有报警,请填写报警码和报警内容)	1 2 3
检查步骤	1 2 3

台站维修人			
省级指导\维修人		到站时间	月 日 时 分
厂家维修人		到站时间	月 日 时 分

附件 2:新一代天气雷达故障维修记录表

雷达站名	
故障出现时间	故障排除时间

故障现象及原因:

处理情况:

器件更换:

故障修复后雷达标校情况:(记录主要标校参数值)

故障维修备注:

维修人员签名:

附录 D 常见问题与解答

D.1 气象观测质量管理体系建设背景方面

(1)中国气象局气象观测质量管理体系建设的目的是什么？

目的是贯彻落实《中共中央国务院关于开展质量提升行动的指导意见》和《国务院关于加强质量认证体系建设促进全面质量管理的意见》中提出的：把抓宏观质量提升与微观质量提升结合起来，把抓近期质量提升与谋划长远质量发展结合起来，深入开展质量提升行动，促进各行业加强全面质量管理，是实施质量强国战略的必然要求。面对应对气候变化和服务国家战略等需求日益增长等背景下，通过我国气象观测的质量提升为国内外用户改善供给、满足需求，也为国际气象事业质量发展提供"中国方案"并带动气象发展方式深刻变革。通过气象观测质量管理体系建设将全面提升气象观测的管理水平、技术水平、服务水平和工作效率，完善业务流程、技术规范和标准，加强监督管理，提高观测系统持续改进优化能力，推动管理系统科学化、国际化、现代化，从而保障并逐渐提高观测数据质量，增强对气象预报预警和气候变化研究的基础性支撑作用。

(2)气象观测质量管理体系建设的相关的文件有哪些？

——《中共中央国务院关于开展质量提升行动的指导意见》

——《国务院关于加强质量认证体系建设促进全面质量管理的意见》

——《综合观测标准化工作方案(2015—2017年)》

——《综合气象观测业务发展规划(2016—2020年)》

——2017年和2018年全国气象局长会议工作报告

——《中国气象局办公室关于印发〈中国气象局2016年全面推进气象现代化工作思路和举措要点〉的通知》(气办发〔2016〕6号)

——《中国气象局关于印发〈综合气象观测业务改革方案〉的通知》(气发〔2016〕81号)

——世界气象组织(WMO)《国家气象和水文部门实施质量管理体系指南》

——《气象行业质量管理体系建设指南》

(3)国外开展气象观测质量管理体系建设的情况如何？

世界气象组织开始质量管理体系建设的讨论和尝试，最早源自20世纪90年代国际航空组织(ICAO)对气象信息和服务开展质量保证的建议。

在2005年召开的WMO第57次执委会上，世界气象组织明确质量管理体系建设工作作为WMO各个技术委员会工作的基本组成部分，并达成以ISO 9000族标准指导WMO质量管理体系建设工作的共识。

在WMO的倡导下，各成员国相继开展了质量管理体系建设工作。据WMO秘书处统计，截至2015年，WMO的192个成员国中有117个国家实施了不同种类的质量管理体系，实施比例为61%。其中欧洲的成员国质量管理体系实施率最高，为94%，且绝大部分采用了ISO 9000族标准；亚洲的成员国实施率仅为50%。

D. 2　体系建设中与文件相关的问题

（1）体系文件的装订封面是否要统一？

为统一各级气象部门的体系文件的样式，保持各级气象部门文件的样式、体例等一致性，各级气象部门的体系文件的装订和封面要统一，具体参见《气象行业质量管理体系建设指南》及《关于下发观测质量管理体系试运行准备工作的通知》有关体系文件编制说明和质量手册、程序文件等格式要求。

（2）体系文件的字号，字体，行距、编号等格式，要参考哪一个文件执行？

体系文件的字号、格式等参见《气象行业质量管理体系建设指南》及《关于下发观测质量管理体系试运行准备工作的通知》有关体系文件编制说明和质量手册、程序文件等格式要求。

（3）质量手册的目录是否必须要和上海市气象局或者陕西省气象局保持一致？

质量手册的目录不一定完全与上海市气象局或者陕西省气象局保持一致，但应包括封面、发布令、各气象局简介、管理体系范围、组织架构、质量管理体系的方针和质量目标、过程（包括管理过程、支撑过程、业务过程）的简介等内容。

（4）程序文件的目录是否必须要和上海市气象局或者陕西省气象局保持一致？

程序文件的目录不一定完全与上海市气象局或者陕西省气象局保持一致，各局程序文件的多少原则上应与各局的管理需求相关，但程序文件应按照《气象观测质量管理体系建设总体设计方案》给出了气象观测质量管理体系（QMS-O-CMA）呈现得"3＋3＋2"总体架构的框架进行分类，上海和陕西局的程序文件在大多数气象部门应该是适用的，但各局可以根据自身管理需要进行整合、修订或增加，必要时可以删减。程序文件设置时还应考虑的事项时应确保中国气象局布置气象观测业务都能够覆盖，避免有相关事项无文件或制度对应落实。

D. 3　体系建设中与流程梳理相关的问题

（1）识别过程时，从什么样的角度和维度去识别和分类？

《气象观测质量管理体系建设总体设计方案》给出了气象观测质量管理体系（QMS-O-CMA）呈现"3＋3＋2"总体架构，即业务过程（"3"）、支撑过程（"3"）和管理过程（"2"）三大过程。业务过程的"3"分别为技术发展质量管理、准备业务质量管理和数据业务质量管理三个业务类别；技术支撑过程的"3"分别为装备计量检定、标准规范体系和准入管理三个工作项；管理过程的"2"为支撑管理和行政管理两个工作项。业务过程的"3"和支撑过程的"3"互相交织，呈现"三横三纵"矩阵分布，各级气象部门在过程识别时可以参照管理过程、业务过程和支撑过程的架构进行识别和分析。

（2）分析过程时，是否需要明确每个过程的监视或者测量指标？

分析过程时，每个过程由于其与实现总体目标的影响程度和关联程度不一样，且每个过程控制的复杂程度以及各过程的能力即过程满足要求的能力也不一样，因此，对于相对简单、能力过剩以及与总体目标的完成关联不大的过程，经分析评定后可以不确定监视或测量指标。

（3）请问质量管理体系文件中，过程描述中可以写"及时""按时""立即"之类的吗？不定期的任务怎样去描述呢？

质量管理体系文件中的要求应明确，具体，便于指导相关工作的开展，因此应尽量避免"及时""按时""立即"之类的不确定描述，应根据与上级部门的要求以及对该项工作质量的要求对应该完成的时限和时间节点要求。对于不定期完成的任务，应表述该任务触发的要求，如出现什么情况时才要执行该项工作。

（4）地区气象局的质量方针和目标是否必须要和省气象局保持一致？

质量方针为质量目标的编制提供框架，而质量目标应在不同的职能、层次进行分解，因此地区局和省局的质量方针和目标直接是相互关联的，通过地区局的体系和实施，满足省局的方针和目标。因此地区局的方针制定时应与省局的方针保持一致，也可以结合本单位的业务情况、管理水平、努力的方向等因素，增加本单位在质量方面的宗旨和方向的内容，地区局的质量目标原则上应该是省局目标在地区局分解展开后的目标，因此地区局的目标是支撑省局目标，在目标内容和目标值上与省局目标不完全一致，即使是相同目标，其目标值通常要高于省局目标（平均值的指标除外），否则无法保证省局目标完成。

（5）是否每项工作都要有一个对应的制度或程序文件？

每个工作事项是否要有对应的制度或程序文件是跟该工作的复杂程度、负责人员的能力等有关系，并不一定是每项工作都要有一个对应的制度和程序文件。对于工作内容简单且负责人员少的工作事项，并不一定有对应的制度或程序，也可以将几个有关联关系的简单工作合并在一个文件中。同样，对于负责的工作事项，可能会根据工作需要，有多个制度或程序文件对应进行管理。文件的多少以能够确保支持和指导工作的开展为判定标准。

D.4 体系建设中与实施相关的问题

（1）观测用的软件，开发不是局里自己做的，算不算外包？

按照《质量管理体系基础和术语》（GB/T 19000—2016/ISO 9000：2015）给出的定义，外包是安排外部组织执行组织的部分职能或过程，注解中也提到虽然外包的职能或过程是在组织的管理体系覆盖范围内，但是外部组织是处在覆盖范围之外。因此如果观测用的软件的开发是该项工作要求的一部分，那如果不是局里自己做的，就算是外包。如果不是该项工作完成要求的一部分而是工作中的输入要求，那可以按照采购的方式控制。不管是采购还是外包，都应该对软件开发的服务方进行选择和评价，满足有关采购方面的制度和文件要求。

（2）管理体系试运行的时间多长比较合适？

质量管理体系建设阶段，当体系文件编制完成后，需要通过试运行来检验质量管理体系文件的符合性、适宜性和有效性，并对暴露出的问题，采取纠正和纠正措施，以达到进一步完善质量管理体系文件的目的。对于试运行的时间没有硬性的规定，但对于申请外部认证审核的，外部认证机构通常要求申请方质量管理体系要经过至少3个月的试运行。因此，如果各级气象部门申请外部审核前，至少要保证试运行3个月的时间，当需要时，试运行的时间可以延长。

（3）质量管理体系试运行期间主要的工作是什么？

质量管理体系试运行期间主要的工作包括经批准的体系文件的分发；体系文件的宣贯与实施；实施情况的日常检查；内审员培训；内部审核；不符合情况的整改、文件的再完善；管理评审（必要时，问题整改）等工作，对于有认证需求的，还要进行认证前的申请和准备。

（4）内审员培训要多长时间？

内审员的培训根据所需提供的知识和技能要求开展，一般包括标准背景及知识、审核知识、审核实践等内容构成，没有固定的时间要求，通常内审员培训的时间为2天以上，如果有新增的知识点，时间也会适当增加。

（5）内审员培训是否需要考试？

为确保内审员掌握相关知识和技能，内审员培训后通常会有考试，考试可以以笔试、模拟审核实战、面试等多种方式进行。

（6）什么样的人可以参加内审员培训？

参加内审员培训的人员通常应是部门中具体负责体系相关事项落实的人员，同时该人员应有一定的专业技术知识，了解部门的业务、管理要求等的人员。同时作为内审员的人员应有一定的沟通和协调能力，需要负责本部门质量管理体系相关制度文件的宣贯以及与外部相关各方的联络和沟通。

（7）内部审核和管理评审是每年必需的吗，每年进行几次比较好？

管理体系标准中仅要求组织按策划的时间间隔进行内部审核和管理评审，因此进行管理评审和内部审核的时间间隔和方式由各单位自行确定，比如内审可以采用1年1次或者1年多次的方式进行，但不管以什么样的方式，都要保证内部审核最终应覆盖本部门气象观测质量管理体系范围内的所有部门和工作，也就是可以一次覆盖所有部门和工作，或者多次最终覆盖所有部门和工作。管理评审也是同样的要求，要覆盖质量管理体系标准中要求的所有管理评审输入的内容。考虑到认证的需要，按照通常的做法，各单位申请认证之前都应该进行过2次内部审核和1次管理评审，也就是说不管各单位所编制的与内部审核和管理评审相关的时间节点要求是怎样，在认证前都要完成1～2次内部审核和1次管理评审，认证后再按照既定的时间节点正常策划实施审核。同时，对于获得认证的单位，由于认证机构每年要对单位的质量管理体系持续适宜性进行审核，因此每年要完成至少1次监督审核和管理评审。

D.5 与认证相关的知识

（1）如果记录内的表格详细的项目发生了变化，会导致审核不通过或者认定为不符合吗？例如，记录里面以前有平均偏差，但是后期重新调整了记录内容，删除了这一项的话，导致后面的记录和提交到体系文件中的模板不一致，会导致审核不通过吗？

各级气象部门所建立的质量管理体系应是动态变化的，要根据各种情况进行调整和变更，这种变更也包括文件要求和记录要求的变化。当质量管理体系中的相关记录内容发生变化时，应根据文件控制的要求，对记录内容的变化进行审批和确认。经审批和确认后，一方面应更新体系文件中的记录样式，另一方面再发生的该事项的记录就应该按照新批准的记录内容进行填写，之前已经发生的记录不需要更改或补充。但如果该记录变更过程中未经过相关审批和确认的流程，那将构成不符合，需要进行整改，如果问题严重会影响到审核结论。

（2）不考核的设备，如单位自建的设备，比如云、辐射、大气成分相关观测设备，要加入这个体系吗？

气象观测质量管理体系的范围取决于是否与气象观测业务相关，是否是与相关方对质量管理体系的需求有关，对于与气象相关的检测，即使不属于考核的设备和项目，也可以根据需求纳入体系管理范围。

（3）认证过程的流程是什么样的呢？

认证基本流程，通常包括以下活动：提交认证申请和相关资料；签订认证合同；与审核组建立联系；确认审核计划；接受现场审核；接受审核报告；对不符合项采取纠正措施并提交证实材料；获得认证证书。

（4）获得认证之后，每年还需要做哪些与认证相关的基础工作？

根据认证相关的要求，参见 ISO 19011《管理体系审核指南》，认证机构完成认证后，认证证书的有效期为3年，每年要进行至少1次监督审核，第3年进行再换证审核，因此为满足认证需求，各单位正常体系运行过程中要按照既定的制度和程序等文件要求保持和改进管理体系，比如每年要完成至少1次监督审核和管理评审；及时对文件适宜性评审，对修改的文件要及时审批发布;对于人员的能力尤其是新进人员的培训等工作要按要求开展等。

（5）获得认证之后,各单位是否还要配套与质量管理体系相关的资金?

各单位获得认证后,要保证质量管理体系能够持续适宜有效,应按照质量管理体系文件要求实施,在这个过程中会涉及质量管理体系认证证书的保持,或者要按照上级部门要求进行内审、管评、资源提供等工作,通常需要配套相关的人员和资金维持质量管理体系的运作,配套资金的多少应根据质量管理体系建设的需求,对于有质量管理提升需求的单位配套资金应适当增加。